西安交通大学本科"十四五"规划教材

普通高等教育能源动力类专业"十四五"系列教材

热能与动力机械测试技术

（第2版）

主编 厉彦忠 吴筱敏 谭宏博

参编 郭 蓓 宫武旗 高忠权 周 延

西安交通大学出版社
XI'AN JIAOTONG UNIVERSITY PRESS

内容简介

全书共 9 章分别介绍了热能与动力工程领域中常见物理参数的测量技术和常用仪表,其中绪论和第 1 章讲述的测量方法与误差分析中着重介绍了测量的相关知识、测量误差概念,第 2~8 章分别介绍了力和压力测量、位移与液位测量、温度测量、转速与功率测量、振动与噪声测量、流速与流量测量、成分与微粒测量,第 9 章介绍了最新测量技术及其进展。每章后面都给出了思考题与习题,以便于读者加深对内容的理解和掌握。

本书为热能与动力工程专业本科生教材,同样可作为过程装备、建筑环境与设备等相关专业的本科生教材,也可供相关专业的科研和工程技术人员参考使用。

图书在版编目(CIP)数据

热能与动力机械测试技术 / 厉彦忠,吴筱敏,谭宏博主编. — 2 版. — 西安:西安交通大学出版社,2020.7(2023.7 重印)

ISBN 978 - 7 - 5693 - 1709 - 1

Ⅰ.热… Ⅱ.①厉… ②吴… ③谭… Ⅲ.①热能-参数测量②动力机械-参数测量 Ⅳ.①TK05②TK11

中国版本图书馆 CIP 数据核字(2020)第 057030 号

书　　名	热能与动力机械测试技术(第 2 版)
主　　编	厉彦忠　吴筱敏　谭宏博
责任编辑	田　华

出版发行　西安交通大学出版社

　　　　　(西安市兴庆南路 1 号　邮政编码 710048)

网　　址　http://www.xjtupress.com

电　　话　(029)82668357　82667874(市场营销中心)

　　　　　(029)82668315(总编办)

传　　真　(029)82668280

印　　刷　陕西金德佳印务有限公司

开　　本　787 mm×1092 mm　1/16　　印张 15　　字数 353 千字

版次印次　2020 年 7 月第 2 版　2023 年 7 月第 2 次印刷

书　　号　ISBN 978 - 7 - 5693 - 1709 - 1

定　　价　38.00 元

读者购书、书店添货,如发现印装质量问题,请与本社市场营销中心联系。

订购热线:(029)82665248　(029)82667874

投稿热线:(029)82664954　QQ:190293088

读者信箱:190293088@qq.com

第 2 版前言

本书是原普通高等教育教材《热能与动力机械测试技术》(西安交通大学出版社,2007)的修订本,是西安交通大学本科"十四五"规划教材。由于测量技术发展迅速,因此本书第 1 版中部分内容需要修改、充实和更新,第 2 版就是在此背景下问世的。

本书第 2 版仍保持第 1 版特点,覆盖面较广、内容较为系统和全面,侧重于工作原理和应用技术,能够面向热能与动力工程、建筑环境与设备工程等专业的本科生、专科生的课堂教学和网络教学使用,是一本核心专业技术基础课程教材。本教材的建议学时数为 30~60 学时,教师可根据专业所需内容选择讲授,并应辅助以相应的实验教学环节。本教材所附习题,可在教学过程中帮助学生对课程教学内容的理解。

本教材章节分配基本保持第 1 版的原有安排,共分九章,内容包括测量方法与误差分析、力和压力测量、位移与液位测量、温度测量、转速与功率测量、流速与流量测量、振动与噪声测量、成分与微粒测量、最新测量技术及其进展。与第 1 版不同的是,第 6 章与第 7 章的顺序进行了调换,原因是流速与流量测量安排了两个实验,实验周期长,学生需要尽早学习完成相关教学内容之后才能开展实验。

本书第 1 版出版后已使用 13 年,共重印 8 次,累计印刷 14000 册。在十多年的教学实践中,很多授课教师和听课学生对本书提出了宝贵的意见和建议,也发现了不少错误和不当之处,在本版中一并修改和完善。主要修改内容为:①第 1 章中的测量误差估计与合成部分的逻辑性、连贯性不强,改进后使读者更容易理解和使用;②第 6 章流量测量中,由于节流式流量计使用的国家标准已从第 1 版教材中 1993 年颁布的 GB/T2624—93 更新为 GB/T2624—2006,因此相应地对节流元件的应用范围、流出系数、膨胀系数以及不确定度分析等内容都做了修订;③第 6 章流量测量中,增加了激光多谱勒流量计的内容,以适应目前流量测量技术发展需求;④增加、修订了部分章节的课后习题;⑤对部分应用面不广的内容进行删减;⑥对全书内容、图表以及表述的规范性等均做了修订。

本书由西安交通大学能源与动力工程学院的厉彦忠教授、吴筱敏教授和谭宏博副教授共同担任主编,共同完成大纲拟定和全书统稿工作。本书第 2 版在第 1 版基础上修改完成,参加改编工作的有厉彦忠教授(绪论、第 1、3、4、9 章)、郭蓓副教授(参编第 1 章)、吴筱敏教授(第 2、5、7、8 章)、谭宏博副教授(参编第 2、3、4 章)、宫武旗教授(参编第 6 章)、高忠权副教授(参编第 8 章)、周延副教授(参编第 9 章)。

感谢王铭华副教授、崔天生副教授、陈花玲教授、张小栋教授参与本书第 1 版的编写工作。

由于本书涉及的学科较多,知识面较广,疏漏和不妥之处在所难免,敬请读者批评指正。

编　者

2022 年 12 月于西安交通大学

前　　言

"热能与动力机械测试技术"是一门传统的工程类专业基础课,包含内容广泛,涉及领域宽广,它包括一般测量技术、工业检测技术和科学实验技术等综合实验知识,是工业生产及科学研究必不可少的重要内容。该课程具有授课面大、适用范围广、与工程实际结合密切、新的测试技术发展变化快等特点,在国内外众多高等院校中均作为必修课程。多年来,由于各专业所涉及的知识领域不同,所需要的测试仪器和仪表有所差异,因此各专业均采用独自授课,所用教材专业针对性强。为了改变过去狭窄的专业对口的教育观念,调整学生的知识结构,培养具有较宽知识结构和扎实理论基础的复合型人才,适应现代教学的要求,我们编写了这部教材。

1997 年根据教育部关于专业目录调整的精神以及颁布的新专业目录,西安交通大学在能源与动力各专业测试教材的基础上,改变了原先只讲授与本专业有关的实验仪表、实验手段和方法的教材结构,集中了具有普遍意义的基础内容,编写了《热能与动力工程测试技术》教材。

1999 年随着网络教学和多媒体教学的发展,我们在该教材的基础上又制作了适用于远程教育的网络版,同时对原教材进行了适当的补充,增加了新的测量方法和手段,并利用计算机的优势采用了大量的实物照片,用多媒体动画制作了传感器和测试系统的工作原理和工程应用等诸多实例,使其形式和内容都更加丰富多样,生动活泼。该电子版本在 2001 和 2002 年分别获得"全国第六届多媒体教育软件大奖赛优秀奖"和"陕西省教育厅现代教育技术成果一等奖"。

2002 年在学校教学改革项目的支持下,又对原教材进行了较大篇幅的更改,除了加强基础理论知识外,还融入了现代新技术成果,增加了新型测试技术以及各种工程测量的应用实例。其编写的基本定位是,适用热能与动力工程、建筑环境与设备工程本科生学习,注重拓宽基础知识,能够较全面反映当前热能与动力机械制造领域发展的新理论、新方法和新技术,加强工科背景和培养学生工程实践的能力。

本教材提供了纸质版和电子版两种形式,其中多媒体电子版可以适用于课堂和网上的多媒体教学,是新一代的教学模式和教学方法,是现代教学的发展方向。其目标是有利于学生创新能力培养和更多、更快地掌握热能与动力机械测试技术和方法。希望本教材的出版能引起使用者的关注与帮助,在实际使用中不断修订和完善,为我国高等教育事业和热能与动力机械类人才的培养不断做出贡献。

本教材除了可作为热能与动力工程、建筑环境与设备工程等专业的本科生、专科生的课堂教学和网络教学外,还可供工程技术人员及网大学员自学。本教材的建议学时数为 30～60 学时,教师可根据需要内容选择讲授并辅助以相应的实验教学环节。

本书由西安交通大学能源与动力工程学院的厉彦忠教授(绪论、第 1、3、4、9 章),吴筱敏副教授(第 2、5、6 章,参编第 8 章)和王铭华副教授(第 7 章、参编第 1、8 章)共同编写,崔天生副教授、陈花玲教授、张小栋副教授分别参编了第 5、6、9 章的部分内容。厉彦忠、吴筱敏共同担任本书的主编,完成了大纲的规划和全书的统稿。

编者对历年来讲授本课程以及对本教材做出贡献的王子延教授、单贵琴副教授、曹淑珍副教授表示深切的谢意。

编　者

2006 年 8 月于西安交通大学

目　　录

绪 论

　　测试是指按照被测对象的特点,采用某种方法和仪器获取被测量的全过程。只有通过测量才能获得被测参数的未知信息。各行各业都有自己的测试技术问题。本教材专门介绍在热能与动力工程领域内,获得被测参数未知定量信息的专门性知识,作为从事该领域工作的科学技术工作者和工程技术人员必须具备的测试技术基本知识。

　　测试工作无论对于进行科学研究还是控制生产过程都是必不可少的。任何一项科学研究工作以及校核检定实验,最终必须通过测得一定量的未知信息,然后整理、分析和归纳,最后得出结论。实验参数测取的正确与否是导致结论正确与否的先决条件,对未知参数测取的准确程度决定了实验结论的可信度。在工程技术领域,测取工艺过程参数的信号是监督、调整和控制生产过程的依据,正确的测量是机器设备以及整套生产线正确运行的保证,是反映生产过程安全性及经济性指标的基础。

　　在各种现代装备系统的制造与实际运行工作中,测量工作内容已占首位,测量系统的成本已达到装备系统总成本的 50%～70%,它是保证现代工程装备系统实际性能指标和正常工作的重要手段,是其先进性能及实用水平的重要标志。以电厂为例,为了实现安全高效供电,电厂除了实时监测电网电压、电流、功率因数,进而检测频率、谐波分量等电气量外,还要实时监测发电机组各部位的振动(幅值、速度、加速度)以及压力、温度、流量、液位等多种非电量,并实时分析处理,判断决策,调节控制,以使系统处于最佳工作状态。如果测量系统不够完备,主汽温度测量值有 +1% 的偏差,则汽机高压缸效率降低 3.7%;若主汽流量测量值有 -1% 的测量偏差,则电站燃烧成本增加 1%。又如:为了对工件进行精密机械加工,需要在加工过程中对各种参数,如位移量、角度、圆度、孔径等直接相关量以及振动、温度、刀具磨损等间接相关参量进行实时监测,由计算机进行分析处理,然后由计算机实时地对执行机构给出进刀量、进刀速度等控制调节指令,才能保证预期高质量要求,否则得到的将是次品或废品。据有关资料统计:大型发电机组需要 3 000 多个传感器及其配套监测仪表;大型石油化工厂需要 6 000 多个传感器及其配套监测仪表;一个钢铁厂需要 20 000 多个传感器及其配套监测仪器;一辆汽车也需要 30～100 个传感器及其配套监测仪器。由此可见,测试技术在工程技术领域中的重要地位。随着机械设备向大容量、多参数方向的日益发展,以及其自动化水平的日益提高,机械工程中各重要参量的测点数量会越来越多,而且对测量准确性、可靠性的要求也越来越高。

　　当今世界科学技术发展日新月异,自从 20 世纪 70 年代以大规模集成电路为基础的微机问世以来,测试仪表产生了巨大变革,与计算机相配套的测量手段也逐渐普及,它具有自动反馈信息、自动调节、自动控制和自动记录的优越性,从而使测试技术前进了一大步。另一方面,测试技术的发展推动了科学研究的发展,科学技术的发展又对测试技术提出了新的要求。尤其在尖端学科、边缘学科和待开发领域,更是要求测试技术进一步发展来适应这些新的要求。可见,测试技术是一门发展中的学科,它随着科学技术水平的提高而不断向高水平、高精度、现代化方向发展。

　　国民经济各部门的生产是各不相同的,但它们都离不开测试工作。根据各个生产部门不同的要求,我们可以把需要测量的参数大体归结为以下几类:长度、时间、质量等基本量;温度、热量等热学量;电流、电压、磁场强度等电磁量;光学量、声学量以及化学成分,等等。上述各种参数并无行业部门的界限,如"温度"在电力、化工、冶金、制冷、农业、航天、医药等部门中都是重要参数,所以通用性是测试技术的一大特点。另外,各类型的物理量之间也可以相互转化,如温度可以转化为压力测量,也可以转化为电磁量以及其它形式的量进行测量。同样,压力也可以转化为温度或另外形式的量进行测量。由于被测对象的不同、测量条件的不同和对测量结果要求的不同,尽管是同一种参数,其测量方法、设备和系统有可能完全不一样。如温度参数可能属于物体表面温度、高速气流温度和颗粒状物体温度等不同的测量对象,有高温、中温、低温以及极低温等不同的测量范围,还有精密测量和一般测量这些不同的精度要求,等等。在实际测量工作中必须根据具体情况,具体分析,区别对待,以致选用不同的测量方法和测量设备。

　　本课程的主要任务是介绍如何正确测得在热能与动力工程领域中经常遇到的热工参数,包括测量基本理论与方法,所用传感器的原理和性能,仪表的选用和测点布置,测量系统的组成及误差分析,以及各类仪表的分度和校验等。由于测量仪表种类繁多,性能也不同,各相应章节中会选取一些最常用的且普及型的仪表介绍。

第 1 章

测量方法与误差分析

1.1 测量的基本知识

1.1.1 测量的概念

测量就是用专门的仪器和设备,靠实验和计算方法求得被测量的数值(包括大小和正负)。测量的目的是为了在限定的时间内尽可能正确地收集被测对象的未知信息,以便掌握被测对象的参数及控制生产过程。

被测量也叫被测参数。要知道某些热工参数的大小就要对其进行检测,这些待检测的量就叫被测量,如温度、压力等。在测量过程中,被测量可能是随时间而变化的,这种被测量是动态量,其变化规律可能是多种多样的。如果被测量不随时间变化就是静态量,严格地讲,不存在绝对的静态量。实际中,把某些随时间变化不大或相对测量时间变化不大的动态量当作静态量处理。

被测量与其单位用实验方法进行比较,需要一定的设备,它输入被测量,输出被测量与单位的比值,这种测量设备就叫测量仪表。

要知道被测量的值,必须利用测量仪表对其检测,被测参数通过仪表以能量形式的一次或多次转化和传递,最后显示出被测量的测量值,这一过程就叫测量过程。

测量、计量、测试是三个密切关联的技术术语。测量是以确定被测物属性量值为目的的全部操作;计量的内容包括了计量理论、计量技术与计量管理,并主要体现在:计量单位与单位制、计量器具,包括复现计量单位的计量基准、标准器具以及普通(工作)计量器具、量值传递、溯源与检定测试、计量管理等等;测试则是具有试验性质的测量,或者可理解为测量和试验的综合。测试技术是指测试过程中所涉及的测试理论、测试方法、测试设备等等,本课程的主要研究对象是测试技术。但是,由于测试与测量紧密相关,在实际工作中测试与测量并不严格区分。

1.1.2 测量基本方法

测量方法就是如何实现被测量与单位比较的方法。对动态量和静态量的测量分别叫动态测量和静态测量。本教材主要介绍静态测量方法,同时也介绍一些速度变化不大的动态测量问题。

测量方法的分类形式很多。例如根据在测量过程中,被测量是否随时间变化分为动态测量和静态测量;按测量结果与被测量的关系分为直接测量和间接测量;按测量原理分为偏差式测量和零位测量;按测量元件是否与被测介质接触分为接触式测量和非接触式测量;按测量系统是否向被测对象施加能量分为主动式测量和被动式测量等。

1. 直接测量和间接测量

(1)直接测量。凡是用仪表直接测量出被测量的数值,无需经过函数关系再运算的测量方法叫直接测量。如压力表直接测出压力,温度计直接读出温度。

直接测量并不意味着就是用直读式仪表进行测量,许多仪表虽然不一定是直接从分度尺上获得被测量之值,但因参与测量的对象就是被测量本身,所以仍属于直接测量。如将压力、温度信号转化为电信号,通过对这些电信号的测量来反映压力和温度值仍属于直接测量。

直接测量是工程技术中采用得比较广泛的测量方法,它的优点是测量过程简单而迅速。

(2)间接测量。对一个或几个与被测量有确切函数关系的物理量进行直接测量,然后利用代表待确定量与这些直接测量量之间函数关系的公式、曲线或表格求出被测量的值,这类测量叫间接测量。例如已知一管道的横截面积为 F,通过直接测量流体在管内的平均流速 v,可以计算出流量 Q,对于流量值来说就是间接测量。

间接测量手续较多,花费时间也较多,一般在直接测量很不方便、误差较大或不能进行直接测量等情况下才采用。

2. 接触式测量与非接触式测量

(1)接触式测量。仪表的一部分(传感器)与被测对象接触,并承受对象参数的作用才能给出测量结果的测量方法叫接触式测量。如弹性压力计测介质压力,玻璃管液体温度计测介质温度等。

接触式测量方法的优点是测量系统结构简单,如果与被测介质达到热平衡,测量值便能准确反映介质的参数。

(2)非接触式测量。仪表的敏感元件不必直接与被测对象接触而给出测量结果的测量方法叫非接触式测量。例如用光学高温计测量温度。这种方法有一些独特的优点,如对运动物体参数的跟踪测量就比较方便。

3. 偏差式测量和零位测量

(1)偏差式测量。在测量过程中,仪表的测量机构感受被测量,测量机构产生某种形式的反作用与被测量的作用相平衡,仪表则以其反作用的大小来指示出被测量的值,这种测量方式称偏差式测量。如弹性压力计,它在一定压力作用下,用弹性元件变形输出来表示被测介质压力的大小。

(2)零位测量。零位测量又称补偿式或平衡式测量。在测量过程中,被测量作用于测量仪表,测量机构内部有一基准可调与被测量平衡,并通过指零仪表检测测量系统是否处于平衡。在平衡条件下,已知的基准量就决定了被测量的值。如天平称重,平衡电桥测电阻等。零位测量的优点是可以获得较高的测量精度,但设备复杂,操作繁琐。

1.2　测试系统的组成

1.2.1　传统测试系统的组成

尽管各种仪表的原理、结构不同,测量方法各异,但就其部件在感知和处理被测量的功能而言,基本可分为三部分,它们之间用信号线路或者管路联系起来,传递所测得的信息。每一部分可以由许多部件组成,构成一个整体。但对于一些简单的仪表系统,可能各部分的界限不是很明显。仪表各部分与被测对象的关系可以用图 1-1 表示,下面就其各部分的作用和功能进行介绍。

图 1-1　传统测试系统组成

传感器:感受被测量变化,直接从被测量对象中提取被测量信息,亦称为敏感元件或一次元件或一次仪表。

变换器:将传感器输出信号远距离传送、放大、线性化或转换成统一信号供给显示器,有时把变换器和传感器合二为一。

显示记录:向观察者显示被测量数值大小的设备,亦称为二次元件或二次仪表。

传送通道联系仪表各个环节,为各个环节输入输出提供通路,可以是导线、管路(如光纤)及信号通过空间。

常用的传统检测仪表按使用性质可分为三类。

(1) 标准表:专门用于按照法定程序检定非标准表的,它必须经过法定计量部门定期检定并有检定合格证。

(2) 实验室用表:仪表精度较高,使用环境条件要求较高,本身往往无特殊防水、防尘、防震等措施,只适用于实验室条件。

(3) 工业用表:长期安装使用在工业现场,有可靠的防护措施,能抵御环境条件的恶劣影响,其显示器要求显示醒目,能够长期连续工作,具有足够的精度和可靠性。

测量与测试工作对于信息的传递是单方向的,即从测试对象获取信息,通过传输通道将有效信息以显示、记录等方式告诉观察者。在大多数的工业过程中,为了要求工作过程稳定或者按照要求变化,在获取被测对象的信息之后,需要随时对被测对象进行干预,采取的干预程度是根据获取的信息而定的。此时,称为调节系统或控制系统,调节系统的信息传递构成一个回路,如图 1-2 所示。因此控制系统为闭环系统,相对而言,测试系统则为开环系统。

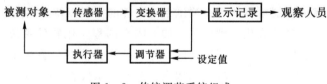

图 1-2　传统调节系统组成

1.2.2　现代测试系统的组成

图 1-3 显示了现代测试仪表系统的基本组成如下。

(1)传感器:传感器与传统测试仪表中的作用一样,用于获取信号。

(2)信号调理:相当于传统测试仪表中的变换器,用于信号放大、滤波。

(3)数据采集卡:用于量程切换、分时采样、A/D 转换、D/A 转换等。

(4)计算机:用于控制中枢、智能传感器、集成仪器。

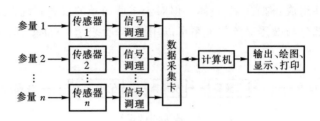

图 1-3　现代测试系统的基本组成

　　测试系统各部分由标准通用接口组成,由模块(如台式仪器或插件板)组合而成,所有模块的对外接口都按规定设计。组成模块时,用标准的无源电缆将各模块连接起来,或将各插件板插入标准机箱即可。

1.2.3　测试技术的发展

　　测试技术与科学研究、工程实践密切相关。测试技术的发展可促进科学技术的提高,科学技术的提高反过来又促进测试技术的发展,两者相辅相成,推动社会生产力不断前进。近年来科学技术的飞速发展促使测试技术也非常迅速的发展,其发展主要表现在两个方面:一是传感器技术自身的发展,二是计算机测试技术的发展。

　　如前所述,传感器是测试系统中必不可少的一个重要环节,因而可认为它是生产自动化、科学测试、计量核算、监测诊断等系统中的一个基础环节。由于它的重要性,许多科技工作者致力于开发新型传感器,20世纪80年代以来国际上出现了"传感器热"。例如,日本把传感器技术列为20世纪80年代十大技术之首,美国把传感器技术列为90年代22项关键技术之一。当今传感器开发中,最引人注目的是生物型传感器开发、集成与智能化传感器的开发以及化学传感器的开发。

　　传统的测试系统是由传感器或某些仪表获得信号,再由专门的测试仪器对信号进行分析处理而获得有用和有限的信息。随着计算机技术的发展,测试系统中亦越来越多地融入了计算机技术,出现了以计算机为中心的自动测试系统。这种系统既能实现对信号的检测,又能对所获得信号进行分析处理以求得有用信息,因而称其为计算机测试技术。

　　计算机测试技术的发展主要体现在测试系统硬件的发展以及专门用于开发实验仪器系统的软件环境的发展。高度集成化的硬件系统加上固有的程序化软件系统构成了一体化、专业化的测试仪表,称之为智能仪表,便于用户的操作与使用。而在计算机上,通过专门的软件平台,用户可以根据自己的需要和喜好设计、构建任意的显示仪表、操作界面,实现测量、设定、调节的各种要求,称之为"虚拟仪器"。

1.3　测量仪表的技术指标

　　为了比较和评价仪表的优劣,提出了一系列反映仪表性能的质量指标,但一般都是从仪表使用性能和测量误差两个方面来衡量。此外,根据测量参数是否随着时间变化,仪表的特性又分为动态特性和静态特性。

1.3.1　仪表的使用性能

（1）计量特性：如精度等级、复现性等，它直接影响着测量结果的准确性和精密性。后面专门介绍。

（2）使用操作方便与否，自动化程度如何。

（3）抗干扰能力的强弱，当使用条件不符合仪表规定条件时，对仪表测量特性的影响。如环境温度、气压、磁场以及振动等外来因素干扰。

（4）与被测对象的测量关系如何，是否破坏了原来的场（如温度场、压力场及流场等），是否能迅速反映被测参数的变化。

（5）使用寿命，尤其在测量条件下，其有效利用时间如何。

1.3.2　仪表的静态特性

1. 基本误差与精度

仪表的基本误差仅反映测量仪表本身的误差，它与测量结果的误差是不同的。仪表基本误差大小直接影响着测量结果的误差，但前者只是后者的一部分，测量误差大小还受仪表量程影响。

（1）示值绝对误差：仪表指示值 x 与被测量的真值 A 之间的代数差值称为示值的绝对误差，表示为

$$\Delta x = x - A \tag{1-1}$$

（2）示值相对误差：示值绝对误差与被测量的实际值之比称为示值相对误差，常用百分数表示为

$$\nu = \frac{\Delta x}{A} \times 100\% = \frac{x - A}{A} \times 100\% \tag{1-2}$$

（3）示值引用误差：示值绝对误差与仪表量程范围之比，以百分数表示为

$$\nu_{\mathrm{m}} = \frac{\Delta x}{x_{\max} - x_{\min}} \times 100\% \tag{1-3}$$

（4）仪表基本误差：在规定的技术条件下，在仪表的全量程中，所有示值下引用误差中最大者为仪表基本误差，表示为

$$R_{\mathrm{m}} = \frac{|\Delta x_{\max}|}{x_{\max} - x_{\min}} \times 100\% \tag{1-4}$$

仪表基本误差是确定整个仪表测量精确性的指标，而前述三种误差表示法仅反映某一示值下的误差值。因此，仪表基本误差是表示仪表测量精度的重要指标。

（5）仪表的精度等级：根据仪表的设计制造规定要求，出厂的仪表要保证其基本误差不超过某一定值，这个定值是标准中规定的一组系列数字中的一个，该定值去掉百分号后便是仪表所对应的精度等级，通常注明在仪表外表面上，如一般工业仪表精度等级的国家系列为 0.1，0.2，0.5，1.0，1.5，2.5，4.0。0.5 级的仪表表示其基本误差为

$$0.2\% < R_{\mathrm{m}} \leqslant 0.5\% \tag{1-5}$$

其允许误差为 0.5%。而 1.0 级的仪表表示其基本误差为

$$0.5\% < R_{\mathrm{m}} \leqslant 1.0\% \tag{1-5a}$$

其允许误差为 1.0%。依此方法可以根据仪表的精度等级确定仪表的允许误差（测量工作），或者已知仪表的基本误差来确定仪表的等级（计量工作）。

2. 仪表的重复性

重复性表征测量系统输入量按同一方向作全量程连续多次变动时，与静态特性不一致的程度，见式（1-6），如图 1-4 所示。

$$\delta_{\mathrm{R}} = \frac{\Delta R}{Y_{\mathrm{F \cdot S}}} \times 100\% \qquad (1-6)$$

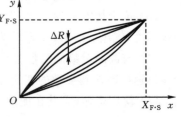

图 1-4　重复性示意图

3. 仪表的变差

变差亦称"滞后"或"迟滞"，表征测量系统在全量程范围内，输入量由小到大（正行程）或由大到小（反行程）两者静态特性不一致的程度（见式（1-7）），如图 1-5 所示。

$$\delta_{\mathrm{H}} = \frac{|\Delta H_{\mathrm{m}}|}{Y_{\mathrm{F \cdot S}}} \times 100\% \qquad (1-7)$$

仪表的最大变差要求小于精度等级所规定误差才算合格。

变差的产生通常是由于仪表运动系统的摩擦、间隙以及弹性元件的弹性滞后等原因所致。

4. 仪表的灵敏度和分辨力

灵敏度定义为输出量对应于输入量的变化率，以 S 表示为

$$S = \frac{\mathrm{d}y}{\mathrm{d}x} \approx \frac{\Delta y}{\Delta x} \qquad (1-8)$$

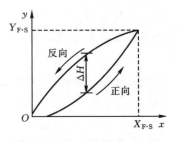

图 1-5　变差示意图

式中：y、x 分别表示仪表的输出量和输入量。

仪表的灵敏度高则示值有效位数可以增加，但必须与仪表精度等级相适应。对应一次仪表，灵敏度高对测量有利。

仪表分辨力是衡量显示仪表质量的重要指标之一，它表明仪表所能鉴别最小输入量变化的能力，也就是仪表示值可见变化的最小值。刻度式仪表以最小刻度为分辨力，而数字式仪表则以最后一位数字为分辨力。

一般仪表要求灵敏度高、分辨力高，它能够反映出被测量的微小变化，但也不是越高越好，若太高，外界的干扰影响就大，给测量的平衡和稳定造成困难，而且费时，不经济。

5. 线性度

线性度（又称非线性误差）说明输出量与输入量的实际关系曲线偏离其拟合直线的程度，如图 1-6 所示，其数学表达式为

$$\delta_{\mathrm{L}} = \frac{|\Delta_{\max}|}{Y_{\max}} \times 100\% \qquad (1-9)$$

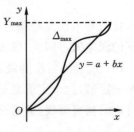

图 1-6　线性度示意图

式中：$\Delta_{\max}$ 为最大偏差；$Y_{\max}$ 为最大输出值。

选定的拟合直线不同，计算所得的线性度数值也就不同。

6. 漂移

漂移表示测量装置在零输入状态下,输出值的无规律变化。一般分为时间漂移(时漂)和温度漂移(温漂)。

(1)时漂:一般是指在规定时间内,在室温不变或电源不变的条件下,测量装置的输出的变化情况。

(2)温漂:绝大部分测量装置在温度变化时其特性会有所变化。一般用零点温漂和灵敏度温漂来表示这种变化的程度,即温度每变化 1℃,零点输出(或灵敏度)的变化值。它可以用变化值本身来表示,也可以用变化值与满量程输出(或室温灵敏度)之比来表示。

1.3.3 仪表的动态特性

测量仪表的动态特性是指仪表的输出量对快速变化的输入信号的动态响应能力。对于动态信号的测量系统,要求它能迅速而准确地测出输入信号的大小并真实地再现其变化规律。换言之,就是要求测量系统在输入量改变时,其输出量能立即随之不失真地改变。在实际测试中,由于测量仪表选用不当,输出量不能良好地追随输入量的快速变化,导致较大的测量误差。因此,对于随时间变化的动态量的测量问题,研究测量仪表的动态特性并正确选择和使用,有着十分重要的意义。一个测量系统根据其随时间变化的特性,分为零阶、一阶、二阶或高阶,任何高阶系统均可以视为多个一阶、二阶系统的并联或串联。本节主要通过研究一阶、二阶系统的响应函数讨论测量装置的动态特性。

1. 动态测量装置的性能评价

在分析研究测量仪表的动态特性时,常常引入几个典型的输入信号,并讨论该仪表系统随典型输入信号的跟踪变化规律。常用的输入信号有以下几种。

(1)采用阶跃信号作为系统输入量,获得系统对阶跃响应的过渡过程曲线与在时域中描述系统动态特性的指标。

(2)采用正弦信号作为系统输入量,获得系统的频率响应特性与在频域中描述系统动态特性的指标。

对于零阶(或称静态)测量装置,输入信号 $x(t)$ 和输出信号 $y(t)$ 之间的微分方程中的微分项的系数均为零,可简化为

$$a_0 y(t) = b_0 x(t) \tag{1-10}$$

上式可改写为

$$y(t) = (b_0/a_0)x(t) = Kx(t) \tag{1-11}$$

式中:$K = b_0/a_0$,称为测量装置的静态灵敏度。

2. 一阶测量装置的特性

如果二阶和二阶以上的输出函数微分项的系数为零,而一阶和一阶以上的输入函数微分项的系数为零,则有

$$\frac{a_1}{a_0} \frac{\mathrm{d}y}{\mathrm{d}t} + y = \frac{b_0}{a_0} x \tag{1-12}$$

即

$$\tau \frac{\mathrm{d}y}{\mathrm{d}t} + y = Kx$$

式中：y 为系统输出；x 为系统输入；$\tau=\dfrac{a_1}{a_0}$ 为时间常数；$K=\dfrac{b_0}{a_0}$ 为静态灵敏度。

　　具有这种输入-输出关系的测量装置叫一阶系统或一阶测量装置。图 1-7 所示的分别为属于热学、电学、力学范畴的一阶系统，它们的输入-输出关系均可用式(1-12)这种一阶微分方程表示，只是系数的物理意义不同。这种系统用于测量中称为一阶测量装置。

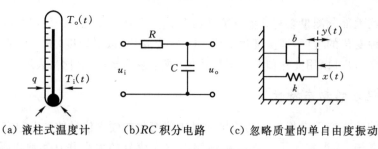

　　(a) 液柱式温度计　　　(b)RC 积分电路　　(c) 忽略质量的单自由度振动

图 1-7　一阶系统模型

　　以温度传感器为例，求解上述微分方程，有

$$y = Kx(1 - \mathrm{e}^{-t/\tau}) \tag{1-13}$$

式中：t 为时间，$t \leqslant 0$ 时 $x=0$；$t>0$ 时 $x=x_0$，可以写成参量函数形式为

$$x(t) = \begin{cases} 0, & t \leqslant 0 \\ x_0, & t > 0 \end{cases} \tag{1-14a}$$

$$y(t) = \begin{cases} 0, & t \leqslant 0 \\ Kx_0(1 - \mathrm{e}^{-t/\tau}), & t > 0 \end{cases} \tag{1-14b}$$

这就是一阶仪表的阶跃响应特性。由此方程可以看出，响应速度仅与 τ 值有关，τ 值越小，响应速度越快，如图 1-8 所示。其值的大小与仪表的热惯性、内摩擦等因素有关。一阶仪表的指标通常用 y 达到稳定值的 95% 时所用的时间来衡量，该时间称为稳定时间，此时 $t/\tau \approx 3$。

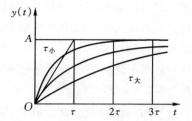

图 1-8　一阶测量装置的阶跃响应曲线

　　当输入的检测信号为正弦函数时，所得到的关系为频率响应特性。输入一定幅值和频率的正弦函数后，测量仪表输出值会得到一个滞后的正弦函数，其幅值也与输入值不同，如图 1-9 所示。频率响应特性的参量函数形式为

$$\begin{cases} x(t) = x_0 \sin(\omega t) \\ y(t) = y_0 \sin(\omega t + \phi) \end{cases} \tag{1-15}$$

式中：ω 为角频率。定义 $A(\omega)$ 为幅频特性，它反映了测量装置的动态灵敏度，$A(\omega) \leqslant 1$，越接近于 1 说明幅频特性越好。$\phi(\omega)$ 为相频特性，它表示输出信号相对于输入信号滞后了一个相位角，$\phi(\omega) \geqslant 0$，越接近于 0 说明相频特性越好。这些参数与仪表系统的固有频率有关。一般说来，固有频率大

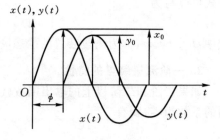

图 1-9　一阶测量装置的频率响应曲线

些会更好。

一阶测量装置的幅频特性与相频特性分别为

$$A(\omega) = \frac{1}{\sqrt{1+(\omega\tau)^2}} \tag{1-16}$$

$$\phi(\omega) = -\arctan(\omega\tau) \tag{1-17}$$

动态灵敏度

$$S_D = y_0/x_0 = KA(\omega)$$

由于测量装置的静态灵敏度 K 是常数，可归一化规定 $K=1$，则

$$S_D = y_0/x_0 = A(\omega)$$

3. 二阶测量装置的特性

如果三阶和三阶以上的输出函数微分项的系数为零，而一阶和一阶以上的输入函数微分项的系数为零，则变为

$$a_2 \frac{d^2y}{dt^2} + a_1 \frac{dy}{dt} + a_0 y = b_0 x \tag{1-18}$$

具有这种输入-输出关系的测量装置叫二阶系统或二阶测量装置。许多测量装置，如千分表、电感式量头、压电式加速度计、电容式测声计、电阻应变片式测力计、压力计、动圈式磁电仪表、光线示波器振子等，它们的输入-输出关系均可用式(1-18)这种二阶微分方程表示，只是系数的物理意义不同。所以，它们都是二阶测量装置。图 1-10 所示是三种典型的二阶系统的实例。

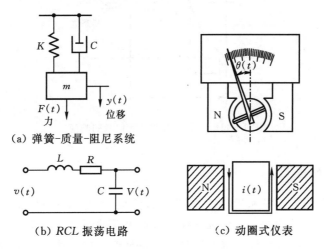

(a) 弹簧-质量-阻尼系统

(b) RCL 振荡电路　　　(c) 动圈式仪表

图 1-10　二阶系统的实例

为了使微分方程各系数的物理意义更加明确，对式(1-18)的系数作一些变换，令

$$\omega_n = \sqrt{\frac{a_0}{a_2}} \tag{1-19}$$

$$\zeta = \frac{a_1}{2\sqrt{a_0 a_2}} \tag{1-20}$$

式中：ω_n 表示测量装置的固有频率；ζ 表示测量装置的阻尼比。不难理解，ω_n 和 ζ 都取决于测量装置本身的参数。测量系统一经组成或测量装置一经制造调试完毕，其 ω_n 与 ζ 也随之确定。

经系数变换后,式(1-18)变为

$$\frac{d^2 y}{dt^2} + 2\zeta\omega_n \frac{dy}{dt} + \omega_n^2 y = K\omega_n^2 x \tag{1-21}$$

式中:$K = b_0/a_0$,它是测量装置的静态灵敏度。

对于输入频率信号的系统,二阶仪表的幅频特性与相频特性分别为

$$A(\omega) = 1/\sqrt{[(1 - \omega/\omega_n)^2]^2 + 4\zeta^2(\omega/\omega_n)^2} \tag{1-22}$$

$$\phi(\omega) = -\arctan\frac{2\zeta(\omega/\omega_n)}{1 - (\omega/\omega_n)^2} \tag{1-23}$$

式中:$A(\omega)$和$\phi(\omega)$的含义与一阶测量装置相同。$A(\omega)$是此测量装置归一化的动态灵敏度。$\phi(\omega)$是输出信号相对于输入信号的相位滞后,或者说它规定了输出信号的滞后时间 $t = \phi(\omega)/\omega$。

当输入信号为阶跃函数时,可以用几个测量系统的动态特性指标来综合描述其反应。图 1-11 为动圈式仪表输入阶跃式电信号 $x(t)$ 所输出的变化关系,这些参数如下。

(1)上升时间 t_1:仪表的指示值从稳态值的 5%~10% 上升到稳态值的 90%~95% 所用的时间。

(2)响应时间 t_2:从输入信号进入到仪表时开始至输出信号达到允许误差内的稳态值的时间,此值越小越好。

(3)过冲量 y_1:最大振幅与稳态值之间的差值。该值小,表明动态特性好。

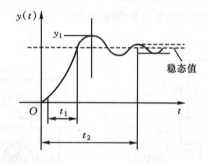

图 1-11　二阶仪表对阶跃信号的响应

1.3.4　仪表的选用

选用测量装置的出发点是测量的目的和要求,但是,若要达到技术上合理和经济上节约,则必须考虑一系列因素的影响。考虑选择仪表时首先看被测对象是静态量还是动态量,然后根据其类型选择仪表的特性指标。静态测量主要满足静态特性技术指标,而动态测量除了要满足静态特性指标之外,还必须满足动态测量原则。一般说来,静态测量着重于测量的精度,而动态测量则更注重于其响应特性,测量装置的频响特性必须与被测信号的频率结构相适应,即要求被测信号的有意义的频率成分必须包含在测量装置的可用频率范围之内。

上述仪表的特性指标仅指测量系统本身而言,它不能完全代表测量结果的质量。要获得准确的测量结果必须正确地选择仪表,正确地使用仪表。如果选择或使用不当,即使有高精度的测量仪表也不可能获得理想的测量结果。下面通过例题来说明这一问题。

例 1-1　现有一约为 1.0 MPa 的压力信号需要测量,有两只压力表可供选择,一只精度等级为 0.5 级,量程为 6.0 MPa;另一只精度等级为 1.0 级,量程为 1.6 MPa,问应选用哪只测

量更准确?

解：先确定两只压力表的绝对允许误差。

对 0.5 级的表：$\Delta x_{max} = 0.5\% \times 6.0 = 0.03$ MPa

对 1.0 级的表：$\Delta x_{max} = 1.0\% \times 1.6 = 0.016$ MPa

要测取 1.0 MPa 的压力信号，其最大相对误差为

对 0.5 级的表：$\nu_{max} = \dfrac{0.03}{1.0} \times 100\% = 3\%$

对 1.0 级的表：$\nu_{max} = \dfrac{0.016}{1.0} \times 100\% = 1.6\%$

经分析，用精度低的表测量反而误差小。

由上例看出，测量结果的准确程度不仅与仪表精度等级相关，也与量程范围的大小相关。也就是说合理地选择仪表，应使得被测量尽量接近仪表的上限，这样可充分利用仪表精度。当然，上例中量程为 6 MPa 的压力表如果精度等级为 0.2，用来测量的最大相对误差可降为 1.2%，与 1.0 级的表相似。但精度高的仪表价格高，不要单纯追求高精度仪表，而应根据具体情况，兼顾仪表精度和量程，合理选择仪表。

例 1-2　有一电器名义电阻值 R 约为 100 Ω，要利用现有的电流表测量该电器电阻值。电流表内阻 R_A 为 50 mΩ、0.5 级，电压表内阻 R_V 为 2 000 Ω、0.5 级，如果不计电流表、电压表本身示值误差，对于图 1-12 所示两种测量线路，哪个测得的电阻值 R 更准确?

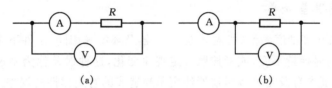

图 1-12　例 1-2 图

解：如果不计电流表、电压表示值误差，即在电流表、电压表精度等级已选定情况下，两种不同测量线路造成电阻测量误差完全是由于电流表和电压表具有内阻所致。

对于第一种线路，电流表示值是正确的，但电压表的示值为电阻 R 和电流表内阻 R_A 两电阻上的电压之和，根据欧姆定律，测得电阻值 R' 为

$$R' = \frac{U}{I} = R + R_A$$

此种测量线路电阻测量误差为

$$\frac{R' - R}{R} \times 100\% = \frac{R_A}{R} \times 100\% = 0.05\%$$

对于第二种测量线路，电压表示值是正确的，但电流表的示值是通过电阻 R 和电压表内阻 R_V 上两支路电流之和。实际测得电阻值 R' 为

$$R' = \frac{U}{I} = \frac{R R_V}{R + R_V}$$

该测量线路电阻测量误差为

$$\frac{R' - R}{R} \times 100\% = -\frac{R}{R + R_V} \times 100\% = -4.76\%$$

通过上例可以看出，即使是精度相同的测量仪表，由于测量方法选择不同，测量结果的误差差异很大。所以，正确测量结果的获得不仅仅取决于测量仪表本身，仪表的选择、使用以及安装的不同也都直接影响着测量准确度。

1.4　测量误差及误差分类

1.4.1　测量误差基本概念

误差的数学定义为

$$\delta = x - x_0$$

式中：δ 为测量的绝对误差；x 为测量值；x_0 为被测量的真值。

一般而言，真值是未知量，可以通过测量及数据处理求得替代值。

在实际测量中，已知真值有如下三种。

（1）理论真值，如 π，四边形内角和为 360°等。

（2）计量约定真值：能够满足计量有关规定条件复现的量值。

（3）标准器相对真值：高等级标准器误差与低一等级仪表或普通仪器误差相比为其 1/3～1/10 时，认为前者为后者的相对真值。

1.4.2　测量误差分类

（1）系统误差：在等精度测量（指测试人员、仪器及环境等相同）条件下多次重复测量同一量时，误差大小和符号保持不变，或者按照一定规律变化，这种误差称为系统误差。它是由于测量工具或测量仪器本身及测量者对仪器使用不当造成的有规律性的误差。系统误差的大小表明测量结果的"正确度"。

（2）随机误差：在等精度测量条件下多次重复测量同一量时，误差大小和符号均无规律变化，它是由于测量过程中许多独立的、微小的、偶然的因素构成的综合结果，也称为偶然误差。随机误差的大小表明测量结果的"精密度"，即同一重复测量时各个测量值之间相互接近程度。

（3）粗大误差：在等精度测量条件下多次重复测量同一量时，明显歪曲测量结果的误差，也称为疏忽误差。含有疏忽误差的测量值被称为坏值或异常值，含有坏值的测量数据必须根据统计实验方法的某些准则判断并决定取舍。

（4）综合误差：系统误差和随机误差是两种原因不同、特点不同的测量误差，两种误差合成后称为综合误差。

1.4.3　测量的精确度与不确定度

为定性地表示测量结果的重复性以及测量结果与真值的接近程度，常用精密度、正确度以及精确度来表示。

精密度：同一被测量多次测量，测量值重复性的程度。如随机误差小，则精密度高。

正确度：同一被测量多次测量，测量值偏离被测真值的程度。它反映了系统误差的大小，如系统误差小，则正确度高。

精确度：精密度和正确度的综合，反映了综合误差，习惯上也称为精度，它系统地反映了测量误差的大小。

图 1-13、图 1-14、图 1-15 表明了测量精密度、正确度以及精确度的关系。图中直线代表真值 x_0，折线代表测试值 x_i（横向坐标 i 是测量次数）。

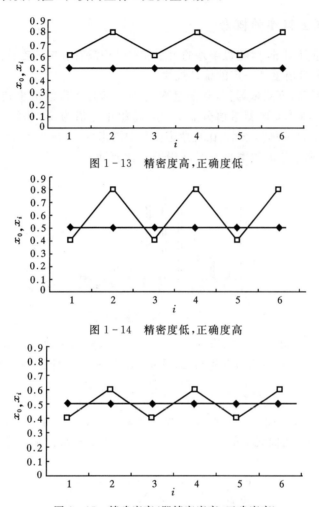

图 1-13　精密度高,正确度低

图 1-14　精密度低,正确度高

图 1-15　精确度高(即精密度高、正确度高)

但在实际测量中,不可能得到客观真值,因而难以分清测量的正确度和精密度。为更加科学地表示测量结果,国际计量局(Bureau International des Poids et Mesures,BIPM)以及国际标准化组织(International Organization for Standardization,ISO)等提出并制定了相关标准,推荐采用不确定度来评定测量结果的质量。

不确定度是指由于测量误差的存在而对测量结果不能肯定的程度,是被测量的真值在某个测量范围内的一个评定。它的大小反映了测量结果可信赖程度的高低,是精确度的定量表示方法。不确定度小,则测量精确度高。

误差理论所解决问题如下。

(1)判断一组测量值中系统误差和随机误差,找出产生原因。

(2)判断一组测量值中是否存在粗差,并剔除。

(3)根据测量数据,判断最佳测量值并对测量误差进行评定,得到测量不确定度。

1.5　随机误差分析

1.5.1　随机误差概率的概念

如前所述,多次重复测量时,随机误差的大小和符号均没有确定的变化规律。但增加测量次数时,多次测量的测量值服从一定的统计规律。

以对某量 x 进行等精度测量为例,总测量次数 $N=150$,测量值由小到大排列,并取间隔值 $\Delta\delta=x-x_0=0.01$,将 150 次测量值分成 11 组,每组中心值为 x_i,每组中心值出现的次数 N_i 与总次数 N 之比 N_i/N 称为频率,在直角坐标系中画出频率(纵坐标)与测量值间隔(横坐标)关系方框图,称为测量值的频率直方图,如图 1-16 所示。

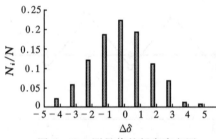

图 1-16　测量值的频率直方图

测量值的频率直方图高度与间隔值 $\Delta\delta$ 有关,$\Delta\delta$ 愈大,则高度愈高。为此,将 N_i/N 再除以 $\Delta\delta$ 作为纵坐标,频率直方图的高度将与 $\Delta\delta$ 无关,如 $N\to\infty$ 时,令 $\Delta\delta\to 0$,并令

$$f(\delta)=\lim_{\Delta\delta\to 0}\frac{N_i}{N}\times\frac{1}{\Delta\delta}=\frac{1}{N}\times\frac{\mathrm{d}N}{\mathrm{d}\delta} \tag{1-24}$$

则测量值频率直方图变成如图 1-17 所示,其中纵坐标为 $f(\delta)$,称为测量值的概率分布密度,横坐标为 δ,显然 $f(\delta)\mathrm{d}\delta$ 为曲线下的阴影面积,它表示 δ 和 $\delta+\mathrm{d}\delta$ 之间测量值出现的概率,或被称为概率元。

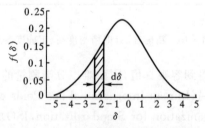

图 1-17　测量值的概率分布密度

根据大量实践以及概率论中的中心极限定理可知,大量、微小、独立的随机变量服从正态分布,随机误差概率密度分布服从正态分布,其概率密度分布函数为

$$f(\delta)=\frac{1}{\sigma\sqrt{2\pi}}\exp\left(-\frac{\delta^2}{2\sigma^2}\right)$$

$$f(x)=\frac{1}{\sigma\sqrt{2\pi}}\exp\left[-\frac{(x-x_0)^2}{2\sigma^2}\right] \tag{1-25}$$

以上公式称为概率方程或高斯方程。式中，$\delta = x - x_0$，为随机误差（随机变量）；σ 为标准方差，即方差 σ^2 的算术平方根；x 为测量值（随机变量）；x_0 为被测量真值。

σ 为高斯方程的特征量，σ 越大，表明各测量值的离散程度越大，大误差出现的概率高，测量精密度低，概率密度分布函数曲线低而平坦；反之，σ 越小，表明随机误差的离散程度越小，测量精密度高，概率密度分布函数高而陡直。

由式(1-25)及图 1-17 可以知按正态分布的随机误差概率密度分布函数 $f(\delta)$ 有如下特点。

(1)对称性：随机误差可正、可负，但绝对值相同的正负数出现的概率相同；或者说，随机误差概率密度分布函数曲线 $f(\delta)$ 对称于纵轴。

(2)抵偿性：相同条件下，当测量次数 $N \to \infty$ 时，全体误差代数和为零，$\lim\limits_{N \to \infty} \sum\limits_{i=1}^{N} \delta_i = 0$，或者说正负误差是相互抵消的。

(3)单峰性：绝对值小的误差出现概率大，绝对值大的误差出现概率小，换句话说，即绝对值小的误差比绝对值大的误差出现概率大，在 $\delta = 0$ 时，概率最大，即 $f(0) = f_{\max}(\delta)$。

(4)有界性：绝对值很大的误差几乎不会出现，故可以认为随机误差有一定界限。

1.5.2　误差的估计和处理

实际测量次数总是有限的，根据等精度有限次测量结果，可以依据有限次测量数据估计测量值的方差——Bessel 公式估算出有限次测量值的方差。

1. 当已知真值 x_0 时

测量值的平均值标准偏差 $\sigma(\overline{x})$ 为

$$\sigma(\overline{x}) = \sqrt{\frac{1}{N} \sum_{i=1}^{N} (x_i - x_0)^2} \tag{1-26}$$

2. 当未知真值 x_0 时

(1)以测量值的算术平均值 $\overline{x}$（真值的最佳估计值）代替真值 x_0

$$\overline{x} = \frac{1}{N} \sum_{i=1}^{N} x_i \tag{1-27}$$

(2)用贝塞尔公式计算方差或标准偏差的估计值。

$$s = \hat{\sigma}(x) = \sqrt{\frac{\sum\limits_{i=1}^{N} (x_i - \overline{x})^2}{N-1}} = \sqrt{\frac{\sum\limits_{i=1}^{N} \nu_i^2}{N-1}} \tag{1-28}$$

式中：$\nu_i = x_i - \overline{x}$ 为第 i 次测量值与平均值之差，被称为残差或剩余误差。

(3)算术平均值 $\overline{x}$ 的标准偏差 $\sigma(\overline{x})$ 为

$$\sigma(\overline{x}) = \frac{\sigma(x)}{\sqrt{N}} = \sqrt{\frac{\sum\limits_{i=1}^{N} \nu_i^2}{N(N-1)}} \tag{1-29}$$

由上可见,N 次独立的测量中,取 N 次测量的算术平均值作为测量结果的最佳估计值,比取单次测量值的标准偏差小,是其值的 $\dfrac{1}{\sqrt{N}}$。

1.5.3 测量结果的置信问题

由前面讲述已知,对一组测量数据由于测量值的真值难以找到,从而以测量值的平均值作为真值的估计值。为了更科学地表示测量结果,我们通常以一定的范围表示测量值的存在区间。该区间越大,则测量值在此区间的概率越大。因而,以一定置信概率下的区间来表示测量结果。

置信区间是随机变量的取值范围,用符号 $\pm l$ 来表示,l 为置信限,常用 $\sigma(x)$ 的倍数表示:$\pm l = \pm Z\sigma(x)$,Z 为置信系数。

置信概率是随机变量 ξ 在置信区间 $\pm l$ 内取值的概率,对于服从正态分布的测量数据,给定随机变量的置信区间(或置信系数),可以计算得到置信概率 $\varphi(Z)$:

$$\varphi(Z) = P\{\,|\,\xi\,| \leqslant Z\sigma(x)\} = \int_{-l}^{l} f(\xi)\mathrm{d}\delta \tag{1-30}$$

$$\alpha(Z) = 1 - \varphi(Z) \tag{1-31}$$

式中:Z 为置信系数;$\sigma(x)$ 为标准偏差的估计值;$\alpha(Z)$ 为置信水平(或显著性水平),它是随机变量在置信区间外取值的概率。

下面列出了置信系数 Z 和置信概率 $\varphi(Z)$ 部分数值表,如表 1-1 所示。

表 1-1 正态分布置信概率数值表

Z	$\varphi(Z)$					
	0	0.1	0.3	0.5	0.7	0.9
0	0.000 00	0.079 66	0.235 82	0.382 93	0.516 07	0.631 88
1	0.682 69	0.728 67	0.806 40	0.866 39	0.910 87	0.942 57
2	0.954 50	0.964 27	0.978 55	0.987 58	0.993 07	0.996 27
3	0.997 300	0.998 065	0.999 033	0.999 535	0.999 784	0.999 904

表中可以看出,$Z=1$ 时,$\varphi(Z)=0.683$;$Z=2$ 时,$\varphi(Z)=0.955$;$Z=3$ 时,$\varphi(Z)=0.997$。

置信区间取 $\pm 3\sigma(x)$ 时,误差落入区间外可能性仅有 0.3%,即约 370 次测量才有 1 次的测量误差超过 3 倍均方根之值,人们称 $3\sigma(x)$ 为极限误差或随机不确定度。

1.5.4 异常数据处理

存在粗大误差的测量数据是异常值或坏值,它严重歪曲测量事实。因此,必须运用统计原理和相关知识建立的判断准则进行剔除。下面介绍两种粗差判断准则。

1. 拉依达准则(3σ 准则)

设有一等精度独立测量 $x_i(i=1,2,\cdots,N)$,其算术平均值为 $\overline{x}$,残差 $\nu_i = x_i - \overline{x}$;按贝塞尔公式(1-28)求出标准偏差估计值 $\hat{\sigma}(x)$,据随机误差正态分布理论中极限误差为 $3\hat{\sigma}(x)$ 的理论,凡残差大于 3 倍标准偏差估计值则认为是粗差,对应测量值为坏值予以剔除,表示为

$$|\nu_k| = |x_k - \overline{x}| > 3\hat{\sigma}(x)$$

式中：x_k 为应该剔除的异常值，即坏值；$\overline{x}$ 为包括坏值在内的全部测量值的算术平均值；ν_k 为坏值的剩余误差，即残差；$3\hat{\sigma}(x)$ 为拉依达准则鉴别值。

剔除坏值后，再次计算比较，直到无坏值。

该准则方法简单，适用于测量数据服从正态分布，且测量次数较多的情况，但 N 较小（$N < 10$）时失效，采用下面介绍的格拉布斯准则较好。

2. 格拉布斯准则

格拉布斯（Grubbs）准则是一种理论严密、概率意义明确、经实验证明效果较好的判断准则。表示如下：凡残差大于格拉布斯鉴别值误差被认为是粗大误差，其相应测量值应予以舍弃，表达式为

$$|\nu_k| = |x_k - \overline{x}| > T(N, \alpha)\hat{\sigma}(x)$$

式中：x_k 为应该剔除的异常值，即坏值；$\overline{x}$ 为包括坏值在内的全部测量值的算术平均值；ν_k 为坏值的剩余误差，即残差；$T(N, \alpha)\hat{\sigma}(x)$ 为格拉布斯准则鉴别值，N 为测量次数，α 为置信水平。格拉布斯准则鉴别系数 $T(N, \alpha)$ 数值表如表 1-2 所示。

表 1-2 格拉布斯准则鉴别系数 $T(N, \alpha)$ 数值表

N	α		N	α	
	0.05	0.01		0.05	0.01
3	1.153	1.155	17	2.475	2.785
4	1.463	1.492	18	2.504	2.821
5	1.672	1.749	19	2.532	2.854
6	1.822	1.944	20	2.557	2.884
7	1.938	2.097	21	2.580	2.912
8	2.032	2.221	22	2.603	2.939
9	2.110	2.323	23	2.624	2.963
10	2.176	2.410	24	2.644	2.987
11	2.234	2.485	25	2.663	3.009
12	2.285	2.550	30	2.745	3.103
13	2.331	2.607	35	2.811	3.178
14	2.371	2.659	40	2.866	3.240
15	2.409	2.705	45	2.914	3.292
16	2.443	2.747	50	2.956	3.336

1.6 系统误差分析

系统误差根据定义可以分为恒定系统误差和变值系统误差。

恒定系统误差是指某些条件改变时,系统误差仍保持不变。

变值系统误差是指某些条件改变时,系统误差随测量条件而变化。

1.6.1　系统误差的判断

1. 恒定系统误差

测量条件不变时,系统误差保持不变,利用随机误差抵偿性,可以得到恒定系统误差 ε:

$$\varepsilon = \frac{1}{N}\sum_{i=1}^{N}\Delta x_i = \frac{1}{N}\sum_{i=1}^{N}(x_i - x_0) \qquad (1-32)$$

2. 变值系统误差

变值系统误差可分成累积系统误差和周期性系统误差两类。

(1) 累积系统误差:测量中误差随时间增长逐渐增大或逐渐减小,它可以是线性或非线性变化。造成的原因往往是由于元件老化、磨损以及工作电池性能指标下降。

(2) 周期性系统误差:测量中误差大小和符号按照一定规律变化,如秒表指针回转中心偏离刻度盘中心造成周期性系统误差。

1.6.2　系统误差的估计方法

1. 恒定系统误差估计

据公式 $(1-32)$ $\varepsilon = \frac{1}{N}\sum_{i=1}^{N}\Delta x_i = \bar{x} - x_0$,得

$$x_0 = \bar{x} - \varepsilon = \bar{x} + c$$

修正值 $c = -\varepsilon$,因此,可根据修正值对测量结果进行直接修正。

2. 变值系统误差的估计

为了精确估计变值系统误差影响,需用解析法或实验法,求出变值系统误差规律,如标准电池及标准电阻,但一般不容易做到。

在要求不高时,常常估计出变值系统误差的上限 a 和下限 b 即可。

设 $a < b$,则变值系统误差为

$$\begin{cases} \varepsilon = \dfrac{a+b}{2} \\ e = \dfrac{b-a}{2} \end{cases}$$

式中: ε 称为变值系统误差的恒定部分; e 称为变值系统误差变化部分幅值,也称为系统误差不确定度。

1.6.3　系统误差的消除方法

(1) 零示法:消除指示仪表的指示偏差,如采用电位差计、天平等。

(2) 替代法(或置换法):测量条件不变,用一个标准已知量代替被测量,并调整标准量使仪器显示值不变,此时被测量等于标准量,例如电桥测量元器件。

(3) 变换法:将引起误差条件交换,抵消误差。

（4）校准法：用经过检定仪器的不同示值修正量或修正曲线校正测量值。

（5）等距观测法（对称观测法）：用于处理测量时间成线性关系的系统误差。测量过程中，合理设计测量步骤以获取对称的数据，配以相应的数据处理程序，以得到与该影响无关的测量结果，例如消除电位差计中工作电流不稳定的误差。

（6）补偿法：用于补偿条件变化或仪器引入的非线性误差，如热电偶测温的冷端补偿器。

1.7　测量误差的估计

1.7.1　单次直接测量结果的误差估计

有些实验在测量过程中，被测量是变化值，只能测量一次，不能重复测量；有些实验中被测量的相对误差很小，只需要测量一次；有些实验中仪器的灵敏度较低，多次测量结果相同，因而用单次测量值作为测量结果。

单次测量结果的误差一般用仪表的额定误差来表示。测量误差用下式估计：

$$\Delta x = \pm a x_{\mathrm{m}} \% \tag{1-33}$$

$$\gamma_x = \pm \frac{x_{\mathrm{m}}}{x} a \% \tag{1-34}$$

式中：a、x_{m} 分别为仪器仪表准确度等级和量程；Δx、γ_x 分别为测量结果 x 的绝对误差和相对误差在全量程中的最大值，将其近似作为测量结果的绝对误差和相对误差。

单次测量的结果表示为：$x \pm a\% x_{\mathrm{m}}$。

1.7.2　多次直接测量结果的误差估计

如果进行了多次测量，则不仅应考虑仪表的额定误差，还应考虑随机误差的影响。若多次测量的平均值为 $\bar{x}$，算数平均值的标准偏差值为 $\sigma(\bar{x})$，则测量值的误差估计如下：

$$\Delta x = \pm (a x_{\mathrm{m}} \% + 3\sigma(\bar{x})) \tag{1-35}$$

多次测量的结果表示为

$$x \pm (a x_{\mathrm{m}} \% + 3\sigma(\bar{x})) \tag{1-36}$$

1.7.3　间接测量结果的误差估计

间接测量结果是由若干个直接测量结果合成计算得出的，所谓"合成"有两方面的含义，一是由直接测量量的估计值求出间接测量量的估计值；二是将直接测量结果的误差合成为间接测量量的误差。

1. 间接测量量的估计值

如果间接测量量为：$y = f(x_1, x_2, \cdots, x_m)$，$y$ 是 m 个直接测量量 $x_i (i = 1, 2, \cdots, m)$ 的单值函数，直接测量量的最佳估计值是其算术平均值 $\bar{x}_i$，则间接测量量的估计值为

$$\bar{y} = f(\bar{x}_1, \bar{x}_2, \cdots, \bar{x}_m) \tag{1-37}$$

2. 误差合成

有 m 个直接测量量，已知各直接测量结果的测量误差为 $\Delta x_1, \Delta x_2, \cdots, \Delta x_m$，引起间接测

量结果的误差为 Δy，根据已有的函数关系，则有

$$y + \Delta y = f(x_1 + \Delta x_1,\ x_2 + \Delta x_2,\ \cdots,\ x_m + \Delta x_m) \qquad (1-38)$$

将上式按泰勒级数展开，并略去高阶小量，得

$$\Delta y = \frac{\partial f}{\partial x_1}\Delta x_1 + \frac{\partial f}{\partial x_2}\Delta x_2 + \cdots + \frac{\partial f}{\partial x_m}\Delta x_m = \sum_{i=1}^{m} \frac{\partial f}{\partial x_i}\Delta x_i \qquad (1-39)$$

式中：偏导数 $\dfrac{\partial f}{\partial x_i}$ 称作误差的传播系数。由于这个偏导数的取值可能出现负值，致使合成误差可能出现小于直接测量误差的不合理现象，通常把式（1-39）改写为

$$\Delta y = \sum_{i=1}^{m} \left| \frac{\partial f}{\partial x_i}\Delta x_i \right| \qquad (1-39a)$$

上式为绝对误差的合成公式，合成相对误差时，可以先对式 $y = f(x_1, x_2, \cdots, x_m)$ 两边取自然对数后再求全微分得

$$\frac{\Delta y}{y} = \left| \frac{\partial \ln f}{\partial x_1} \right| \Delta x_1 + \left| \frac{\partial \ln f}{\partial x_2} \right| \Delta x_2 + \cdots + \left| \frac{\partial \ln f}{\partial x_m} \right| \Delta x_m \qquad (1-39b)$$

若间接测量量由独立直接测量量相加减确定，则先求间接测量量的绝对误差，再求相对误差比较方便；若间接测量量由独立直接测量量相乘除确定，则先求间接测量量的相对误差，再求绝对误差比较方便。

式（1-39a）用来计算直接测量量小于 3 的场合，如果一个间接测量量涉及到多个（$m \geqslant 3$）直接测量量，则计算误差偏大，结果会过于保守。因为每个直接测量误差选取了最大值，而各个直接测量量不可能都正好处在最大测量误差的点上。工程实际中通常选取"方根"合成法计算，绝对误差和相对误差传递公式分别为

$$\Delta y = \sqrt{ \sum_{i=1}^{m} \left(\frac{\partial f}{\partial x_i} \right)^2 \Delta x_i^2 } \qquad (1-40a)$$

$$\frac{\Delta y}{y} = \sqrt{ \sum_{i=1}^{m} \left(\frac{\partial \ln f}{\partial x_i} \right)^2 (\Delta x)^2 } \qquad (1-40b)$$

这种方法是基于对大量的试验结果的分析而提出的，属于一种经验公式。

特别应该指出的是，从式（1-40a）可以看出，计算误差 Δy 依赖于各项独立测量量的平方，这意味着如果其中有一个测量值的误差远大于其它测量值的误差，则合成误差主要受此大误差所支配，而其它误差可以忽略。这一特点有两个用途：①在实验前确定起主要作用的最大误差项，可帮助正确设计实验，选择仪表，即指明提高测量精度的方向；②对一些误差较小项的测量精度不必追求太高，甚至可适当选择低精度仪表，减少实验投资。

1.7.4　测量不确定度的评定

测量不确定度一般有多个分量，按其数值评定方法的不同，可分为 A 类不确定度分量和 B 类不确定度分量。A 类不确定度分量是指用统计方法所做的不确定度评定结果，用符号 u_A 表示。B 类不确定度分量是指用其它方法（非统计方法）评定的不确定度分量，用符号 u_B 表示。

1. A 类标准不确定度的评定方法

A 类标准不确定度是用统计的方法进行估计，与随机误差的评定方法一样，均是基于贝塞尔公式法。如前所述，对被测量 x 进行 N 次独立重复测量，得到一组测量值：$x_k, k = 1, 2, \cdots, N$，

算数平均值的标准偏差计值为

$$\sigma(\overline{x}) = \frac{\sigma(x)}{\sqrt{N}} = \sqrt{\frac{\sum\limits_{i=1}^{N} \nu_i^2}{N(N-1)}}$$

通常以算术平均值 $\overline{x}$ 作为测得量的最佳估计值,以算术平均值的标准偏差作为测得量的标准不确定度,即:A 类评定的标准不确定度为:$u_A = \sigma(\overline{x})$。

例 1 - 3　用千分尺测量压缩机某气阀阀片的厚度 10 次,得到的测量结果如下(单位:mm):0.152,0.154,0.153,0.152,0.149,0.150,0.151,0.152,0.155,0.150。试用不确定度给出阀片厚度的测量结果。

解:厚度平均值 $\overline{d}$ 为

$$\overline{d} = \frac{1}{10}\sum_{i=1}^{10} d_i = 0.1518 \approx 0.152\,(\text{mm})$$

单次测量数据的标准偏差估计值为

$$\sigma(x) = \sqrt{\frac{\sum\limits_{i=1}^{10}(x_i - \overline{x})^2}{10-1}} = 0.002$$

平均值的标准偏差为

$$\sigma(\overline{x}) = \sqrt{\frac{\sum\limits_{i=1}^{10}(x_i - \overline{x})^2}{10 \times (10-1)}} = 0.0006$$

采用平均值作为测量结果的估计值,则标准不确定度的 A 类评定即为:$u_A = \sigma(\overline{x}) = 0.0006$。

2. B 类标准不确定度的评定方法

有些情况下不确定度无法用统计方法评定,或者虽可用统计方法评定,但不经济可行,因而采用 B 类不确定度评定方法。例如,对被测量进行单次测量时,由估读以及仪表的误差引起的不确定度分量,即属于 B 类不确定度评定。B 类不确定度的评定也是用实验标准偏差来表示,但不是通过重复测量的量值来计算得到的,只能根据经验或其它信息的假定概率分布来进行估算。以下仅介绍由于仪表的基本误差引起的标准不确定度的估算方法。

如果仅知道仪器本身的基本误差 R_m,则意味着被测量 x 落在上限 $x+R_m$ 和下限 $x-R_m$ 范围内的概率为 1,而落在该范围以外的概率为 0。因此,由仪表的最大允差造成的被测量的 B 类不确定度为

$$u_B = R_m/\sqrt{3} \tag{1-41}$$

如 1.0 级精度等级的仪表,其量程为 $(x_{max}-x_{min})$,则其 B 类标准不确定度为 $u_B = (x_{max} - x_{min}) \times 1\%/\sqrt{3}$。

1.8　测量结果的数据处理

1.8.1　最佳测量方案选择

实际测量中,总是希望准确度越高越好,即误差越小越好。选择最佳测量方案,从误差角度应该做到系统误差和随机误差都达到最小,即

$$\varepsilon_y = \sum_{j=1}^{m} \frac{\partial f}{\partial x_j} \varepsilon_j \Rightarrow \varepsilon_{y\,\min} \tag{1-42}$$

$$\sigma^2(y) = \sum_{j=1}^{m} \left(\frac{\partial f}{\partial x_j}\right)^2 \sigma^2(x_j) \Rightarrow \sigma^2_{\min}(y) \tag{1-43}$$

例 1-4　测电阻消耗功率时,电阻 R、电流 I、电压 U 的测量相对误差分别为 $\nu_R = \pm 1\%$, $\nu_I = \pm 2.5\%$,$\nu_U = \pm 2\%$,采用哪种方案最佳?

解: 有三种方案(代数合成法):

方案①　$P=UI$,$\nu_P = \nu_I + \nu_U = \pm 4.5\%$

方案②　$P=U^2/R$,$\nu_P = 2\nu_U + \nu_R = \pm 5\%$

方案③　$P = I^2 R$,$\nu_P = 2\nu_I + \nu_R = \pm 6\%$

由上面计算知方案①最佳。由此例可以看出,同一测量内容有多种测量方案可供选择,而且每种测量方案的误差不同。

1.8.2　测量结果的有效数字及表示方法

测量结果的表述形式尚无统一规定,但测量结果要正确反映被测量大小和它的可信程度;另外数据误差值(包括绝对误差、相对误差、不确定度、标准偏差等)一般取 1~2 位,过多也无实际意义。

测量结果往往已对确定性系统误差进行了修正,因此将被测量值 x(或算术平均值 $\bar{x}$)和它的不确定度 u 共同表示为:$x\pm u$(或 $\bar{x}\pm u$),被测量量值最低位通常与误差最低位对齐,多余位舍去,例如,某电位值为:4.32 ± 0.05 V,舍入原则根据《数字修约规则》(又称为"四舍六入五成双"法则)进行修约。与"四舍五入"法则不同,当拟舍弃数字的最后一位数字等于 5,而右面无数字或者为 0 时,采用"偶数原则",即被舍去部分的前一位数字是偶数则末位数不变,否则末位增加 1。

例 1-5　测量某电阻时,无确定性系统误差,随机误差不考虑,不确定度为测量值的 1%, 27 次测量值之和为 1 220 Ω,写出测量结果。

解: $\bar{R} = \dfrac{\sum\limits_{N=1}^{27} R_N}{N} = \dfrac{1220}{27} \approx 45.185\ 185\ (\Omega) \approx 45.19(\Omega)$(假设有效位数为 4 位)

$\varepsilon_R = 45.19 \times (\pm 1\%) = \pm 0.451\ 9 \approx \pm 0.45\ (\Omega)$(对齐原则取两位小数)

$R = \bar{R} \pm \varepsilon_R = 45.19 \pm 0.45\ (\Omega)$

测量结果用一个数表示,而不带不确定度时,有效数字后面多给 1~2 位数,这样表示数值称为有效安全数字,具体做法如下:

(1)由误差或不确定度给出测量值有效数最低位置;

(2)从有效最低位置向右多取 1~2 位安全数字;

(3)按舍入规则处理余数。

例 1-5 中,不确定度为 0.45,不大于个位数数字一半,所以有效数字的最低位为个位,取一位安全数字时为 45.2;取两位安全数字时为 45.19。

1.8.3 测量结果的曲线拟合

1. 最小二乘法原理

设某物理量 X 无系统误差、等精度、重复测量量值分别是:$x_1, x_2, \cdots, x_n$,则该物理量的最佳估计值 x_0 应满足

$$\sum_{i=1}^{n}(x_i - x_0)^2 = \sum_{i=1}^{n}\nu_i^2 \Rightarrow \min \qquad (1-44)$$

这就是最小二乘法原理。式中:ν_i 是 x_i 的剩余误差,所以最小二乘法原理就是满足"剩余误差的平方和最小"。

设

$$\frac{\partial\left[\sum_{i=1}^{n}(x_i - x_0)^2\right]}{\partial x_0} = \sum_{i=1}^{n}2(x_i - x_0) = 0 \qquad (1-45)$$

则

$$x_0 = \frac{1}{n}\sum_{i=1}^{n}x_i$$

测量值的最佳估计值是算术平均值,这和我们前面"随机误差处理"的结论相同。

2. 曲线拟合

对于测量数据 $(x_i, y_i)(i = 1, 2, \cdots, n)$ 可选用 m 次多项式

$$y = f(x) = a_0 + a_1 x + a_2 x^2 + \cdots + a_m x^m = \sum_{j=0}^{m}a_j x^j \qquad (1-46)$$

来描述这些函数的近似关系(回归方程)。

为了确定上式中的各个系数 $a_j(j=1, 2, \cdots, m)$,使多项式对测量数据 $(x_i, y_i)(i=1, 2, \cdots, n)$ 有"最好的拟合",一般取 $m < 7$,且 $n > m+1$。

如果把 (x_i, y_i) 代入多项式(1-46),就有 n 个方程

$$\begin{cases} y_1 - (a_0 + a_1 x_1 + a_2 x_1^2 + \cdots + a_m x_1^m) = \nu_1 \\ y_2 - (a_0 + a_1 x_2 + a_2 x_2^2 + \cdots + a_m x_2^m) = \nu_2 \\ \quad\quad\quad\quad\quad\vdots \\ y_n - (a_0 + a_1 x_n + a_2 x_n^2 + \cdots + a_m x_n^m) = \nu_n \end{cases}$$

可简记为

$$\nu_i = y_i - \sum_{j=0}^{m}a_j x_i^j \quad (i = 1, 2, \cdots, n) \qquad (1-47)$$

根据最小二乘法原理,为了求得 a_j 的最佳估计值,则

$$\varphi(a_0, a_1, \cdots, a_m) = \sum_{i=1}^{n}\nu_i^2 = \sum_{i=1}^{n}\left[y_i - \sum_{j=0}^{m}a_j x_i^j\right]^2 \Rightarrow \varphi_{\min}$$

由此可得下列正则方程

$$\frac{\partial \varphi(a_0, a_1, \cdots, a_m)}{\partial a_k} = -2\left[\sum_{i=1}^{n}(y_i - \sum_{j=0}^{m}a_j x_i^j)x_i^k\right] = 0$$
$$(k = 0, 1, 2, \cdots, m)$$

可简记为

$$\sum_{j=0}^{m}a_j\left(\sum_{i=1}^{n}x_i^{j+k}\right) = \sum_{i=1}^{n}y_i x_i^k \qquad (k = 0, 1, 2, \cdots, m)$$

即

$$\begin{cases} a_0\sum_0 + a_1\sum_1 + a_2\sum_2 + \cdots + a_m\sum_m = \sum_{y0} \\ a_0\sum_1 + a_1\sum_2 + a_2\sum_3 + \cdots + a_m\sum_{m+1} = \sum_{y1} \\ \qquad\qquad\qquad \vdots \\ a_0\sum_m + a_1\sum_{m+1} + a_2\sum_{m+2} + \cdots + a_m\sum_{2m} = \sum_{ym} \end{cases} \qquad (1-48)$$

其中

$$\sum_{yk} = \sum_{i=1}^{n}y_i x_i^k \qquad (k = 0, 1, 2, \cdots, m)$$

$$\sum_k = \sum_{i=1}^{n}x_i^k \qquad (k = 0, 1, 2, \cdots, 2m)$$

上述方程为 $(m+1)$ 阶方程，由此可得到 m 次多项式的回归曲线，它与测量数据有较好的拟合曲线，这种方法称为曲线拟合法，在解方程时可用矩阵形式表示。

例 1-6　已知某铜质电阻与温度的关系为 $R_t = R_0(1+at)$，不同温度下对该电阻进行等精度测量得到一组测量数据如表 1-3 所示。使用最小二乘法求未知参数 R_0 与 a 的最佳估计值。

表 1-3　一组测量数据

序号	1	2	3	4	5	6	7	8
t /℃	20.1	25.3	30.9	36.0	41.1	46.3	51.4	56.2
R_t /Ω	76.80	78.55	80.25	82.05	83.8	85.45	87.3	89.15

解： 令 $a_0 = R_0$，$a_1 = aR_0$，则

$$R_t = R_0(1+at) = a_0 + a_1 t$$

正则方程为

$$\begin{bmatrix} \sum_0 & \sum_1 \\ \sum_1 & \sum_1 \end{bmatrix}\begin{bmatrix} a_0 \\ a_1 \end{bmatrix} = \begin{bmatrix} \sum_{R_t 0} \\ \sum_{R_t 1} \end{bmatrix}$$

$$\sum_0 = \sum_{i=1}^{8}t_i^0 = 8; \qquad \sum_1 = \sum_{i=1}^{8}t_i^1 = 307.2; \qquad \sum_2 = \sum_{i=1}^{8}t_i^2 = 12\,920.0$$

$$\sum_{R_t 0} = \sum_{i=1}^{8}R_{t_i}t_i^0 = 663.35; \qquad \sum_{R_t 1} = \sum_{i=1}^{8}R_{t_i}t_i^1 = 25\,862.5$$

解方程得　$a_0 = 69.86$，$a_1 = 0.34$

从而得出　$R_0 = 69.98(\Omega)$，$a = 4.87 \times 10^{-3}$。

思考题与习题

1-1　线性定常系统有哪些基本特性？测试系统的构成是怎样的？

1-2　测量装置有哪些静态特性指标和动态特性指标？测量装置的选用原则是什么？

1-3　说明测量装置的幅频特性 $A(\omega)$ 和相频特性 $\phi(\omega)$ 的物理意义。为什么 $A(\omega)=k$（常数）和 $\phi(\omega)=-\omega t_0$ 时，可以做到理想的不失真测量？

1-4　用时间常数为 0.5 s 的一阶测量装置进行测量，若被测参数按正弦规律变化，要求仪表指示值的幅值误差小于 2%。问：被测参数变化的最高频率是多少？如果被测参数的周期是 2 s 和 5 s，幅值误差是多少？

1-5　处理试验结果时需作误差综合，试叙述综合误差的方法，并举例说明。

1-6　测量数据如下：

$x_i=827.02,827.11,827.08,827.03,827.14,827.06,827.21,827.17$
　　　$827.19,827.23,827.08,827.03,827.01,827.12,827.18,827.16$
　　　$827.12,827.06,827.11,827.14(i=20)$

（1）求出测量值的算术平均值 $\overline{x}$，标准偏差估计值 $\sigma(x)$ 及算数平均值标准偏差 $\hat{\sigma}(\overline{x})$、随机误差 δ、极限误差不确定度 u_A，并说明各误差含意。

（2）写出测量结果的误差表达式。

1-7　在一批额定误差在 5% 的电阻中，任取三个电阻（10 kΩ、5 kΩ、5 kΩ）进行串联，求总电阻示值的绝对误差和相对误差。

1-8　钢水出炉温度允许偏差不超过 ±10 ℃（给定区），测量的标准偏差 $\sigma(x)$ 约为 9.1 ℃，试确定温度测量误差落在给定区 ±10 ℃ 的概率（随机误差按正态分布）。

1-9　已知电阻 $R_1=470(1\pm5\%)$ kΩ，$R_2=300(1\pm10\%)$ kΩ，求串联及并联后的总电阻 R 的绝对误差及相对误差各为多少？

1-10　铜的电阻温度特性的方程是：$R_t=R_0[1+a(t-20)]$，已知：$R_0=100(1\pm0.5\%)$ kΩ，铜电阻温度系数为 $\alpha=0.004(1\pm1\%)$，温度 $t=30$ ℃±1 ℃，求：R_t 及其绝对误差和相对误差。

第 2 章

力和压力测量

力和压力是动力机械工程中重要的参数,在冶金、化工、石油、电力、原子能、轻工等工业生产中均占有重要的地位。在工程应用中,通常可以通过对各种工作状态下零部件的受力状态、力学性质以及运动规律等进行测试和研究,找出最佳的设计方案,以满足各个零部件在工业生产中的作用。常用的力和压力传感器有应变式和压电式等,而测压仪则可采用液柱式压力计和机械式压力计。

2.1　应变电阻效应及传感器

电阻应变片或称应变计是应变式传感器的敏感元件,它能将试件上的应力变化转换成电阻变化,主要用于测量微小的机械变化量。在结构强度实验中,它是测量应变的主要手段,也是目前测量力、力矩、压力、加速度等物理量应用最广泛的传感器之一。

电阻式应变传感器的主要优点如下。

(1)电阻变化率与应变可保持良好的线性关系。

(2)尺寸小,重量轻,因此在测试时对试件的工作状态及应力分布影响很小。

(3)测量范围广,一般可测量 1 微应变。

(4)频率响应好,一般电阻应变传感器的响应时间为 10^{-7} s,半导体应变传感器可达 10^{-11} s,所以可以进行几十赫兹甚至上百赫兹的动态测量。

采用适当措施后,可在一些恶劣环境下正常工作,如从真空状态到数千大气压;从接近绝对零度到 1 000 ℃;也可在有强烈振动、强磁场、化学腐蚀及放射性的场合工作。

其缺点是在大应变状态下,具有较大的非线性,输出信号较小,干扰问题突出,不适应在 1 000 ℃ 以上的高温状态下工作。

2.1.1　导电材料的应变电阻效应

设有一段长为 l,横截面积为 A,电阻率为 ρ 的导体(如金属丝),它具有的电阻为

$$R = \rho \frac{l}{A} \tag{2-1}$$

当它受到轴向力 F 而被拉伸(或压缩)时,其 l、A 和 ρ 均发生变化(见图 2-1),因而导体的电阻随之发生变化。通过对式(2-1)两边取对数后再作微分,即可求得其电阻的相对变化为

$$\frac{\mathrm{d}R}{R} = \frac{\mathrm{d}l}{l} - \frac{\mathrm{d}A}{A} + \frac{\mathrm{d}\rho}{\rho} \tag{2-2}$$

式中:$\frac{\mathrm{d}l}{l} = \varepsilon$,为材料的轴向线应变;$\frac{\mathrm{d}A}{A} = 2\left(\frac{\mathrm{d}r}{r}\right) = -2\mu\varepsilon$,$r$ 为导线的半径,μ 为材料的泊松比。

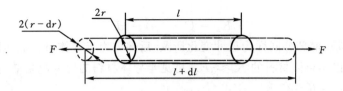

图 2 - 1　导体受拉伸后的参数变化

代入式(2 - 2)可得

$$\frac{\mathrm{d}R}{R} = (1 + 2\mu)\varepsilon + \frac{\mathrm{d}\rho}{\rho} \tag{2-3}$$

对于金属材料或半导体,上式中右末项电阻率相对变化的受力效应是不一样的,现分别讨论如下。

1. 金属材料的应变电阻效应

设 $K = \dfrac{\dfrac{\mathrm{d}R}{R}}{\varepsilon}$,称为应变灵敏系数。它的物理意义为单位应变所引起的相对电阻变化率。

则式(2 - 3)可写为

$$\frac{\mathrm{d}R}{R} = \varepsilon\left[(1 + 2\mu) + \left(\frac{\mathrm{d}\rho}{\rho}\right)\frac{1}{\varepsilon}\right] \tag{2-4}$$

$$K = (1 + 2\mu) + \left(\frac{\mathrm{d}\rho}{\rho}\right)\frac{1}{\varepsilon} \tag{2-5}$$

由式(2 - 4)知,由应力引起金属材料的电阻变化是由两个因素所决定的:一个是受力后材料几何尺寸变化所引起的 $(1 + 2\mu)\varepsilon$ 项;另一个是电阻率相对变化所引起的 $\mathrm{d}\rho/\rho$ 项。后一项是因导体材料发生变形时,其自由电子的活动能力和数量发生了变化所致,这一项变化较小,可略去。因此,导体的电阻变化主要由 $(1 + 2\mu)\varepsilon$ 所决定。

对于大多数作为应变金属丝的材料来说,在其弹性范围内,$(1 + 2\mu)$ 为常数,即 K 为常数,其值一般在 $1.6 \sim 3.6$ 之间。这样式(2 - 4)可写为

$$\frac{\mathrm{d}R}{R} = K\varepsilon \tag{2-6}$$

该式表示导体的电阻变化率 $\mathrm{d}R/R$ 与应变 ε 成线性关系。从应变 ε 的定义可知它是一个无量纲量,对工程中常用的金属材料来说,在弹性变形范围之内 ε 值很小,故经常采用微应变来替代 ε,1 微应变表示 1 m 长的试件受力后产生 1 μm 的变化。

2. 半导体材料的应变电阻效应

半导体具有压阻效应。所谓压阻效应是指沿半导体材料的某一轴向施加一定的作用力而产生应变时,它的电阻率随应力变化而改变的一种效应。即

$$\frac{\mathrm{d}\rho}{\rho} = \pi\sigma = \pi E\varepsilon \tag{2-7}$$

式中:σ 为作用于材料的轴向应力;π 为半导体材料在受力方向的压阻系数;E 为半导体材料的弹性模量。

将式(2 - 7)代入式(2 - 3),则可得

$$\frac{\mathrm{d}R}{R} = [(1 + 2\mu) + \pi E]\varepsilon = K_s\varepsilon \tag{2-8}$$

则

$$K_s = (1 + 2\mu) + \pi E \qquad\qquad (2-9)$$

K_s 也由两部分组成:前部分同样为尺寸变化所致,后部分为半导体材料的压阻效应所引起,因 $\pi E \gg (1 + 2\mu)$,所以半导体材料的 $K_s \approx \pi E$。可见半导体材料的应变电阻效应主要取决于压阻效应。通常 K_s 为 $50\ K \sim 80\ K$。

2.1.2　应变片的种类

1. 金属电阻应变片

金属电阻应变片常见的形式有金属丝式和金属箔式两种,图 2-2(a)为金属丝式应变片的结构,由基片、电阻丝、覆盖片和引线组成。金属丝采用黏合剂粘在基片上。常用的基片有纸基、胶基和金属基等;金属丝常用康铜、镍铬合金和卡玛合金等;常用黏合剂有酚醛树脂类、环氧类和聚酰亚胺等。

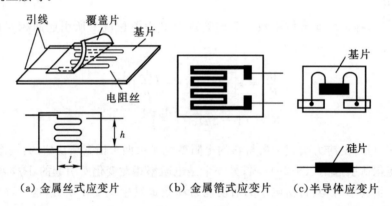

　　（a）金属丝式应变片　　　（b）金属箔式应变片　　（c）半导体应变片

图 2-2　应变片的结构

常用金属材料的性能如表 2-1 所示。

表 2-1　电阻应变片几种常用金属材料的性能

材料名称	成分		应变灵敏系数 K	电阻系数 $/(\Omega \cdot mm^2 \cdot m^{-1})$	电阻温度系数 $/(10^{-6}/℃)$	线膨胀系数 $/(10^{-6}/℃)$
	元素	质量分数/%				
康铜	Cu	60	1.9~2.1	0.45~0.54	±20	12.2
	Ni	40				
镍铬合金	Ni	80	2.1~2.3	1.0~1.1	110~130	12.3
	Cr	20				
镍铬铝合金（卡玛合金）	Ni	74	2.4~2.6	1.24~1.42	±20	10.0
	Cr	20				
	Al	3				
	Fe	3				

金属丝式应变片的最大缺点是各片之间电阻值相差较大。另外,由于电阻丝线栅的弯曲

部分会感受到垂直于线栅方向上的试件变形,以轴拉伸时轴向伸长横向缩短为例,这意味着该部分电阻丝的电阻会因横向缩短的作用而减小,从而给测量带来误差,这种效应被称为横向效应。

金属箔式应变片的线栅不同于金属丝式应变片,它是通过光刻、腐蚀等工序制成的一种很薄的金属箔栅,其外形如图 2-2(b)所示。金属箔式应变片的性能要大大优于丝式应变片,其电阻值的偏差很小,横向效应也大大低于丝式应变片,且可以做成特殊形式,因此得到了广泛的应用。

2. 半导体应变片

半导体应变片的结构如图 2-2(c)所示。它具有灵敏度高、体积小、机械滞后小及横向效应几乎为零等优点,使得它在很多方面有很大的应用价值。但是半导体材料也存在一些不足之处,它的温度稳定性差,在测量大应变时非线性严重,若用一般电桥测量电路,则电桥输出为非线性,等等。针对这些不足之处,在测量时应配温度补偿措施,采用高阻抗恒流电源作为电桥电源或采用高桥臂比的恒压电桥等方法来保证测量的正确进行。

2.1.3 应变片的测量电路和温度补偿

1. 电桥电路

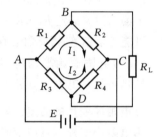

图 2-3 应变片测量电路

应变片测量电路的作用是将应变片的电阻变化转化成电压或电流的变化。在试件的弹性范围内,应变片的电阻变化是非常小的,一般为毫欧数量级。要精确测量这样小的电阻变化,常用电桥电路,如图 2-3 所示,其中 R_L 为负载电阻。当 R_L 很大时,可认为开路,则电桥的平衡条件为

$$I_1 = \frac{E}{R_1 + R_2} \tag{2-10}$$

$$I_2 = \frac{E}{R_3 + R_4} \tag{2-11}$$

$$V_{DB} = I_1 R_1 - I_2 R_3 = \frac{R_1 R_4 - R_2 R_3}{(R_1 + R_2)(R_3 + R_4)} E \tag{2-12}$$

由此可见,电桥的平衡条件为

$$R_1 R_4 = R_2 R_3 \tag{2-13}$$

在这个条件下,电桥输出电压为零。

为使在电桥电源电压相等的条件下,电桥的灵敏度最大,可使 $R_1 = R_2$, $R_3 = R_4$。实际中常使 $R_1 = R_2 = R_3 = R_4$。

(1)单臂接法。

如果电阻 R_1 为应变片,在受到力作用时,电阻 R_1 有一个微小增量 ΔR_1,则电桥的输出电压 ΔU 为

$$\Delta U = U_{AB} - U_{AD} = \frac{R_1 + \Delta R_1}{R_1 + R_2 + \Delta R_1} E - \frac{R_3}{R_3 + R_4} E \tag{2-14}$$

设

$$R_1 = R_2 = R_3 = R_4 = R$$

则
$$\Delta U = \frac{\Delta R_1}{2(2R + \Delta R_1)}E \tag{2-15}$$

又因 $\Delta R_1 \ll R$，所以上式可以进一步简化为

$$\Delta U = \frac{1}{4}\frac{\Delta R}{R}E = \frac{1}{4}KE\varepsilon \tag{2-16}$$

(2)半桥及全桥接法。

将相邻的两个桥臂都接应变片，其中一个受拉，一个受压，这种接法称为半桥接法。设电阻 R_1 有一增量 ΔR_1，R_2 有一减量 ΔR_2，且 $\Delta R_1 = \Delta R_2$，可以证明电桥输出电压为

$$\Delta U = \frac{1}{2}KE\varepsilon \tag{2-17}$$

这表明半桥接法可以使桥路灵敏度提高一倍。

同理，如果四个桥臂都接上应变片，则称全桥接法。假定桥臂上四个应变片电阻的变化量为 $\Delta R_1 = \Delta R_2 = \Delta R_3 = \Delta R_4$，其中电阻 R_1、R_4 增加，而电阻 R_2、R_3 减小，则相应的输出电压为

$$\Delta U = KE\varepsilon \tag{2-18}$$

其灵敏度比半桥接法提高一倍。

上面的讨论假定 $R_1 = R_2 = R_3 = R_4$，实际上四个应变片电阻值不可能完全相等，因此需要在测量前就先解决电桥平衡问题，图 2-4 为电桥预调平衡电路。调节电阻 R_W 达到 $R_1 \cdot R_4 = R_2 \cdot R_3$ 即可满足电桥平衡条件。

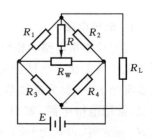

图 2-4　电桥预调平衡电路

2. 电阻应变片的温度误差

用电阻应变片测量应变时，希望电阻只随应变的变化而变化，不受其它因素的影响，但实际上应变片的值受环境温度（包括试件的温度）影响很大。因环境温度改变引起电阻变化的主要因素有两个，一个是应变片电阻丝的温度系数，另一个是电阻丝材料的膨胀系数。

(1)应变片电阻丝温度系数。

设应变片电阻丝的温度系数为 α，则

$$R_\alpha = R_0(1 + \alpha\Delta t) = R_0 + R_0\alpha(t - t_0) = R_0 + \Delta R_\alpha \tag{2-19}$$

式中：R_0 为温度为 $t_0\,℃$ 时应变片的电阻值；R_α 为温度为 $t\,℃$ 时应变片的电阻值；Δt 为温度变化值$(t - t_0)$；ΔR_α 为温度变化 Δt 时，应变片的电阻变化值。

(2)电阻丝材料膨胀系数。

设应变片电阻丝的膨胀系数为 β_s，试件材料的膨胀系数为 β_g。设若 $\beta_g > \beta_s$，则电阻丝产生的附加变形为

$$\Delta l = (\beta_g - \beta_s)l_0\Delta t$$

式中：l_0 为温度为 $t_0\,℃$ 时的电阻丝长度。

电阻丝产生的附加应变 $\varepsilon_\beta = \Delta l/l_0 = (\beta_g - \beta_s)\Delta t$。

由此引起的电阻变化为 $\Delta R_\beta = R_0 K\varepsilon_\beta = R_0 K(\beta_g - \beta_s)\Delta t$。

所以，由温度变化而引起的总电阻的变化为

$$\Delta R_t = \Delta R_\alpha + \Delta R_\beta \qquad (2-20)$$

电阻的相对变化

$$\Delta R_t / R_0 = \alpha \Delta t + K(\beta_g - \beta_s) \Delta t \qquad (2-21)$$

式(2-21)说明电阻的相对变化,除与环境温度 Δt 变化有关外,还与应变片的 α、K、β_s 及被测试件的 β_g 有关。

3. 温度补偿

温度补偿是在高温(或低温)下进行应变测量时必须采用的技术措施。常用的补偿方法有以下几种。

(1)补偿片法。

在应变测量电路中,接入温度片或热电偶补偿元件,利用电桥的和差特性实现温度补偿。在图 2-3 所示的电桥中,相邻两臂 R_1 和 R_2 为相同规格的应变片,将 R_1 作工作片,R_2 作温度补偿片。如使 R_1 和 R_2 处于相同的工作温度中,可将工作片和补偿片相互垂直地粘贴在同一试件上,或者采用特殊的双层正交应变片,或者将补偿片 R_2 粘贴在试件不受力的部位,或者贴在试件上与测点应变值相等但符号相反之处,即保证 R_1 和 R_2 贴于相同材质,处于相同温度,但 R_2 并不受力的状况下,则可实现温度补偿。

这种补偿方法简单,在常温下补偿效果较好。但当试件的温度梯度较大时,两应变片的温度难以保持一致,会影响补偿效果。

(2)温度修正法。

先将应变片贴在与被测构件相同材料的试件上,并在和实测相似的热循环情况下,测出应变片的热输出与温度的关系曲线,用它作为修正曲线。被测试件的真实应变即等于实测数据和热输出的差值(见图 2-5)。

该方法只适用于应变片的热输出稳定而均匀的场合,且对于温度测量的要求高,否则修正值不准确,实验数据的整理也较繁琐。

(3)应变片温度自补偿法。

应变片温度自补偿是利用某些电阻材料的电阻温度

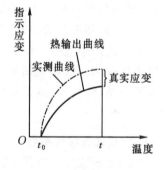

图 2-5 温度修正法

系数有正有负的特性,选用温度系数为一正一负的两种电阻材料串联起来组成一个应变片,以实现温度补偿。这种补偿方法效果较好,缺点是只对特定的构件材料有效,不能通用。另外还有选择式自补偿应变片,在这种应变片中,通过介入热敏元件来进行温度补偿,这里不作详细介绍。

2.1.4 应变式测力传感器

应变式传感器与相应的测量电路构成的测量系统,可以完成测力、测压力、称重、测位移、测扭矩、测速度、测加速度等多项工作任务。下面介绍其在测力、称重及位移中的应用。

1. 柱式及筒式测力传感器

柱式及筒式测力传感器是一种体积小、结构紧凑、构造简单的传感器,它有受压和受拉两种工作方式,可以承受很大的载荷。如图 2-6 所示,它主要由弹性柱(筒)1、应变片 2、横向定位膜片 3 及传感器体 4 组成。由于在实际测量中力 F 的作用点往往并不恰好落在弹性筒的轴线上,力 F 的方向也有可能与该轴线不平行,这样会造成弹性筒受到横向力作用而产生附加弯矩,从而造成测力误差。采用径向刚度大大高于轴向刚度的横向定位膜片 3 将大大消除横向力对弹性筒的作用。

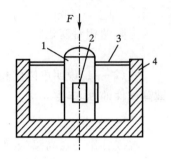

1—弹性柱(筒);2—应变片;
3—横向定位膜片;4—传感器体
图 2-6　柱式及筒式测力传感器

2. 剪切梁式测力传感器

图 2-7 为剪切梁式测力传感器的结构示意图,在力 F 的作用下,梁产生弯曲,梁上的弯矩 M 正比于力作用点的位置。若以测量弯矩的大小来确定力 F,则会因作用点位置的变化而影响测量精度。此时应注意,梁在受到力 F 作用而产生弯矩的同时还存在由剪切力 Q 引起的切应力,由于该切应力与剪切力成正比,而剪切力沿梁方向为常数且与弯矩无关,因此,若以测量切应力来确定力 F,则不存在由于力作用点位置变化而产生的误差了。由于切应力在与梁中心轴线成 $\pm 45°$ 角的方向上引起拉伸应力与压缩应力,所以将应变片贴在梁侧面与中心轴成 45° 并相互垂直的位置上,便可测出该拉伸应力和压缩应力。在剪切梁式测力传感器的实用结构中,通常用四个应变片组成全桥电路,剪切梁受力时,R_1、R_3 阻值减小,R_2、R_4 阻值增加。剪切梁式测力传感器的体积小、结构简单、线性好、测量精度高,是各类电子秤中首选的传感器。

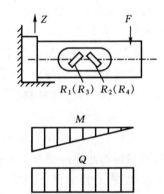

图 2-7　剪切梁式测力传感器

3. 应变式位移传感器

图 2-8 是应变式位移传感器的结构示意图。该传感器采用悬臂梁-螺旋弹簧串联的组合结构,主要由测量头 1、悬臂梁 2、弹簧 3、测量杆 4、应变片 5 等元件组成。四个应变片贴在悬臂梁根部的正、反两侧。拉伸弹簧一端与测量杆相连,另一端与悬臂梁端相连。当测量杆随被测件产生位移时,它带动弹簧,使悬臂梁弯曲变形,其弯曲应变与位移成线性关系。该测试系统适用于较大位移(量程为10~100 mm)的测量。

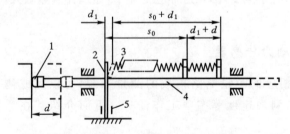

1—测量头;2—悬臂梁;3—弹簧;4—测量杆;5—应变片
图 2-8　应变式位移传感器

4. 其它应变传感器

利用应变片除可构成上述主要传感器外，还可构成其它应变式传感器，如通过质量块与弹性元件的作用，可将被测加速度转换成弹性应变，从而构成应变式加速度传感器。如通过弹性元件和扭矩应变片可构成应变式扭矩传感器，等等。通过上述应变片工作原理及典型传感器的应用介绍，读者可以举一反三，进一步扩大其应用和发展新的结构。

2.2　压电效应和压力传感器

2.2.1　压电效应

压电效应是可逆的，它是正压电效应和逆压电效应的总称。习惯上常将正压电效应称为压电效应。压电效应产生的电荷 Q 同作用力 F 之间有线性关系，其关系式为

$$Q = dF$$

式中：d 为压电常数。

1. 正压电效应

当某些电介质沿一定方向受到外力作用而变形时，在其一定的两个表面上产生异号电荷，当外力去掉后又恢复到不带电的状态，这种现象称为正压电效应。电介质受力所产生的电荷与外力的大小成正比，比例系数为压电常数，它与机械变形的方向有关，对一定材料一定方向则为常量。电介质受力产生电荷的极性取决于变形的形式（压缩或拉伸）。

具有明显压电效应的材料称为压电材料，常用的有①单晶，如石英晶体 SiO_2、铌酸锂 $LiNbO_3$、镓酸锂 $LiGaO_3$、锗酸铋 $Bi_{12}GeO_{20}$ 等；②经极化处理后的多晶体，如钛酸钡（$BaTiO_3$）压电陶瓷、锆钛酸铅系压电陶瓷 PTZ。新型压电材料有高分子压电薄膜（如聚偏二氟乙烯 PDZF）和压电半导体（如 ZnO、CdS）。

常用压电材料性能如表 2-2 所示。

表 2-2　常用压电材料性能

材料	形态	压电系数 /$(10^{-12}C \cdot N^{-1})$	相对介电常数 ε_r	居里点温度/℃	密度/ $(10^3 kg \cdot m^{-3})$
石英 SiO_2	单晶	$d_{11}=2.31$; $d_{14}=0.727$	4.6	537	2.65
钛酸钡 $BaTiO_3$	陶瓷	$d_{33}=190$; $d_{31}=-78$	1 700	120	5.7
锆钛酸铅 PTZ	陶瓷	$d_{33}=71\sim590$; $d_{31}=-100\sim230$	460$\sim$3 400	180$\sim$350	7.5$\sim$7.6
硫化镉 CdS	单晶	$d_{33}=10.3$; $d_{31}=-5.2$; $d_{15}=-14$	9.35$\sim$10.3	—	4.82
氧化锌 ZnO	单晶	$d_{33}=12.4$; $d_{31}=-5.0$; $d_{15}=-8.3$	9.26$\sim$11.0	—	5.68
聚二氟乙烯 PVF_2	高分子材料	$d_{31}=6.7$	5.0$\sim$12.0	120	1.8
复合材料 $PZT-PVF_2$	合成膜	$d_{31}=15\sim25$	100$\sim$200	—	5.5$\sim$6

利用正压电效应制成的压电式传感器,可将力、压力、振动等非电量转换成电量,从而进行精密测量。正压电效应还可应用于拾声器、电唱头等器件,把机械振动(如声波)转换为电振动。

2. 逆压电效应

在电介质的极化方向施加电场,某些电介质在一定方向上将产生机械变形或机械力,当外电场撤去后,变形或应力也随之消失,这种物理现象称为逆压电效应。

利用逆压电效应可制成超声波发生器、声发射传感器、压电扬声器、频率高度稳定的晶体振荡器(如每昼夜误差小于 2×10^{-5} s 的石英钟、表)等。

利用正、逆压电效应可制成压电超声波探头、压电声波传感器、压电陀螺等。

2.2.2　压电式压力传感器

在压电式压力传感器中,通常将几片压电材料组合在一起使用,这种组合有两种方式,即串联与并联。

串联接法可获得比单片压电材料高几倍的输出电压,自身电容值也小;在图2-9(a)所示的串联接法上,压电片 1 的上极板聚集正电荷,压电片 2 的下极板聚集负电荷,两个压电片结合面上的正负电荷相抵消。这时电荷总量为

$$Q' = Q_1 = Q_2 \tag{2-22}$$

总输出电压为

$$U' = U_1 + U_2 \tag{2-23}$$

总电容

$$C' = C_1/2 = C_2/2 \tag{2-24}$$

在图 2-9(b)所示的并联接法中,压电片 1 的正负极分别与压电片 2 的正负极相接。总输出电压

$$U' = U_1 = U_2 \tag{2-25}$$

总电荷量

$$Q' = Q_1 + Q_2 \tag{2-26}$$

总电容

$$C' = C_1 + C_2 \tag{2-27}$$

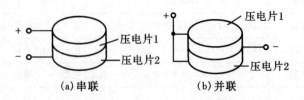

图 2-9　压电元件的串联与并联

可见串联接法输出电压高、灵敏度高,因此串联接法适用于以电压作为输出;并联接法输出电荷量大,本身电容也大,因此并联接法适用于以电荷作为输出。

图 2-10 是压电式传感器结构示意图,它主要由压电转换元件、传感器体、弹性膜片、电极及引线组成。由于压电转换元件(如石英晶体)与传感器这两种材料的温度膨胀系数不同,当温度变化时会产生附加力而成为测量误差的主要来源。为消除这种影响,在传感器设计上要采取一定的措施,例如,在压电元件与膜片之间可加装第三种材料支撑的温度补偿组件。

压电传感器的输出信号很微弱,而且内阻很高,一般不能直接显示和记录,需采用低噪声电缆把信号送到具有高输入阻抗的前置放大器。前置放大器有两个作用,一是放大压电传感器的微弱输出信号,二是把传感器的高阻抗输出变换成低阻抗输出。

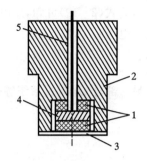

1—压电转换元件;2—传感器体;
3—弹性膜片;4—电极;5—引线
图 2-10　压电式传感器结构示意图

2.2.3　压电式压力传感器的测量电路

压电式压力传感器的电荷灵敏度 K_Q 是单位压力所生成的电荷量,单位为 pC/Pa,写作

$$K_Q = \frac{Q}{p} \tag{2-28}$$

压电式压力传感器的电压灵敏度 K_U 是单位压力所生成的电压量,单位为 mV/Pa,写作

$$K_U = \frac{U}{p} \tag{2-29}$$

目前有两种方法用于压电式传感器:一种方法是测量电荷在电容上的电压 U 值,称为电压放大器;另一种方法是直接测量电荷 Q 值,称为电荷放大器。

1. 电压放大器

当压电式传感器连接电缆与电压放大器组成一个测量系统时,它们的等效电路如图 2-11 所示。

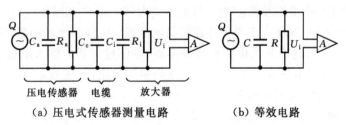

（a）压电式传感器测量电路　　　（b）等效电路

Q—电荷量;C_a—传感器电容;R_a—传感器内阻;C_c—电缆电容;C_i—放大器输入电容;
R_i—放大器输入电阻;C—系统等效电容;R—系统等效电阻;U_i—放大器输入电压
图 2-11　压电式传感器测量电路系统及等效电路

图中系统的等效电容 C 为电容 C_a、C_c 及 C_i 的并联值
$$C = C_a + C_c + C_i$$

系统等效电阻 R 为电阻 R_a 与 R_i 的并联值
$$R = \frac{R_a R_i}{R_a + R_i}$$

由公式(2-19)可知,压电元件的电荷量为 $Q=dF$,该电荷的一部分 Q_1 对系统等效电容 C 充电到电压 U_i,即

$$U_i = \frac{Q_1}{C} \qquad (2-30)$$

另一部分 Q_2 流过系统等效电阻 R 泄露掉,它在电阻 R 上产生的电压降也等于 U_i,即

$$U_i = \frac{dQ_2}{dt}R \qquad (2-31)$$

由于

$$Q = Q_1 + Q_2 = dF \qquad (2-32)$$

则

$$\frac{dQ_1}{dt} + \frac{dQ_2}{dt} = d\frac{dF}{dt} \qquad (2-33)$$

所以有

$$RC\frac{dU_i}{dt} + U_i = dR\frac{dF}{dt} \qquad (2-34)$$

若作用于压电元件上的力表示为 $F=F_m\sin\omega t$,则上式变为

$$RC\frac{dU_i}{dt} + U_i = dR\frac{d(F_m\sin\omega t)}{dt} \qquad (2-35)$$

该方程特解的模 U_m 为

$$U_m = \frac{dF_m\omega R}{\sqrt{1+(\omega RC)^2}} \qquad (2-36)$$

由式(2-36)可以看出:

(1)当 $\omega=0$ 时,例如使用压电式压力传感器测量静态压力时,则有 $U_m=0$,这表明压电传感器配用电压放大器时,不可以用于静态测量。

(2)当 $\omega R\rightarrow\infty$ 时,即被测信号频率足够高,系统等效电阻足够大时,有 $U_m\approx dF_m/C$。这表明电压放大器的输入电压不随被测频率而变,而是受系统等效电容的影响,且该电容越大,输入电压越小。在工程实际测量中由于传感器电容 C_a 与电压放大器电容 C_i 通常不变,而电缆电容 C_c 却会因电缆长度不同而不同,这使得压力传感器的灵敏度成为电缆长度的函数,给测量带来不便。

(3)当 $\omega RC\ll 1$ 时,这通常是指测量频率不高,电压放大器的输入阻抗也不高的情况,则有 $U_m=dF_m\omega R$,这表明电压放大器的输入电压是频率的函数,随着频率的下降而下降,这是测量所不希望的。因此,我们希望系统的 ωRC 值尽可能高。但分析一下可知,在这里 ω 是被测信号的频率,并非放大器自身的参数,而系统等效电容 C 过大,由公式(2-36)可知会降低电压灵敏度,因此它的提高是有限的。唯一可以努力之处在于提高系统等效电阻的阻值,这就要求电压放大器有尽可能高的输入阻抗。

由于电压放大器自身存在着电压灵敏度随频率及电缆电容变化的不足之处,因此只用于精度要求不高的测量中。在高精度测量中常采用下面介绍的电荷放大器。

2. 电荷放大器

电荷放大器是一种具有电容负反馈的、输入阻抗非常高的高增益运算放大器。它的灵敏度可按测量需要在一定范围内任意改变。电荷放大器可将压电式压力传感器的低频工作区域扩展到近似零赫兹,并可消除电缆电容对灵敏度的影响。

图 2-12 是电荷放大器的工作原理图,它是一个带反馈电容 C_f,放大倍数为 K 的运算放大器。图中各符号含义同图 2-11 一致。我们来分析一下这种放大器的输出电压 U_o 与压电式传感器输出电荷 Q 之间的关系。同电压放大器不同之处在于电荷放大器中电荷 Q 除对系统等效电容 C 充入电荷 Q_c 外,还有一部分对反馈电容 C_f 充电,这部分电荷量为 Q_f,它的值取决于反馈电容 C_f 的大小及其两端的电位差 $U_i - U_o$。

$$Q_f = C_f(U_i - U_o) \tag{2-37}$$

$$Q_c = (C_a + C_c + C_i)U_i = CU_i \tag{2-38}$$

总电荷量

$$Q = Q_c + Q_f \tag{2-39}$$

运算放大器的输入与输出电压间的关系 $U_o = -KU_i$,式中 K 为运算放大器的开环放大倍数。因此,总电荷量还可以写成

$$Q = U_i C + (U_i - U_o)C_f = -\left(\frac{C + C_f}{K} + C_f\right)U_o \tag{2-40}$$

在电荷放大器中,运算放大器的开环放大倍数 K 高于 10^5,即有 $C_f \gg (C + C_f)/K$,于是式 (2-40) 变为

$$U_o \approx \frac{-Q}{C_f} \tag{2-41}$$

由此可见,电荷放大器的输出电压正比于电荷量 Q,反比于反馈电容 C_f,几乎不受电缆电容的影响。在实际测量电路中,反馈电容 C_f 不小于 100 pF。因此,即使测量中采用 100 m 长,寄生电容为 100 pF/m 的同轴电缆,也不会对测量精度有什么影响。从上式还可以看出,只要改变仪器内部电容 C_f 的值就可以改变其灵敏度。

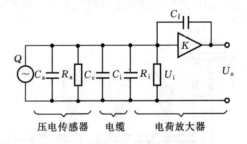

图 2-12　电荷放大器工作原理图

2.2.4　压电式压力传感器应用中的一些问题

通常压电式传感器包括压力传感器、振动传感器及声传感器等多种类型。下面所讨论的压力传感器在工程应用中的一些问题对其它传感器也适用。

(1)尽管人们在为扩展压电式传感器的使用频率下限方面做出了很大的努力,但将压电式传感器用于静态、准静态信号的测量仍是不可取的。从测量精度、性能稳定及成本的角度看,可选用静态及准静态信号测量的其它类型压力传感器,如压阻式、电容式、电感式等。

(2)电缆噪声是同轴电缆在振动或交变的弯曲变形时,电缆芯与绝缘体间、金属屏蔽套与绝缘体间由于相对滑移摩擦和分离,而在分离层之间产生的静电荷感应干扰,它将混入主信号

中被放大。减小电缆噪声的方法：一是在使用中固定好传感器的引出电缆；二是选用低噪声的同轴电缆。

（3）接地回路噪声是压电传感器接入二次测量线路或仪表而构成测试系统后，由于不同电位处多点接地，形成了接地回路和回路电流所致。克服的根本途径是消除接地回路。常用的方法是在安装传感器时，使其与接地的被测试件绝缘连接，并在测试系统的末端一点接地，这样就大大消除了接地回路噪声。

2.2.5　压力传感器的标定

压力传感器的标定工作是必不可少的，标定工作的目的是确定该输出量与被测压力之间的比例关系。标定分为静态标定和动态标定两种。静态标定可以确定被标定系统的静态指标，如线性度、灵敏度、重复性等指标。而动态标定的目的则在于对传感器的动态特性做出估计，如确定其频率响应特性或称动态响应特性。

1. 压力传感器的静态标定

压力传感器的静态标定是在标准活塞压力计上进行的。活塞压力计是一种精度很高、标定量程很宽的压力计或压力传感器专用标定设备。图 2-13 是活塞压力计结构及工作原理示意图。它是以作用在某一确定面积上的已知重力来平衡被测压力的，由于该面积值与重力值均可精确地获得，因此活塞式压力计的精度可以做得很高，分 0.5、0.2、0.05、0.02 四个精度级。标定时，将被标定压力计 3 或传感器 5 安装在阀门 9 和 11 的接头上，打开油杯 4 的阀门 10，逆时针转动手轮 7，活塞 12 右移，油杯 4 中的液压油进入压力油缸 6 中，然后关闭油杯阀门 10，按被标定压力值在测量柱塞 2 上放置相应的盘形标准砝码 1，再顺时针旋进手轮 7，压缩压力油缸中的油，直至标准砝码被顶起至某一高度 ΔH，此时的砝码重量就代表了一定的标准压力值。

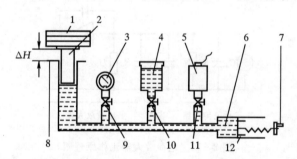

1—标准砝码；2—测量柱塞；3—压力计；4—油杯；5—被标定传感器；
6—压力油缸；7—手轮；8—柱塞座；9、10、11—阀门；12—油缸活塞
图 2-13　活塞式压力计结构及工作原理示意图

应变式、压阻式压力传感器在标定过程中要做到均匀加载和卸载，加砝码时要避免因冲击引起的压力值的过冲而影响对传感器的静态滞后特性指标的测定。在相同的实验条件下，经过几次连续加载过程即可根据测量数据求得被标定传感器的全部静态特性指标：灵敏度、非线性、滞后、重复性等。压电式压力传感器的标定过程相对复杂些，尽管我们采用了时间常数高的电荷放大器，但电荷泄露造成的实验及标定过程中电压读数的误差总是存在。为了尽可能地降低这种误差，要保证测量系统具有足够高的绝缘电阻，以防止电荷的泄露，对于使用者来

说,连接电缆、接插件要干燥存放,必要时采用烘干箱对其进行处理。另外,标定过程中要缩短加载时间,为此实验中常采用快速卸载法而非加载法来标定压电式压力传感器。首先用活塞式压力计对被标定传感器加压至某一稳定压力值,按动电荷放大器"清零"按钮,这样便释放掉了加载过程中产生的电荷,此刻电荷放大器输出电压为零。然后,旋开活塞式压力计的油杯阀门 10,由于液压油可看作不可压缩的液体,阀门开启的瞬间,液体压力便会迅速降为零,这时传感器便产生了与所加载电荷绝对值相同、符号相反的电荷量,电荷放大器随之输出电压值。由于卸载过程比加载过程快得多,因而可提高标定精度。

2. 压力传感器的动态标定

当压力传感器用于动态测量时,往往要涉及动态标定的问题。动态标定的目的主要是确定压力传感器自身或整个测量系统的动态特性,如动态灵敏度、频率响应等。对于这些压力传感器动态特性的估算虽然可以用理论方法进行,但其精度及可靠性却都要用实验来验证。

对传感器进行动态标定,需要对它输入一标准激励信号。常用的标准激励信号分为两类:一类是周期函数,如正弦波、三角波等,以正弦波为常用,如正弦压力信号发生器,它只能用于低压、低频率范围的标定;另一类是瞬变函数,如阶跃波、半阶跃波等,以阶跃波最常用。下面以激波管装置为例作一简要地介绍。

激波管装置是用于具有高频响应压力传感器动态标定的一种理想装置。它可以向被校压力传感器提供一个脉冲形式的阶跃压力波,该阶跃压力波的幅值及幅值持续时间(或称横压时间)均可在一定范围内调节,并可通过测量与计算准确地获得该阶跃波的峰值、压力上升时间、横压时间等参数。

用于压力传感器标定的激波管装置如图 2-14 所示,在这个装置中长直管由激波管高压管段 1 和低压管段 5 连接而成,管段 1 与 5 由膜片 3(铝箔或赛璐珞片)隔开。低压管段通常为环境压力 p_2 或抽成一定真空度,当高压气源 9 向高压管段 1 内充入气体时(其压力值 p_1 由压力表 2 测出),膜片 3 在高、低压管段内气体压力差的作用下变形直至自然破裂,此时高压管段内的气体迅速流向低压管段,瞬间使两管段的气体间形成一个运动接触面,并产生一个音速激波,它以大于接触面的速度向低压管段末端运动,与此同时,在高压管段中会形成一个稀疏波(或称膨胀波)向相反方向运动,到达高压管段顶端封闭平面时被反射,以音速叠加原气体流速重新向膜片运动。

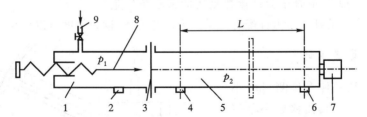

1—激波管高压管段;2—压力表;3—膜片;4、6—触发记录传感器;
5—低压管段;7—传感器;8—刺膜机构;9—高压气源
图 2-14　压力传感器标定用激波管装置

上述膜片自然破裂的方式难以在某一设定的高压管段条件下进行精确测试。因此,通常在激波管装置上安装有刺膜机构 8,其功能是采用机械方式用撞针将高低压力腔隔膜刺破。

由空气动力学的知识可知,当激波以超音速在激波管中运动时,其运动波面前端是低压管段未被干扰的压力 p_2,而波后是已经改变了的压力 p_3。如果在激波管壁上安装一只被测试压力传感器 7,它将感受到一个上升时间非常短的阶跃压力 $p_3 - p_2$,该阶跃波上升时间的数量级为 10^{-9} s,而阶跃波的恒压时间相对于其上升时间要长得多,通常可以通过调整工质种类、激波管结构尺寸等因素控制在数个毫秒范围内。当这样一个阶跃波作用于传感器时便使之产生相应的输出波形,从该波形所提供的信息便可分析出被测试传感器的灵敏度及频率响应等技术指标。

激波管的阶跃压力值可达 10 MPa,特殊用途的激波管采用高压室爆炸及多次破膜的方法可形成几十兆帕的阶跃压力波,这是任何一种其它类动态压力标定方法都无法比拟的。有关激波管技术的细节及对被测试传感器输出信号的分析可进一步参考有关的技术资料。

2.3 液柱式压力计

液柱式压力计结构简单、使用方便、价格低廉,且测量精度较高,故至今仍广泛地用来测量低压、负压或压差。缺点是玻璃管易破碎、体积偏大、读数不方便。

2.3.1 U形管压力计

U形管压力计的结构如图 2-15 所示。在垂直放置的 U形玻璃管内装有定量的工作液体(水或水银等),一端通压力 p_0(或大气),另一端接被测压力 p,由压力平衡可得

$$p = p_0 + \Delta H(\rho_1 - \rho_2)g \qquad (2-42)$$

式中:ρ_1 为工作液体的密度;ρ_2 为被测介质的密度。当被测介质为气体时,其 ρ_2 远小于 ρ_1,则

$$p = p_0 + \Delta H \rho_1 g \qquad (2-43)$$

从式(2-42)中可以看出,在 p 及 p_0 不变的条件下,ρ_1 越小,ΔH 就越大。这说明选用 ρ 较小的液体,可以提高压力计的灵敏度。一般 U形管压力计读数刻度的最小单位是

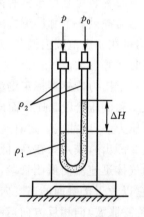

图 2-15　U形管压力计

1 mm,有些精度高的液柱式压力计配有光学放大读数装置,读数精度可以更高。

2.3.2 斜管微压计

斜管微压计是一种专供测量微小压力的实验用仪器。其读数最小单位是 0.1 mm,测量精度在 0.5 级~1 级之间。图 2-16 为斜管微压计的原理简图。这种微压计可以看成是 U形管的垂直管倾斜到同水平方向夹角为 α 的方

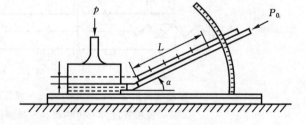

图 2-16　斜管微压计原理简图

向上,这样一来,就把原 U形管中读数 ΔH 扩大了 $1/\sin\alpha$ 倍。设 A_1 为玻璃管的横截面积,A_2 为液体容器的横截面积,ρ 为液体密度。若被测介质是空气,则

$$p = p_0 + L\rho g [\sin\alpha + (A_1/A_2)] \tag{2-44}$$

由于 $A_2 \gg A_1$，故 A_1/A_2 可略去不计，上式变为

$$p = p_0 + L\rho g \sin\alpha \tag{2-45}$$

斜管微压计在实际应用时 α 可以改变，α 越小，灵敏度越高，但液面拉得也越长，会影响读数的准确性，并且 α 太小会使压力测量范围过小，故一般 α 不小于 15°。

2.3.3　液柱式压力计的误差

1. 环境条件的影响

读数标尺因温度变化会膨胀或收缩，工作液体比重也会因当地重力加速度的改变而改变。因此在进行精密测量时，要考虑当地重力加速度和温度的影响。

2. 安装的影响

液柱式压力计在使用时，应使压力计铅垂放置，否则将产生误差。一般 U 形管采用自由悬挂的方式来安装，而微压计上安装有水平仪，应按要求调整好水平度。

另外，从被测压力源到压力计管端的连接管路不得泄露和堵塞。

3. 毛细管现象的影响

工作液体在管内的毛细现象，将使液柱产生附加的升高或降低，其值取决于工作液体的种类、温度及管子内径。因此，要求所用液柱管的内径不能太细，通常不小于 10 mm。

4. 读数方面的影响

由于液体与固体间表面张力的影响，玻璃管中水银柱液体是凸起的，而水面则是下凹的，如图 2-17 所示。读数时，应注意从凸面或凹面的顶点算起。

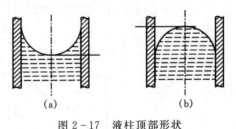

（a）　　　　　　　　　　（b）

图 2-17　液柱顶部形状

2.4　机械式压力计

机械式压力计利用弹性元件受力产生的变形，再经过机械机构放大转变为可直读的压力值。这类压力计被称为弹性压力计或压力表，其常用作压力感受的元件有弹簧管、金属膜片、波纹管、蜗卷管等，种类繁多，但工作原理相似，现以弹簧管压力计和膜片式压力计为例作一简单的介绍。表 2-3 给出了各种弹性元件的参数和性质，可供大家在学习时参考。

弹性压力计由于构造简单、尺寸小、工作可靠、量程宽，精度也相当高，再加上价廉等优点，应用非常广泛。

表 2 - 3　弹性元件参数表

名称	示意图	测量范围/MPa		输出量特性	动态性质	
		最小	最大		时间常数/s	自振频率/Hz
平薄膜		10^{-3}	10^{2}		$10^{-5}\sim10^{-2}$	$10\sim10^{4}$
波纹膜		10^{-6}	1		$10^{-2}\sim10^{-1}$	$10\sim10^{2}$
挠性膜		10^{-8}	10^{-1}		$10^{-2}\sim1$	$1\sim10^{2}$
波纹管		10^{-6}	1		$10^{-2}\sim10^{-1}$	$10\sim10^{2}$
单圈弹簧管		10^{-4}	10^{3}		—	$10^{2}\sim10^{3}$

2.4.1　弹簧管式压力计

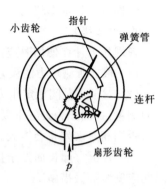

弹簧管式压力计的结构如图 2 - 18 所示。弹簧管是压力计的核心元件，它是一根椭圆形截面的空心金属，弯成圆弧状，管子的一端封闭，作为自由端，另一端固定，是被测介质的输入端。当具有压力的介质通入时，椭圆形截面的管子内部受压后有变圆的趋势，使弯成弧状的弹性管向外伸张，在自由端产生位移。弹簧管自由端的位移量很小，一般均需进行放大并转换成指针的回转角。图中所示的连杆、扇形齿轮等传动机构，为常用的传动放大机构。弹簧管自由端的位移，通过连杆带动扇形齿轮转动，扇形齿轮带动固定仪表指针的中心小齿轮转动，由此拨动指针即可指示出压力值。

图 2 - 18　弹簧管式压力计

该压力计的种类较多，有单圈或多圈弹簧管式压力计，可用于高压、中压、低压以及真空度的测量。

弹性压力计是靠机械机构来实现压力值读出的，因此有使用方便（直读性好）、价格低（不需配套二次仪表）的优点。

2.4.2　薄膜式压力计

薄膜式压力计的结构如图 2 - 19 所示。被测压力作用在一块平的或有波纹的金属膜片上，使膜片向上弯曲，通过连杆、扇形齿轮和小齿轮即可指示出压力值。

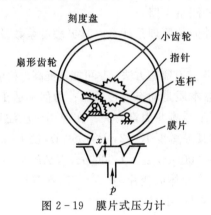

图 2 - 19　膜片式压力计

因膜片变形较小，所以这种压力计的测压范围也较小，常用于低压和微压的测量。

2.4.3　机械式压力计的误差和使用时应注意的问题

弹性元件的弹性后效、弹性滞后和温度特性是弹性压力计很重要的技术指标。弹性后效是当压力去掉后，弹性材料往往因所受力超过弹性极限而产生的残余变形。弹性滞后是加载和卸载时元件的弹性变形发生差异，并且不能随载荷的改变立即完成相应的变形。仪表精度的基本误差是在一定的温度条件下测定的，当使用温度偏离测定温度很多时，则因弹性元件的弹性模量变化而造成较大的误差。另外传动机构的间隙、摩擦阻力和安装不当等也会引起附加误差。

　　弹性压力计根据使用范围可分为一般压力表(精度 1.0 级～2.5 级)和精密压力表(精度 0.5 级～0.1 级)。

　　弹性压力计在使用时应注意以下几点。

　　(1) 根据所测压力的误差要求,正确选择压力表的精度等级。

　　(2) 对于长时间稳定压力的测量,应选择被测压力小于压力计满量程的 2/3;对于波动压力的测量,被测压力最好不要超过满量程的 1/2。但无论何种压力情况,都应不低于满量程的 1/3,否则相对误差将会增大。

　　(3) 若压力计长期处于振动环境中工作,会造成指针传递构件间的摩擦,影响测量精度,因此应安装隔振措施。

　　(4) 自取样点到压力表的信号管路应尽可能短,且取压管的内径不应小于 3 mm,否则会增加测量的延迟时间。

　　(5) 如被测介质为液体时,压力表安装处与测压点应保持在同一水平位置上,否则要考虑修正因液位差引起的附加压力的影响。

　　(6) 测量具有腐蚀性的介质时,应加装有中性介质的隔离保护装置。

　　(7) 取压管与压力表之间应装有切断阀门,以备维修压力表时使用。

思考题与习题

2-1　什么是压电效应?什么是正压电效应?什么是逆压电效应?

2-2　设石英晶体片的输出电压幅值为 200 mV,若要产生一个大于 500 mV 的信号,需要采用什么样的连接方法和测量电路。

2-3　金属电阻应变片测量外力的原理是什么?其灵敏度系数及其物理意义是什么?受哪两个因素的影响?

2-4　减少直流电桥的非线性误差有哪些方法?尽可能地提高电桥电源有什么利弊?

2-5　为什么压电晶体传感器本质是动态力传感器?为何不适于做静态力测量?这种传感器可用频率范围的上、下限与哪些因素有关?在使用中应注意哪些问题?

2-6　有一金属电阻应变片,其灵敏度 $K=2$,$R=350\ \Omega$,设工作时其应变分别是 $\varepsilon_1=500\ \mu\varepsilon$,$\varepsilon_2=1\ 000\ \mu\varepsilon$,求 ΔR 与 $\Delta R/R$。若此应变片是半导体应变片,其 $K=75$,在受同样应变的情况下,求 ΔR 与 $\Delta R/R$。

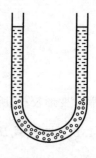

2-7　分析液柱压力计及弹性压力计测量误差的来源。

2-8　有人采用 U 形管测量压差时将一些小玻璃球沉放到 U 形管底部,如图 2-20 所示,请解释这样做的作用是什么?

图 2-20　题 2-8 图

2-9　电压放大器与电荷放大器有何区别?

2-10　在应变片的粘贴工作中,有人认为,为了提高灵敏度,可将应变片串联使用,请分析这种方案可行吗?

2-11　某金属杆长 1 m,受拉伸载荷后伸长了 1 mm,在该杆件上贴了一应变片,其灵敏度为 2.01,如测量电桥的桥路电压为 2 V,问电桥的不平衡输出电压是多少?

2-12　在选用及使用机械式压力表时,应考虑因素有以下哪几个?

(1)对于波动压力的测量,应使被测压力最好不超过压力表满量程的 1/2;

(2)对于波动压力的测量,应使被测压力最好不超过压力表满量程的 2/3;

(3)对于长时间稳定压力的测量,应使被测压力等于或略低于压力表满量程值;

(4)对于长时间稳定压力的测量,应使被测压力小于压力表满量程的 2/3。

2-13　一个精度等级为一级,量程为 100 MPa 的压力表,在测量值为 50 MPa 时,其最大可能产生的误差是多少?

(1)+1;　　　(2)-1;　　　(3)±1;　　　(4)±0.5;　　　(5)+0.5。

第 3 章

位移与液位测量

位移测量是机械量测量的重要任务之一，在大量的动力设备和运动机械中，通常依靠测量其位移量来研究设备及零部件的运动规律或其变形量，从而实现有效地监测和控制。可完成位移测量的传感器种类较多，这些传感器按照其工作原理可以分为有源传感器和无源传感器。前者是通过传感器自身结构将机械位移直接转换成电量而无需外部电源，如原电式、压电式、电动式等；后者则将机械位移量先转换成电器元件的参量变化，如电阻、电感及电容等，再通过外部电源的流入来测量变化量的大小。

液位的变化也是位移，液位的测量与位移测量有共同之处，也有其特殊性。液位的测量与控制在众多动力设备中是至关重要的，多数情况下液位允许在一定的范围内变化和波动，从而保证系统的稳定与可靠运行，如锅炉中汽包的水位、冷却水塔的水位、空分塔中液氧液位与液空液位等。要实现其稳定可靠运行，液位变化超出规定范围就需要及时控制，以免出现意外。液位的测量先转换成位移测量，并通过电量的转化输出到二次仪表，则和机械位移测量无异。因此，电阻式、电感式和电容式的液位测量传感器也十分常见。

在动力机械中常用位移测量系统来对机械部件，如各种阀、轴及往复机构的位移规律进行研究。这种测量往往对测量系统提出如下的要求。

(1)实现电测，以便使用计算机对数据进行采集及处理。

(2)非接触式测量以避免对被测系统运动的干扰。

(3)要求有较高的分辨率、测量精度及动态响应特性。

位移传感器种类非常多，按测量位移的特征，可分为线位移传感器及角位移传感器。常用的位移传感器有电位计式位移传感器、电感式位移传感器、电容式位移传感器以及磁栅、光栅、激光位移传感器等。

3.1 电位计式位移传感器

电位计式位移传感器是将位移信号转变为电阻丝长度的变化，从而获得与位移成比例的电阻值来实现电测的。电子仪器中常用的可变电阻（滑线电阻）便是一个典型的线位移或角位移传感器。电位计式位移传感器的测量电路类似于应变测量中的半桥电路，如图3-1所示。这种电路可保证输出电压变化量 ΔU 正比于位移量 ΔL。R_1、R_2 的选择可以改变该传感器的灵敏度。

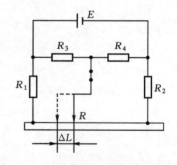

图 3-1 电桥式滑线电阻位移传感器

电位计式位移传感器工作的范围为 $0.1 \sim 100$ mm，结构简单，测量精度达 1.0 级，有的可到 0.5 级，但不适于运动频率较高的运动部件的测量，由于其结构内有摩擦副，故寿命较其它类型的非接触式位移传感器短。

3.2　电感式位移传感器

在电感式位移传感器中采用了电感式变换器,把被测机械量的变化转换为电感的变化,再将电感量引入到一定的电路中转换,便可得到相应的电压或电流信号,以实现对被测机械量的测量。

3.2.1　结构和工作原理

电感式变换器的种类很多,而且结构形式不相同,但都是由衔铁、线圈和铁芯三部分组成。图 3-2 是一个简单的电感变换器原理图,铁芯 3 和活动衔铁 1 均由导磁材料制成,在铁芯上绕有线圈 2。当衔铁在被测机械量的作用下移动时,气隙发生变化,从而引起磁路中磁阻变化,使得线圈中电感发生变化,电感的变化与衔铁的位置相对应。因此,只要测出电感量的变化,就能判断衔铁的位移量,这就是电感式变换器工作的基本原理。为了测定电感量的变化,我们在线圈中通以固定频率的交流电。图 3-2 中线圈的电感量 L 为

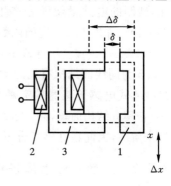

1—活动衔铁；2—线圈；3—铁芯

图 3-2　电感变换器原理

$$L = \frac{W^2}{R_M} \tag{3-1}$$

式中:W 为线圈的匝数;R_M 为总磁阻(由导磁材料的磁阻 R_f 和气隙磁阻 R_δ 组成)。

由于电感式变换器采用软磁材料,故 $R_\delta \gg R_f$,所以 $R_M = R_\delta$,而

$$R_\delta = \frac{2\delta}{\mu_0 S} \tag{3-2}$$

式中:δ 为气隙长度;μ_0 为空气的导磁率;S 为气隙横截面积。

将式(3-2)代入式(3-1)得

$$L = W^2 \frac{\mu_0 S}{2\delta} \tag{3-3}$$

式(3-3)为电感传感器的基本特性公式。

从式(3-3)可以看出:线圈匝数确定后,电感量 L 只与电感传感器的气隙长度 δ 和气隙横截面积 S 有关。电感式传感器可分为变气隙长度和变气隙横截面积两种。它们的特性曲线如图 3-3 所示。

由图 3-3 可看出:当 S＝常数时,改变 δ,电感量 L 与气隙 δ 成非线性关系。当 δ 很小时,例如 $\delta = \delta_1$,此时灵敏度高,但测量范围较小。综合考虑,我们一般取 $\Delta\delta_{\max} = (0.15 \sim 0.20)\delta_0$($\delta_0$ 为起始气隙),这样才能保证传感器工作在近似的线性区域,通常的位移测量范围为 $0.001 \sim 1$ mm。当 δ＝常数时,改变气隙的横截面积,可以看出,在一定的范围内,线性度很好,但是

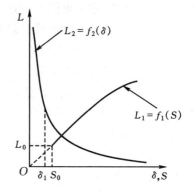

图 3-3　电感式传感器特性曲线

当 $S = S_0$ 时,由于漏感 L_0 的存在,使得电感量 $L = 0$,这样,当 $S < S_0$ 时就无法测量。而且当量

程范围增大时,也产生非线性的缺点。总之,上述两种传感器只适用于测量微小位移量。在测量大位移时,可采用具有可动铁芯的螺线管式电感传感器,如图 3-4 所示,它由线圈 1 和可动铁芯 2 构成。线圈中可动铁芯的移动使磁阻发生变化,线圈的电感量便随之产生变化。线圈的电感量 L 与铁芯的插入深度 l 有一定的函数关系,为

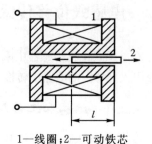

$$L = A + Bl \qquad (3-4)$$

式中:A、B 为同线圈结构有关的常量。

1—线圈;2—可动铁芯

图 3-4　螺线管式电感传感器

螺线管式电感传感器的灵敏度较低,不易测量微小位移量,但它具有结构简单,制作容易,量程范围大等优点,由于灵敏度低的矛盾可以在电路中加放大器来解决,因此在许多场合下常用到这种传感器。

3.2.2　差动式电感位移传感器

上述电感式传感器的结构形式在实际的测量中用得较少,大多数情况下电感式传感器都要采用差动的形式,如图 3-5(a)所示,它由两个相同的电感传感器和一个共用衔铁组成。它的等效电路如图 3-5(b)所示。

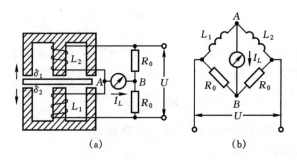

(a)　　　　　　　　　　(b)

图 3-5　E 型差动电感传感器

测量前,衔铁处于中间位置,两边的气隙间距相等,两线圈的电感量相同,$L_1 = L_2$,此时电桥处于平衡状态,输出电流 $I_L = 0$。测量时,衔铁在被测机械量的作用下,向上或向下移动,造成两边的气隙不等,使得两只线圈的电感量一增一减,这样 $L_1 \neq L_2$,电桥失去平衡,则输出电流 $I_L \neq 0$。I_L 的大小反映了被测机械量的大小。由于衔铁的移动方向不同,引起输出电流 I_L 的方向也不同,这样输出电流 I_L 的大小和方向就反映出位移的大小和方向。

差动式电感传感器不仅克服了简单电感传感器易受温度变化及环境磁场变化影响的不足,而且扩大了线性测量范围。在 $\Delta\delta_{max} = (0.3 \sim 0.4)\delta_0$ 的范围内,传感器的特性曲线基本不变。差动式电感传感器也可以做成各种形式。图 3-6 为差动式螺线管电感传感器。同应变式传感器不同,电感式传感器不能采用直流电桥电路供电。它只能与交流电桥电路或其它交流电路的二次仪表配套使用。

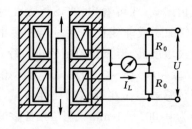

图 3-6　差动式螺线管电感传感器

　　在上述差动式电感传感器的分析中,我们认为两线圈的电感量相同,且衔铁处于两电感线圈的中间位置,即位移为零,则电桥理论上处于平衡状态,并输出电流为零。在实际中,衔铁位移为零时,输出电流并不为零。这是由于差动式电感传感器中的两个电感线圈及磁芯的不对称性所致,加上线圈分布电容的影响,使得交流电桥的 A 点电压与 B 点电压(见图 3-5(b))不仅幅值不同,更重要的是相位也不同,从而造成不平衡输出,通常称之为零位误差,这种不平衡不能像应变式传感器的电桥电路那样,简单地靠调节桥路电阻或衔铁位置来达到平衡。在电感传感器的配套二次仪表中,均采用专门的补偿电路来消除零位误差。

3.2.3　差动变压器式位移传感器

　　前述各种电感式传感器是利用线圈自感量的变化来完成非电量向电量的转换的,而差动变压器式传感器则是利用线圈的互感作用将位移信号转换成感应电势的变化。差动变压器位移传感器的结构形式如图 3-7 所示。初级线圈 1 通以一定频率的交流电后,两个次级线圈 2 和 3 由于互感作用分别产生感应电动势 e_2、e_3。又因其成差动形式,即两个感应电动势反向串联,故输出电压为 $e_0 = e_2 - e_3$。设两个次级线圈完全相同,当铁芯处于正中间位置时,两个次级线圈通过的磁通相等,感应电动势 $e_2 = e_3$,此时输出电压 $e_0 = e_2 - e_3 = 0$,当铁芯向右移动 ΔL 时,次级线圈 2 中的磁通减少,相应的感应电势 e_2 减少,而次级线圈 3 中的磁通反而增加,相应的感应电势 e_3 增大,此时输出电压 $e = e_2 - e_3 < 0$;如果磁铁向左移动,结果正好相反。实验及理论表明,这种以差动方式相接的线圈,其输出电压和铁芯的位移为线性关系。差动变压器式位移传感器最大的特点是灵敏度高,例如,当以 $500\ Hz$,$V_{P \cdot P} = 2\ V$ 的交流电给初级线圈供电时,其每毫米位移的输出电压可达几百毫伏,也就是说可实现不用放大电路的测量。

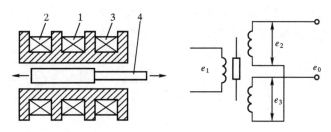

1—初级线圈;2、3—次级线圈;4—衔铁
图 3-7　差动变压器位移传感器结构示意图

　　总的说来,上述差动式变压器传感器有如下特点:
　　(1)灵敏度高,输出功率大,量程范围很宽;
　　(2)结构简单,工作可靠,精度一般为 $1\% \sim 3\%$,特别的设计可达 $0.2\% \sim 0.5\%$;
　　(3)在一定的测量范围内,线性度较好。
　　电感式传感器的不足之处:易受温度及磁场影响,当工作温度升高或有外界磁场干扰时,误差增大。

3.3 电涡流式位移传感器

3.3.1 结构与工作原理

电涡流式传感器是利用电涡流效应将被测机械量转换为线圈的阻抗、电感量或品质因数变化的一种传感器,其工作原理如图 3-8 所示。在测量线圈 1 内通以交变电流则线圈周围便相应产生一交变的磁场 H_1。当该线圈靠近一被测物体 2(该物体必须是导体)时,在磁场 H_1 作用下,该导体内便产生电涡流 I_2,这个电涡流将形成一个反向的新磁场 H_2,从而部分削弱了原磁场,其结果导致测量线圈的电感量、阻抗及品质因数发生相应变化。测量线圈的材料、

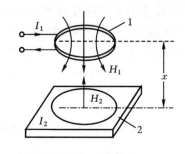

1—测量线圈;2—被测导体

图 3-8 电涡流式传感器原理示意图

几何形状、供电频率等决定了其电感量、阻抗及品质因数等固有参量,对于设计好的一个电涡流传感器来说,这些参数是不变的。设线圈的电阻为 R_1,电感为 L_1,电源的交变频率为 ω,其复阻抗为

$$Z_1 = R_1 + j\omega L_1 \qquad (3-5)$$

而被测导体的材料性能、几何形状以及它与测量线圈间的距离等物理量则成为改变上述参量的变量。

当工作线圈靠近被测导体时,由于电感的耦合,线圈与导体之间的互感系数 M 随线圈与导体之间距离 x 减小而增大。导体内部所形成的电涡流通路可看作是一匝线圈,其电阻为 R_2,电感为 L_2,等效电路如图 3-9 所示。经计算,可得到电涡流传感器工作状态时的复阻抗 Z 的表达式为

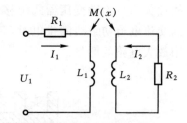

图 3-9 电涡流式传感器等效电路图

$$Z = R_1 + R_2 \frac{\omega^2 M}{R_2^2 + \omega^2 L_2^2} + j\omega\left(L_1 - L_2 \frac{\omega^2 M^2}{R_2^2 + \omega^2 L_2^2}\right)$$

$$(3-6)$$

品质因数表达式为

$$Q = \frac{\omega L_1}{R_1} \frac{1 - \dfrac{L_2}{L_1} \dfrac{\omega^2 M^2}{R_2^2 + (\omega L_2)^2}}{1 + \dfrac{R_1}{R_2} \dfrac{\omega^2 M^2}{R_2^2 + (\omega L_2)^2}} \qquad (3-7)$$

对于固定结构的电涡流传感器及被测导体来说,互感系数 M 同距离 x 之间存在着某种复杂的函数关系,虽然这种函数关系是非线性的,但在一定范围内可近似地将其看作线性。

电涡流传感器的实际结构很简单,如图3-10所示,将一个由多股漆包线绕制成的线圈固定在一个框架上即可,该框架多由聚四氟乙烯、陶瓷、环氧树脂等绝缘材料制成。有时为提高品质因数(Q 值)而减少线圈匝数,使传感器小型化,也可在线圈内加入磁芯。线圈外径由几个毫米至几十毫米,其匝数由数十圈至数百圈。

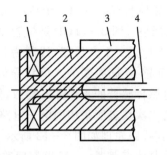

1—线圈；2—框架；3—传感器体；4—引线

图 3 - 10 电涡流传感器结构

3.3.2 电涡流传感器测量系统

同电感式传感器类似,电涡流传感器在位移测量中也可以多种方式工作。图3-11给出了变间隙型、变面积型以及螺管型电涡流传感器的工作方式。

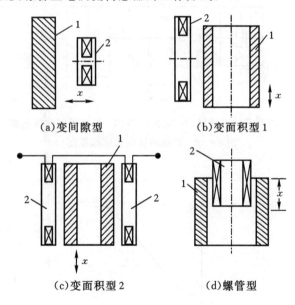

(a)变间隙型　　　　　　　　(b)变面积型1

(c)变面积型2　　　　　　　　(d)螺管型

1—被测导体；2—线圈

图 3 - 11 电涡流传感器的几种工作方式

在变间隙型工作方式中,如图 3 - 11(a)所示,传感器线圈与导体平面之间的距离 x 的变化引起线圈电感、阻抗及 Q 值的变化。通常线圈外径越大,传感器的线性测量范围就越大。例如 CZF1 系列传感器的 3% 线性误差范围,在线圈外径7 mm 时为 1 mm,而当线圈外径为 28 mm 时,则变为 5 mm。对于变面积型电涡流传感器(见图 3 - 11(b)),线圈绕在矩形而非圆形框上,它利用被测导体与传感器线圈之间覆盖面积的变化来进行位移测量。当线圈尺寸为 110 mm×12 mm 时,线性度为 1% 的位移测量范围可达 100 mm。但在测量中要设法消除位移测量过程中导体与线圈之间因运动而产生的间隙变化带来的影响,通常采用双线圈串联法来消除,如图 3-11(c)所示。当导体与双线圈中一个线圈的间隙增大则与另一个线圈间隙变小,所引起的阻抗或 Q 值变化相抵消。图 3-11(d)是螺管型电涡流传感器,被测导体及线圈均做成圆筒状,我们可以把它们看作是一个变压器,线圈为初级绕组,而筒状导体可看作是该变压器的次级绕组,二者之间的互感 M 同线圈伸入筒状导体的深度有关。从这个意义上看,螺管型电涡流传感器与螺管型电感传感器的工作方式类似,但其灵敏度要低于后者。

　　与电涡流传感器配套使用的二次仪表所采用的电子电路有多种类型:电桥电路、Q 值测试电路及调幅或调频的谐振电路,其线路原理如图 3-12 所示。它由石英晶体振荡器、谐振回路及信号处理转换电路组成。石英晶体振荡器向 LC 谐振回路提供频率为 f_0,电流为 I_0 的高频振荡信号。当无被测导体靠近时,调节 LC 回路使之处于谐振状态,这时谐振电路的 Q 值最高,阻抗最大,I_0 流过谐振电路时,其压降 U_0 最大。当被测导体靠近线圈时,谐振回路处于失谐工作状态,Q 值下降,谐振电路的阻抗减小,电流 I_0 流过时的压降 U_0 也相应减小。信号处理转换电路由交流放大器、阻抗变换器、滤波器及检波器等构成,其作用是将谐振回路的输出电压 U_0 转换成有足够幅值且稳定的输出电压信号 U_{sc} 以提供给指示仪表或记录仪表。图 3-13 是某一变间隙式电涡流传感器及配套二次仪表的位移-输出电压特性曲线。

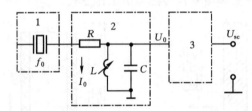

1—石英晶体振荡器;2—谐振回路;3—信号处理转换电路
图 3-12　调幅测量电压原理框图

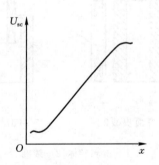

图 3-13　位移-输出电压特性曲线

　　电涡流式传感器的主要特点:结构简单,灵敏度高,测量线性范围大,可完成从静态到较高频率的动态非接触式测量。本章虽然仅以位移测量为例介绍了电涡流式传感器,但实际上这种传感器还可进行振动、转速乃至导体的厚度、硬度、温度等物理量的测量,这方面详细的论述可参考专业资料。

3.4　电容式位移传感器

3.4.1　结构与工作原理

电容式位移传感器是将被测机械量的变化转换为电容变化的一种传感器。平板电容器的电容量为

$$C = \frac{\varepsilon S}{d} \tag{3-8}$$

式中：ε 为极板间介质的介电常数；S 为极板的面积；d 为极板间的距离。

由式(3-8)可知，平板电容器的电容量与电容器的三个参数 ε、S、d 有关。只要改变这三个参数中的任一个参数，就可改变电容器的电容量。因此，当被测机械量的变化使电容器中任一参数产生相应的改变而引起电容变化时，再通过一定的测量电路将其转变为电压或电流信号输出，根据该电信号的大小，就可判定被测机械量的大小，这就是电容传感器的基本工作原理。

通过改变电容器的不同参数，我们可以制成三种不同类型的电容式传感器。图 3-14 是电容式传感器原理结构示意图。

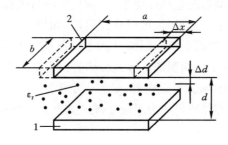

1—定片；2—动片

图 3-14　电容式传感器原理结构图

1. 改变极板间距离

测量时，动片 2 受到被测机械量的作用，产生了 $\Delta d/d$ 的相对位移量，就使得电容产生了 $\Delta C/C$ 的相对变化。由式(3-8)可求得它们之间的关系为

$$\frac{\Delta C}{C} = -\frac{\dfrac{\Delta d}{d}}{1 + \dfrac{\Delta d}{d}} \tag{3-9}$$

由式(3-9)可看出，电容量的相对变化 $\Delta C/C$ 与相对位移变化之间的关系是非线性的，由于这种变换器的非线性特性，在使用时应合理地选择初始距离 d，并且 $\Delta d/d$ 应限制在 0.01～0.02 的范围内。

在实际使用的传感器中，为了提高其灵敏度及线性工作范围，减小各种外界因素的干扰，在结构上常采用对称配置设计，其结构如图 3-15 所示。中间一片极板为动片，两边的

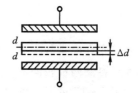

图 3-15　改变极板间距的差动电容式传感器原理图

极板是定片。当动片受被测机械量作用移动距离 Δd 后,两极板间距离分别为 $d + \Delta d$ 和 $d - \Delta d$,这样电容量的变化为

$$\Delta C = C_1 - C_2 = \frac{\varepsilon S}{d - \Delta d} - \frac{\varepsilon S}{d + \Delta d} = \frac{2\varepsilon S \Delta d}{d^2 - \Delta d^2} \qquad (3-10)$$

这种差动电容与适当的测量电路配合,当 $\Delta d / d$ 在 $\pm 30\%$ 范围内变化时,其输出的非线性失真不超过 1%。这样,线性范围有了很大的提高,而且灵敏度也比简单的电容变换器提高了一倍。变极板间距的电容传感器主要用于微小位移量($0.001 \sim 0.1$ mm)的测量。

2. 改变极板间有效工作面积

在图 3-14 中,当极板受被测机械量作用移动 Δx 后,两极板间电容量的变化为

$$\Delta C = C - C_0 = \frac{\varepsilon b(a - \Delta x)}{d} - \frac{\varepsilon b a}{d} = -\frac{\varepsilon b \Delta x}{d} \qquad (3-11)$$

而灵敏度 K 可写成

$$K = -\frac{\Delta C}{\Delta x} = \frac{\varepsilon b}{d} \qquad (3-12)$$

由式($3-11$)可知,变面积的电容变换器的输出特性是线性的。这里还可以看到它的灵敏度 K 为一常数,它与极片宽度 b 成正比,与两极片间距离 d 成反比,而与极片的长度 a 无关。但是长度 a 不能太小,否则,电容的边缘效应增大,而且非线性失真严重。

此类电容器的极板可以是平板形,也可以是圆筒形,如图 3-16 所示,而后者的结构更紧凑,并有利于消除变面积过程中因极板间距离 d 的变动而引入的误差。同变极板间距的差动式电容传感器一样,在变极板工作面积的电容式传感器中也常采用差动工作方案,其结构形式如图 3-16(a)、(b)所示,其中(a)为平板电容,(b)为圆筒电容。图 3-16(c)是一种结构形式较为复杂的差动变面积式电容传感器。为了便于理解其电容变化的形式,图 3-16(d)给出了其等效电容示意图。

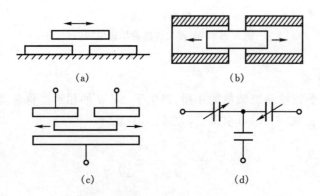

(a)　　　　　　　　(b)

(c)　　　　　　　　(d)

图 3-16　改变极板间有效面积的差动电容式传感器原理图

3. 改变介电常数

当电容器两极板间的介质发生改变时,由于介电常数不同,电容器的电容量也将发生变化。从图 3-17 可以看到,将某种相对介电常数为 ε_r 的材料板插入到电容极板之间并与被测位移运动体联接在一起,便构成了一个用于测量位移的变介电常数的电容传感器。当然,变介电常数的电容传感器也可以做成差动式的,如图3-17(b)所示。变介电常数电容传感器可以

在许多领域内应用,例如物料的含水量测量,液位、料位的测量等。图 3 - 18 为电容式液面计的工作原理图。在被测介质中放入宽度为 b 的两板极,间距为 d,容器内介质的介电常数为 ε_r,空气的介电常数为 ε_0,当液面发生变化时两极板间的电容量就发生了变化。若介质浸入极板高度为 L_1,则空气中的电容 C_2 与介质中的电容 C_1 之和为

$$C = C_2 + C_1 = (\varepsilon_0 b L_2 / d) + (\varepsilon_r b L_1 / d)$$
$$= (\varepsilon_0 b L / d) + [(\varepsilon_r - \varepsilon_0) b L_1] / d$$
$$= A + B L_1$$

由上式可见,当电容器的结构确定后,A、B 均为常数,电容量 C 与液面高度 L_1 成线性关系。某些常用材料的相对介电常数 ε_r 差异很大,例如:干燥空气的相对介电常数为1.000 54,硅油为 2.7,水为 80,环氧树脂为 33,钛酸钡为 1 000~10 000。

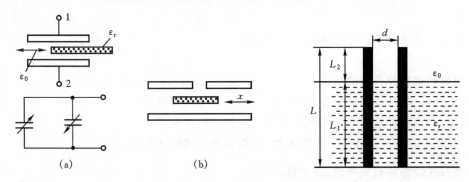

图 3 - 17 改变介电常数的电容式传感器原理图 图 3 - 18 电容式液面计原理图

3.4.2 电容式传感器的测量电路

用于电容式传感器的测量电路很多,这类电路较复杂,在这里我们仅做简单介绍,不做分析。以下是两类应用较为普遍的调幅电路及调频电路。

1. 交流电桥

交流电桥是一种典型的调幅电路,如图 3 - 19 所示,其中 C 为传感器电容,C_0 为桥臂电容,Z 为电容臂阻抗,Z' 为等效配接阻抗。

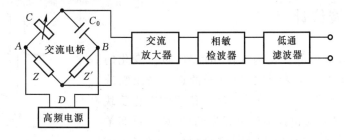

图 3 - 19 交流电桥测量系统

在这里被测机械量的作用引起的电容变化可通过交流电桥转换成调幅电压信号输出,然后由放大器放大。放大后的信号经相敏解调后,通过低通滤波器滤掉高频成分信号后输出对应于被测机械量的信号。

2. 调频电路

调频电路是目前广泛采用的一种测量电路。它的原理框图如图 3－20 所示。在被测机械量的作用下电容发生变化,使得振荡器的频率发生了相应的变化,这个频率的变化经过鉴频器和滤波器后变换成与频率成一定函数关系的电压信号,再经过放大器放大后就可以用记录仪器记录下来。

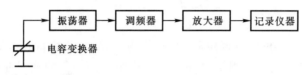

图 3－20　调频电路原理框图

3.4.3　电容式传感器的特点及应用

1. 电容式传感器具有的特点

(1)结构简单,与适当的测量电路配合可得到较大的灵敏度。

(2)工作频率高,适用于对变化速率高的位移进行测量。

(3)如果把被测机件作为一个极板片,可以实现非接触式测量。

2. 电容式传感器在应用时,应注意的问题

(1)由于电容式传感器的电容量很小(几皮法至几十皮法),易受外界电场的干扰,这就要求采用阻抗高、噪声低的前置放大器,引出线应尽量短,采用屏蔽线,而且屏蔽线与壳体及可动电极应有可靠的接地,以尽量减小外界电场的干扰。

(2)应正确选择极板的绝缘材料,通常要求绝缘电阻在 100 MΩ 以上,以减小漏电阻对测量精度的影响。

(3)对于环境温度变化对电容式传感器的影响问题,可以采用补偿电桥以抵消介电常数随温度的变化。同时还应尽量选择膨胀系数低的材料制造电容式传感器,以减小尺寸随温度的变化。

3.5　浮子式液位计

液位测量通过液位的变化输入位移信号,液位变化的测量通过漂浮其上的浮子来反映,以浮子的运动来反映液位变化的仪器统称为浮子式液位计。浮子位置的变化反映了液面的位移,浮子式液位计是最早开发的、原理上最简单的仪表之一。利用重度比液体小的物质作浮子,浮子上固定一根很轻的指针,在浮力的作用下指针随液面上下移动,通过容器顶上的玻璃管即可测量液面的高低,如果把指针

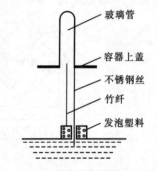

图 3－21　浮子式就地指示液位计

的位移转换成电量变化,就可以进行液位的远距离传送。图 3－21 是利用泡沫聚苯乙烯(密度为 0.04 g/cm³)作浮子连接一根竹纤或玻璃毛细管作指针的就地指示液位计。此外,也常用

薄壁德银泡作浮子,用细的薄壁德银管作指针,做成液面计。

图 3-22 是浮子浮在液面上的情况,设浮子的重量为 G,直径为 D,浮子高度为 b,当它漂浮在液面上达到平衡时,则

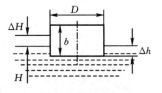

图 3-22　浮子工作情况

$$G = \frac{\pi D^2}{4} \Delta h \rho g$$

因而

$$\Delta h = \frac{4G}{\pi D^2 \rho g} \qquad (3-13)$$

式中:Δh 为浮子浸没在液体部分的高度;ρ 为液体的密度;g 为重力加速度。

当液面 H 变化时,浮子随着升降,但浸没在液体中的高度 Δh 应保持不变,只有这样才能准确测量液面,由式(3-13)可看出,浮子重量 G 的变化(例如浮子材料对液体不抗溶而引起的腐蚀等),液体密度 ρ 的变化(例如液体温度的变化等),以及浮子直径 D 的变化,都会引起测量误差。

由于仪表各部分具有摩擦等原因,浮子并不是一有浮力变化就能立即移动的,而是要当浮力变化量 ΔF 克服摩擦达到一定数值 $\Delta F'$ 时,才开始动作。因此仪表有一个不灵敏区,假设液面升高 ΔH,浸没在液体中的那部分体积增大,使浮子所受浮力大于浮子重量 G,于是浮子上升,所产生的浮力变化为

$$\Delta F = \frac{\pi D^2}{4} \Delta H \rho g \qquad (3-14)$$

但浮子开始移动时,真正的浮力变化是 $\Delta F'$,所以有

$$\frac{\Delta H}{\Delta F'} = \frac{4}{\pi D^2 \rho g} \qquad (3-15)$$

由式(3-15)可以看出,增大浮子的直径 D 可以使 ΔH 大大减小,即使仪表的不灵敏区大大减小,提高了仪表测量的精度。

图 3-23 给出了三种不同形状、尺寸的浮子,(a)为扁平形浮子,(b)为扁圆柱形浮子,(c)为高圆柱形浮子。扁平形浮子做成大直径空心扁圆盘状,具有小的不灵敏区,但对液面的波动比较敏感,这种浮子可以测量密度较小的液体的液面。图 3-23(c)所示浮子的情况正好与(a)相反,它高度大、直径小,占地面积小,因此抗波浪性好,对液面变动不敏感,不灵敏区较大。图 3-23(b)所示浮子的抗波浪性和灵敏区在上述二者之间。浮子式液位计通过浮子的位置变化可以有多种输出形式,列举如下几种。

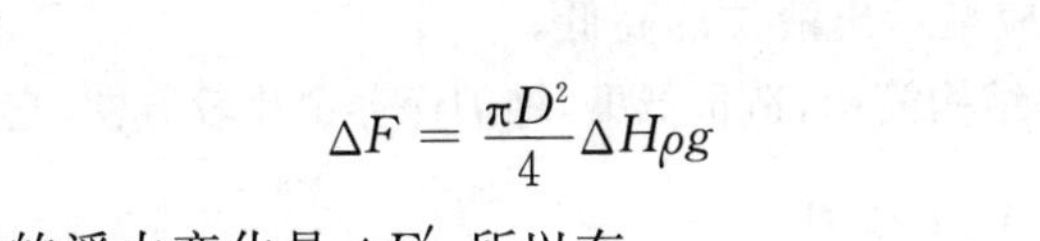

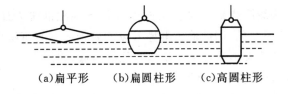

(a)扁平形　　(b)扁圆柱形　　(c)高圆柱形

图 3-23　不同形状的浮子

3.5.1　机械位移式液位计

浮球式液位计是一种典型的机械位移式液位计,其结构原理如图 3-24 所示。

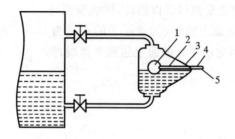

1—浮球；2—连杆；3—转动轴；4—重锤；5—杠杆

图 3 - 24　浮球液位计原理图

浮球 1 由不锈钢制成，浮球通过连杆 2 与转动轴 3 相连接，转动轴的另一端与容器外侧的杠杆 5 相连接，并在杠杆上加有平衡重锤 4 组成以转动轴 3 为支点的杠杆系统。一般要求在浮球的一半浸入液体时，实现系统的力平衡。当液位升高时，浮球 1 被液体浸没的深度增加，浮球所受的浮力增加，破坏了原来的力平衡状态，平衡重锤 4 拉动杠杆 5 作顺时针方向转动，使浮球上升，直到浮球的一半浸没在液体时，重新恢复了杠杆系统的力平衡，浮球就停留在新的位置上。在杠杆作顺时针方向转动时，转轴 3 带动安置在上面的指针也作顺时针转动，因此，指针停留的位置就相应指示出液位的高低。

这种液位计的优点是结构简单，造价低廉，维护保养也比较方便，它的缺点是密封比较麻烦。

3.5.2　电传位移式液位计

这种液位计的工作原理是将浮子随液面的变化位移转换成电信号输出，称为电压位移式或电感位移式。图 3 - 25 示出了一种电感位移式液位计工作原理。

当浮球 3 随液面高低上下移动时，带动与之相连的磁钢 1 在差动变压器 2 的线圈内上下移动，由于磁钢的截面是变化的，故在其线圈内的面积也相应改变，从而使差动变压器次级的输出电势 E 也随之改变，根据 E 的大小就可确定液面的高度。

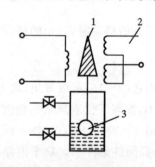

1—磁钢；2—差动变压器；3—浮球

图 3 - 25　电感位移式液位计原理图

输出电势 E 的大小由下式决定

$$E \propto BNfS \tag{3 - 16}$$

式中：B 为磁通密度；N 为线圈绕组匝数；f 为电源频率；S 为磁钢铁芯面积。

由于 B、N、f 是固定不变的，因此输出电势 E 就与磁钢铁芯的面积 S 成正比，而液位改变时 S 也相应改变，所以 E 的大小就直接反映出液位的高低，如用毫伏计测量出电势变化并直接用液位高低刻度，就可以直接指示出液面的高低。

这种液位计的最大特点是可作远距离显示，并可将其输出作控制液位的信号，例如 YJ 遥控浮球液位计就属于这类液位计。

3.5.3　变浮力式液位计

上面介绍的浮球式液位计中浮球的上下位移变化就等于液位的变化范围，即位移输出量就是液位的变化量,因此测量范围受到一定的限制。为了克服这一缺点,改进成变浮力式液位计,图 3-26 所示的为一浮筒式变浮力式液位计的原理图。当横截面积相同、重量为 G 的圆筒形金属浮筒的一部分被液体浸没时,由于受到浮力的作用使浮筒向上移动,当达到与弹簧受压缩所产生的弹簧力平衡时,浮筒停止移动。其力平衡方程式为

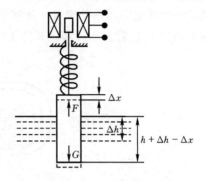

$$c_f x = -G + Sh\rho g \qquad (3-17)$$

式中:c_f 为弹簧的刚度;x 为弹簧受压缩后的位移;S 为浮筒的横截面积;h 为浮筒被液体浸没的深度;ρ 为液体的密度;g 为重力加速度。

当液位发生变化时,由于浮筒所受的浮力发生变化,浮筒的位置也发生相应的变化,例如当液位升高 Δh,浮筒就要上移 Δx,此时力平衡方程变为

图 3-26　浮筒式变浮力液位计原理图

$$c_f(x + \Delta x) = -G + S(h + \Delta h - \Delta x)\rho g \qquad (3-18)$$

两式相减得

$$c_f \Delta x = S\rho g(\Delta h - \Delta x)$$

$$\Delta h = (1 + \frac{c_f}{S\rho g})\Delta x = K\Delta x \qquad (3-19)$$

从式(3-19)可知,当液位变化 Δh 时,使浮筒产生 Δx 的位移,两者之间成正比关系,只要测量出浮筒的位移量 Δx,即可知液位的变化量 Δh,这样,也就知道了液面的高度。

3.6　差压式液位计

静压式液位计的测量原理基于不可压缩液柱高度与液体产生的静压成比例关系,因此,只要测量出液体的静压便可知道液位的高度。

在敞口容器中,应用压力计测量液位的方法如图 3-27 所示。压力计通过导管与容器底部相联,压力计所指示的压力 p 与液位 H 之间的关系为

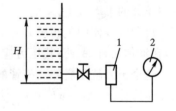

$$H = p/\rho g$$

式中:ρ 为液体的密度;p 为容器内取压平面的静压;H 为液位的高度;g 为重力加速度。

从上面分析可知,利用液柱的静压来测量液位,测量方法简单,且测量范围不受限制,如利用压力变送器也可把信号远传进行远距离测量液位,因此,这种测量液位的方法在工业上得到了广泛的应用。

1—中间隔离罐;2—压力表
图 3-27　静压式液位计

静压式液位计的测量精度主要取决于压力计的准确度。此外,当被测液体的密度在测量过程中随测量条件(如温度)而变化时,也会引入附加的测量误差。

对于封闭容器甚至内部带有内压力的液位测量则必须同时测量出蒸气的压力值,图 3-28 示出一差压计的两根导管分别与容器底部和顶部相联的情况,差压计的下联管与容器的底部相联,而上联管接到容器上部的蒸气空间。很明显,在下联管中,气体受到的压力为 $H\rho g +$

$H_{液}\rho_{液}g$（$\rho_{气}$和$\rho_{液}$分别为蒸气和液体的密度）。由于蒸气的密度比液体小得多（对氮、氧、氦等，在一个大气压下，其液气的密度比为 $100\sim800$ 左右），所以 $H_{气}\rho_{液}g$ 可以忽略不计，这样就把液面测量安全转化为压差的测量。从理论上讲，前面所介绍的各种差压计都可用来测量液面，但实际上多用 U 形管差压计和膜式差压计来测量液面。

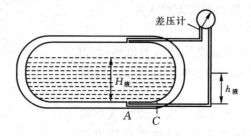

图 3 - 28　差压式液位计

值得注意的是这种液位计的下联管的垂直部分不允许有液体存在，否则测出来的数值就不是 $H_{液}$ 而是 $H_{液}-h_{液}$（见图 3 - 28）。

这种液位计的主要缺点是容易产生长时间的周期压力波动，影响液面的测量。产生压力波动的原因，据分析是由于下联管中气液分界面的不稳定所引起的。为了使气液分界面固定，可以人为地在界面处造成一个很大的温度梯度，譬如在图 3 - 28 的 C 截面处，在绝缘层里面的水平管（AC 段）用薄壁不锈钢管，而外部用厚壁紫铜管，试验证明这是行之有效的措施。

这种液位计配上不同的差压计可以连续观察或远传记录液位，但精度较差，对于密度较大的液氮，灵敏度较高，但在液氮、液氢中则使用不多。

测量低温液体液位时，通常采用间接式差压式液位计，这种液位计又称汉普逊液位计。它是在低温液化器和低温贮槽中经常采用的低温液位计，如图 3 - 29 所示。它用两根低热导的细管，一根与气相相联，另一根通到液相的底部，然后它们分别联在差压计的上下管上。

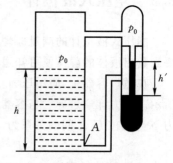

设贮液容器中气相压力为 p_0，在差压计中气相管的压力是 p_0，在液体底部 A 处，其压力应为 $p_0+h\rho g$，ρ 为低温液体的密度。这个压力就是底部液相管的压力 p，则 $\Delta p=p-p_0=h\rho g$。而在压力计上，$\Delta p=\rho'h'g$，ρ' 为压力计指示液的密度，则根据

图 3 - 29　间接式差压式液位计

$$\rho h=\rho'h'$$

$$h=\frac{\rho'}{\rho}h'$$

可在压力计玻璃管中刻出相应的低温液体高度。

对于低温液体中密度较大的液氮、液氧、液态空气等物质，指示液可用变压器油。压力计中下部"泡"要做得大些，当液面变化时其油面基本不变。对于密度较小的液氦、液氢等，宜选用密度较小的指示液，以提高灵敏度。同时还应考虑指示液的蒸气压要小，并且使用倾斜式压力计以提高读数的精度。尽管这样，测量的灵敏度还是低的。

使用差压式液位计的一个重要条件是，液相管内不能积存液体，否则压力计反映的高度不是真正的贮液器里的液相高度。为了避免液相管内积聚液体，给液相管以一定的热量把液体

蒸发,通常液相管采用细的铜管,同时把液相管的水平部分适当延长,或在液相管内插入一段导热率大的紫铜丝,以使液体气化。

此种液位计优点是简单,能连续指示液面的高度,缺点是漏热大,有时气、液两细管会冻结,如贮液器压力过高,会使压力计中指示液冲出,所以适合于液化器和低温贮槽等静止设备中应用。

3.7　电阻式液位计

电阻式液位计是利用固体和液体界面传热系数和固体与蒸气界面传热系数的差别做成的液位计。以下主要介绍三种电阻式液位计。

3.7.1　热线式液位计

这种液位计的工作原理是在一条金属线上通以电流,产生焦耳热使金属线的温度升高(热线式因此而得名)。此焦耳热通过金属线-液体界面或金属线-蒸气界面传到液体或蒸气,使线的温度下降,由于金属线-液体界面的传热系数比金属线-蒸气界面的传热系数大,所以在相同的电流加热条件下,处在液体中的热线温度要低些,因此液体中热线的电阻也小些,热线上的电压降也小些;相反,处在蒸气中的热线电压降要大些。用热线上的电压降来判断热线是否处在液体中,或判断热线浸在液体部分的长度是多少,前者可以做成定点液位计,后者可以做成连续液位计。

在制作热线式液位计时,要考虑的一个重要问题是怎样保证产生的焦耳热能大部分传到液体或蒸气中去,而通过热线本身和引线漏掉的热量要尽量地少些。由于热线向周围流体传输面沿热线传导出去的热量与热线的横截面积成正比,亦即与 d^2(d 为热线截面直径)成正比。因此,为了减小后一项的影响,一般要求采用较细的热线,但要确保足够的机械强度。另一方面,线细使得功率消耗小,也减少了低温液体的消耗。图 3-30 是马摩尼设计的液位计线路图,他用 0.025 mm 直径的铂丝或 0.005×0.025 mm^2 的铂片作为液面的感受元件。它实际上是一个简单的桥路,R_6 和 R_1 是桥路电流的粗、细调节,R_4 是液面针零点调整器,M-2 是一只毫安表,用来监视流过感受元件的电流大小,M-1 是一只微安表,用来指示液面。

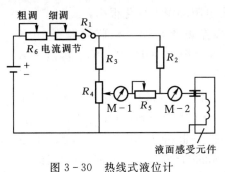

图 3-30　热线式液位计

流过热线的加热电流应仔细选择,电流太小,产生热量小,在气相中和在液相中冷却效果差异不明显,从而分辨不出热线是处于液体还是蒸气之中。电流太大导致液相中出现膜态沸腾,则液相中与气相中冷却效果接近,同时还有使热线烧断的危险。

这种液位计,精度可以很高,例如用直径 0.025 mm,长 5 cm 的铂丝,做成小螺旋管横放在容器中,测量精度可达到 ±0.2 mm。

3.7.2　碳电阻液位计

如果把上面介绍的热线液位计中的感受元件——热线，换成碳电阻，即成了一台碳电阻液位计。由于金属热线的电阻温度系数是正的，而碳电阻却是负的，并且温度系数很大，因此它所用的测量线路常常是比较简单的。图3-31是设计的碳电阻液位计，在液氦容器中使用，碳电阻构成桥电路的一臂，用微安表指示液位。与热线式液位计相比，碳电阻液位计测量是非连续的，是阶跃式的测量。

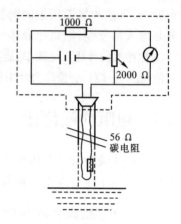

图3-31　碳电阻液位计

3.7.3　超导液位计

超导液位计利用超导材料的超导-正常转变做成液面计。超导材料在低于临界温度时电阻趋于零，当高于临界温度时又恢复了正常电阻，超导液位计就是根据这个原理做成的。在超导线上绕上电阻线（锰铜丝等），在电路中超导线和电阻线串联后接到电源上，如图3-32所示。当电流通过时，电阻线上产生热，使超导线升温，也可以在超导线上直接通电流加热。由于液体和蒸气的导热系数不同，因而线的冷却效果不一样，可以适当地选择线径和电流大小，使液体上面的超导线为正常态。而在液体里的超导线为超导态，然后测量超导线上的电压降的变化，就可以知道液面的位置。这种液位计必须选择适当的工作电流，使超导线在正常态和超导态上变化，电流太小则处在气体部分的超导线不能变为正常态。如果电流过大，则在液体部分的超导线也会转变为正常态。当电阻变化时，阻值有一个跃变，这种液面计灵敏度较高。铜铅锡合金做超导液位计较为合适，它的临界温度为4.6 K，其正常电阻随温度变化很小。

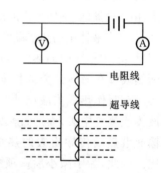

图3-32　超导液位计

近年来，人们已研制出临界磁场8～9 Gs、临界温度10 K的铌（Nb）-锆（Zr）合金和临界磁场$12×10^4$ Gs、临界温度9 K的铌（Nb）-钛（Ti）合金超导液位计。

图3-33所示是Nb-Ti合金超导液位计的感受元件结构图。其结构很简单，就是在一外径为5 mm，内径为4 mm的保护管（不锈钢或玻璃环氧）中拉一根超导Nb-Ti合金线，上端用锰铜接沿上下方向垂直绕成的加热器，它同电流、电压引线一起，用环氧树脂固定在玻璃环氧引线柱上。加热器的功率为0.01 W，在管的两端开有液氦通路孔。这种液位计不仅可检测静止液面，还可以在磁悬浮列车和超导电机等处于运动状态的低温恒温器内检测液面的复杂变化，从而可分析液体的动态，适于制作成工业用液位计。

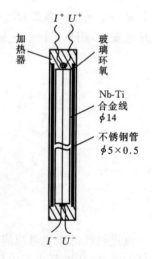

图3-33　Nb-Ti合金超导液位计感受元件结构图

3.8　电容式液位计

我们知道,在任何两种互相绝缘的导电材料做成的平行平板中间隔以不导电介质,就构成了电容器。由于任何一种液体和其蒸气的介电常数是不同的,因此电容器在液体或蒸气中的电容值也就不同,根据电容值的变化大小即可确定液面的高低,这就是电容式液面计的基本原理。表 3 - 1 中给出了低温常用液体及蒸气的介电常数。

表 3 - 1　介电常数表

凝聚态	氧	氮	氢	氦
气体	1.002	1.002	1.004	1.006
液体	1.484	1.433	1.228	1.048

表 3 - 1 中所示为相对常数值,即 $\varepsilon_r = \dfrac{\varepsilon}{\varepsilon_0}$,真空介电常数 $\varepsilon_0 = 8.85 \times 10^{-12}$ F/m。

电容式液位计的测量原理如图 3 - 34 所示,图中半径分别为 R 和 r、高度为 H 的两个圆筒形金属处于电场中,两圆筒间充进介电常数为 ε 的气体,则两圆筒间的电容量 C 为

$$C = \frac{2\pi\varepsilon}{\ln\dfrac{R}{r}} H \qquad (3-20)$$

当 R 和 r 一定时,电容量 C 的大小与两极板之间气体的介电常数 ε 和高度 H 的乘积成正比。假如在两极板之间充以介电常数为 ε_1 的气体时,此时的电容量为

$$C_1 = \frac{2\pi\varepsilon_1}{\ln\dfrac{R}{r}} H$$

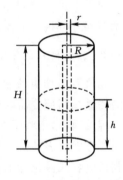

图 3 - 34　电容式液位计原理图

如果电极的一部分被介电常数为 ε_2 的液体所浸没,其浸没的高度为 h,则此时的电容量变为

$$C = \frac{2\pi\varepsilon_1}{\ln\dfrac{R}{r}}(H-h) + \frac{2\pi\varepsilon_2}{\ln\dfrac{R}{r}}h = \frac{2\pi\varepsilon_1}{\ln\dfrac{R}{r}}H + \frac{2\pi(\varepsilon_2 - \varepsilon_1)}{\ln\dfrac{R}{r}}h$$

$$= C_1 + \Delta C$$

$$\Delta C = \frac{2\pi(\varepsilon_2 - \varepsilon_1)}{\ln\dfrac{R}{r}}h \qquad (3-21)$$

从式(3 - 21)可知,当介电常数 ε_1 和 ε_2 保持不变时,电容的增量 ΔC 与电极被液体浸没的高度 h 成正比。因此,只要测量出电容增量 ΔC 就可以知道相应的液位高度 h。

由此可以看出,管间间隙越小,即 $\ln\dfrac{R}{r}$ 越小,则电容值 C 越大,并且随着液面的升降,C 值

变化也大,因此仪表的灵敏度也就增加;但是间隙过小,不仅加工困难,还会造成管间严重的毛细现象,引起虚假液位,所以间隙大小要选择适当。电容式液位计的感受件示意图如图3-35所示。

为了提高仪表的精确度,通常还采取下列措施。

(1)把不测液面的上段电容做得很小,如把上段内管管径减小(见图 3-35(b)),甚至将上段完全去掉。

(2)尽量减小引线等引进的杂散电容。

(3)采用多层电极,这好比是多个电容器并联,但这给加工增加了不少困难。

在实际的结构中,为了防止管内产生热振荡并使介质能及时进出电极之间,往往在内外管上打一些小孔。

电容式液位计由于本身结构、尺寸以及测量对象的介电常数等限制,电容量通常都很小,尤其是由液面变化引起的电容变化值更小,例如图 3-35(b)所示的尺寸,电容值为皮法量级,液氮中每毫米液面的变化,电容值仅改变 0.08 pF,在液氧中改变量更小,仅有 0.01 pF/mm。因此,要准确而无干扰地测量这些电容及其变化值,必须正确设计测量线路。同时,由于电容量小,在低频时的阻抗 $X_C = \dfrac{1}{2\pi fc}$ 就很大,这样对测量电路的绝缘要求很高,否则漏电电源将达到仪表工作电流量级而影响工作。因此,电容式液位计的测量线路部分需要用高频电源供电。由于检测电极部分电容量很小,一些干扰电容容易对仪表工作造成影响,因此还要考虑仪表的抗干扰问题。

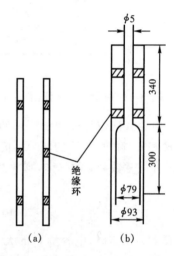

3-35　电容式液位计感受件(单位:mm)

测量电容式液位计电容量一般采用下列两种方法。

(1)把被测电容 C 与适当的电感组成 LC 振荡回路,C 的变化引起相应的振荡频率变化,把它和另一固定频率的基准振荡相比较,检出差频率变化,并转换为电压信号,由表头读出液面的高度,其原理方框图如图 3-36 所示。

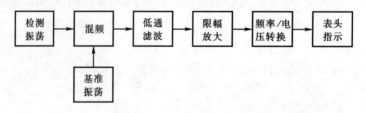

图 3-36　利用电容充放电原理的电容式液面计方框图

(2)利用高频电感电容电桥线路。

图 3-37 是高频电感电容电桥线路图。电桥由两个电感臂 L_2、L_3 和两个电容臂 C_1 和 C_x 组成。由电感 L_1 及高频振荡电源供电,被测电容 C_x 接入测量臂,而另一测量臂中接入可变电容 C_1,用以调整电桥平衡。扼流圈 L_5 有高频滤波性能,R_e 用来调整测量范围。电桥形成的不平衡输出,经二极管 D 整流后,在显示仪表中显示出液位高低。

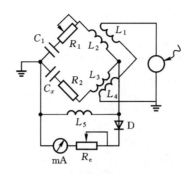

图 3 - 37　高频电感电容电桥线路图

思考题与习题

3 - 1 电驱动式位移传感器为何多采用电桥式测量电路？如果要提高测量精度，还应采取哪些措施？

3 - 2 试从工作原理及使用特点说明差动电感式传感器与差动变压器式传感器的差别。

3 - 3 试推导出电容式位移传感器变面积、变间隙、变介电介质时，位移测量的灵敏度表达式。

3 - 4 试分析说明为何被测导体的材料性能、几何参数以及它与测量线圈间的距离会对涡流传感器的输出特性产生影响？

3 - 5 液面位移测量与固体位移测量有何相同之处和不同之处？

3 - 6 试说明利用差压测量实现液面测量的基本原理。影响其测量灵敏度的主要因素有哪些？

3 - 7 对于电阻式液位计来说，加载到液面感受件上的工作电流大小对于测量有何影响？过大或者过小会产生什么后果？

3 - 8 已知电容值与其极板间介质的介电常数成正比关系，试设计一个以此原理为基础的液位传感器，并推导出相关方程。

3 - 9 设计一个差式位移传感器，说明测量原理，画出测量原理示意图。如果把该位移传感器用于液面的测量，如何实现？

第 4 章

温度测量

4.1 温度测量基础

4.1.1 温度概念

通俗地说,温度表征着物体的冷热程度。温度的宏观概念是建立在热平衡基础上的,假如有两个系统,它们分别与第三个系统处于热平衡,那么这两个系统相互也一定处于热平衡,在此状态下它们一定有某种共同的宏观性质,人们把这一决定系统热平衡的宏观性质叫温度,这就是热力学第零定律。从微观上讲,温度是物体内部分子热运动激烈程度的标志,是度量分子运动平均动能大小的指标。

温度又是促进物质矛盾转化的一个重要条件。许多物理现象和化学反应都与物质的温度密切相关。如从空气中提取氧、氮和其它稀有气体,必须降低温度,使空气液化后分离才能得到。在不同的温度条件下可从天然气中分离出烷烃、烯烃、炔烃类不同的化工原料。超导材料只有在低于其超导临界点温度的环境里才会出现超导现象。另外温度也是保证生产过程经济性和安全性的一个重要因素。因此温度是科学研究和工业生产中应用极为普遍又极其重要的热工参数。无论在动力、机械、化工、冶金、制冷以及电子、医药、食品、航天等工业部门,还是国防、科学研究领域里,都有大量的温度测量问题,可以说它是国民经济各部门都必不可少的。因此温度测量对于提高科研水平,保证生产过程安全可靠的进行,以及增加经济效益等都具有十分重要的意义。

4.1.2 温度测量基本原理

由于温度本身是一个抽象的物理量,对其测量也与其它测量有很大不同。温度不像长度、质量和时间等量,它不能直接与标准量比较而测出,而必须通过测量某些随温度变化的物体的性质来反映温度。我们知道物体的性质和所发生的物理现象都与温度有关,如几何尺寸、密度、黏度、弹性、导电率、导热率、热容量、热电势以及辐射强度等。通过测出某个参数的变化就可以间接地知道被测物体的温度,这就是温度计测温的原理。依据以上关系,人们所寻找的测量方法有如下特殊要求。

(1)被选择的物理参数变化只与温度有关,与其它因素无关或关系不大,即要求所选参数仅是温度的单值函数。

(2)所选择参数与温度之间的函数关系要求简单,且变化是连续的,函数关系必须稳定。

(3)作为温度计的测温介质能够迅速与被测介质达到热平衡,温度的跟踪性要好。

事实上完全满足以上要求是不可能的,但人们从大量的实践中,已经找到比较成熟且基本满足以上要求的测温方法,归纳如下。

(1)利用物体的热胀冷缩现象测量温度,如测量介质为固体的双金属片温度计,测量介质为液体(酒精、水银等)的玻璃管液体温度计,测量介质为气体的气体温度计,这类温度计的应用很普遍,也是最早被采用的。

(2)利用物体的热电效应随温度变化的现象测量温度,如热电偶温度计。

(3)利用物体的导电率随温度变化的现象测量温度,如电阻温度计。

(4)利用物体的热辐射强度随温度变化的现象测量温度,如光学高温计、光电高温计和辐射高温计。

还有利用磁化率随温度变化现象制造的磁温度计,利用正向电压随温度变化现象制造的二极管温度计等。所有这些方法制造的温度计已广泛应用于工业生产及科学研究。除此之外,人们正在努力寻找新的测量方法以满足不断发展的测温要求。例如寻找或推广将超声波技术、激光技术、射流技术以及微波技术等现代科技手段用于科研和生产部门的温度测量中。

4.1.3　常用温度计及其使用范围

温度测量技术在各行各业和科研部门均得到广泛应用,温度计的选择与应用是测温工作的重要内容之一。受科学技术发展的推动,所涉及的温度范围越来越广,特高温度和超低温度的测量问题也显得越来越突出。由于一种温度计的工作温区有限,在实现不同温度的测量要求时,应合理选择更加适合特定温度区间的温度仪表。目前,温度计的种类繁多、型号各异,即使同一类型温度计由于温度计材料或工作介质的不同,其适用范围和工作性能也可能大不一样。图 4-1 示出了目前常用的各类温度计类型及其适用温度范围。

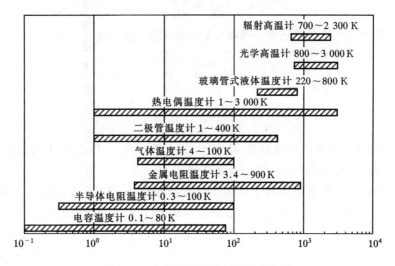

图 4-1　各种温度计的适用温度范围

4.1.4　温标及其传递关系

1. 温标的含义

前面简单介绍了温度及温度测量的一些基本知识,我们知道了什么叫温度,知道了如何测量温度,紧接着就有如何度量温度的问题。像长度单位"米",定义了"米"以后,任何长度都能通过与"米"直接作比较而递推出其数值的大小。在国际单位制中,一米定义为氪 86 原子的

$2p_{10}$ 和 $5d_5$ 能级之间跃迁所对应的辐射在真空中的 1 650 763.73 个波长的长度。温度也应有一标尺来表示,温度的标尺我们称之为温标。换句话说,温标就是用某一标尺的数值来表示温度的方法。所谓建立温标就是采取一套方法和规则给出温度数值的概念。

2. 经验温标

华氏温标由德国物理学家 G. D. Fahrenheit 于 1714 年提出,华氏温标规定:在一个标准大气压下,纯水的冰点为 32 华氏度,沸点为 212 华氏度,在水冰点与沸点之间化分 180 等份,每一等份称为 1 华氏度,符号为℉。

摄氏温标由瑞典科学家 A. Celsius 于 1742 年提出,摄氏温标规定:在一个标准大气压下,纯水的冰点为 0 摄氏度,沸点为 100 摄氏度,在水冰点与沸点之间划分 100 等份,每一等份为 1 摄氏度,符号为℃。摄氏温标在水冰点与沸点之间划分一百等份,所以也叫"百分温标"。

3. 热力学温标

热力学温标是英国科学家 Lord Kelvin 于 1848 年提出的,故又叫开尔文温标。热力学温标建立在卡诺循环的基础上,由卡诺定理知:工作在高温热源 T_1 与低温热源 T_2 之间的卡诺热机,它在高温热源吸收的热量 Q_1 与在低温热源放出热量 Q_2 之比等于两热源的温度之比,即

$$\frac{T_1}{T_2} = \frac{Q_1}{Q_2} \tag{4-1}$$

上式可写成

$$\frac{T_1}{Q_1} = \frac{T_2}{Q_2}$$

对任意温度的热源与热机在该热源下吸收(或放出)热量,同样可有关系

$$\frac{T_1}{Q_1} = \frac{T_2}{Q_2} = \frac{T}{Q}$$

因此

$$T = \frac{Q}{Q_1 - Q_2}(T_1 - T_2) \tag{4-2}$$

式中:Q_1 是对应于 T_1 温度下的吸热量(绝对值);Q_2 是对应于 T_2 温度下的放热量(绝对值);Q 是对应于 T 温度下的吸热(或放热)量(绝对值)。

式(4-2)就是热力学温标的数学表达式。可以看出,一旦 T_1、T_2 确定,并相应确定热量 Q_1、Q_2,则温度 T 仅是该温度下对应热量 Q 的单值函数,而且具有线性关系,与其它因素无关,与循环介质无关。此温标规定以水三相点为固定点,温度为 273.16 开尔文。热力学温标仅有一个固定点(实际上借助于绝对零度为另一固定点)便可确定出任意温度跟热量的关系,即

$$T = 273.16 \text{ (K)} \frac{Q}{Q_{273.16}} \tag{4-3}$$

式中:$Q_{273.16}$ 是温度为 273.16 K 的热量。热力学温度的单位为开尔文,1 开尔文等于水三相点温度的 $\frac{1}{273.16}$。开尔文简称开,符号为 K。

把水的三相点作为热力学温度的基本固定点,是因为它的复现性好,可以重复到 0.000 2 K 以内,比水的冰点和沸点更精确。把水三相点温度定义为 273.16 K 是为了照顾原来通用的摄氏温标的习惯,这样,热力学温标定义下的一度与摄氏温标定义下的一度便可等价起来。现在所用的摄氏温度(符号为 t)与开尔文温度(符号为 T)之间的关系为

$$t = T - T_0$$

式中：$T_0 = 273.15$ K。摄氏温度与开尔文温度起点不同，但 1 摄氏度（1℃）和 1 开尔文度（1K）的大小都是相同的。用开尔文表示的温差也可以用摄氏度表示。这样规定的摄氏温标，尽管还用℃的符号，但与原来的百分温标不同。它是用热力学温标来定义的，已脱离了经验温标的范畴，成为科学的温标。其次，水冰点和水沸点还是 0 ℃和 100 ℃，但已不再是基本的定义温度，而是在定义三相点温度的基础上，利用能复现热力学温标的基准仪器测量出来的。

4. 理想气体温标

实际上，卡诺循环是无法实现的，试图利用式（4-3）找出一种仪器来完全实现热力学温标是不可能的，不过人们发现，根据理想气体状态方程 $pV = RT$，有下式

$$T = \frac{pV}{p_1 V_1 - p_2 V_2}(T_1 - T_2) \tag{4-4}$$

比较式（4-4）与式（4-2），可以发现，只要选择固定点和单位相同，利用式（4-4）照样可以得到与热力学温标完全相同的温标，式（4-4）表示的叫理想气体温标，理想气体温标无需通过卡诺循环便可复现热力学温标。

然而实际上理想气体也是不存在的，但有些气体（如氦、氢和氮等）在低压和较高温度时，其性质接近于理想气体，利用这种气体制造的气体温度计可用来实现热力学温标的测量。温度越高，所用气体越接近理想气体，测量结果越接近热力学温度。90 K 以下的热力学温度多数是采用氦气体温度计来实现的。实际上，对真实气体还要做非理想性的修正，使之更加接近理想气体。气体温度计一般有三种：①定容气体温度计；②定压气体温度计；③测温泡定温气体温度计。定容的方法比较简单，而且有较高的灵敏度；定压的方法测量气体体积比较困难；定温法适用于高温。在低温时，由于气体分子吸附作用影响不大，而且技术上要求简单，所以低温气体温度计大多数采用定容法。

除气体温度计以外，用来复现热力学温标的还有声学温度计和约瑟夫森噪声温度计等。这些温度计虽然精确，但成本高又很复杂，世界上仅有少数国家的实验室才有可能研究热力学温度的直接测量。

5. 国际实用温标

精密的气体温度计非常复杂，还要考虑气体非理想性修正以及其它方面的修正，在使用上极不方便，无法满足实际工作的需要。为了寻找既能与热力学温标相吻合，又实用方便的统一温标，1927 年经第七届国际权度大会讨论，建立了所谓的国际实用温标。国际实用温标的确立以下面三条为基本条件：①尽可能与热力学温标一致；②复现精度高，以保证温度量值的统一；③所规定的温度计使用起来方便。

国际实用温标是用来复现热力学温标的，它的主要内容是选择合适的基础测温仪器来测量热力学温度，确定基准仪器的测温参数与热力学温度之间的函数关系（由于这种函数关系通常是用公式表达的，故叫插补公式），同时要通过定义固定点的温度确定以上插补公式的系数。基准固定点温度、基准仪器和插补公式构成了国际实用温标的三要素。

随着生产和科学的发展，国际实用温标已经过了多次修改和补充，到 1989 年第 27 届国际计量委员会确定了 1990 国际温标 ITS—90，从 1990 年 1 月 1 日起实施，表 4-1 所示为 ITS—90 确定的基准固定点。

表 4-1　ITS—90 的定义固定点

相变临界点	温度指定值		相变临界点	温度指定值	
	T_{90}/K	$t_{90}/℃$		T_{90}/K	$t_{90}/℃$
氦蒸气压点	3～5	-270.15～268.15	镓熔点	302.9146	29.7646
平衡氢三相点	13.803 3	$-259.346\ 7$	铟凝固点	429.7485	156.5985
平衡氢蒸气压点 (或氦气体温度计点)	约为 17.035	约为-256.115	锡凝固点	505.078	231.928
平衡氢蒸气压点 (或氦气体温度计点)	约为 20.27	约为-252.88	锌凝固点	692.677	419.527
氖三相点	24.5561	-248.5939	铝凝固点	933.473	660.323
氧三相点	54.354	-218.7916	银凝固点	1 234.93	961.78
氩三相点	83.8058	-189.3442	金凝固点	1 337.33	1 064.18
汞三相点	234.3156	-38.8344	铜凝固点	1 357.77	1 084.62
水三相点	273.16	0.01			

6. 温标的传递

国际温标有关的基准仪器都由国家规定机构保存,省、市各级计量机构起传递作用。国际温标中温度的正确数值要传递到实用的测温仪表,需要有一个温度传递系统,即通过上一级仪表对下一级仪表的分度与规定,传递过程可用图 4-2 所示框图表示。

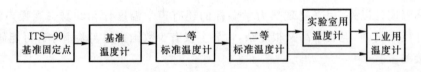

图 4-2　温标传递框图

可以看出,测温仪表可分成三类:基准器、标准器和工作仪表。通常国家计量机构保存基准温度计,省市计量机构保存标准温度计。直接用于测量的温度计按国家规定应定期进行校验,校验合格后方可继续使用。

4.2　玻璃管式液体温度计

玻璃管式液体温度计是最常用的温度测量装置之一,也是我们在日常生活中见到最多的一种,如大气温度计、体温温度计等。这种温度计的基本结构如图 4-3 所示,它由工作介质、薄壁测温泡和带有毛细管的玻璃杆茎所组成。测温泡和玻璃杆茎使工作介质与外界隔离。温度计底部的测温泡具有较大容积,它容纳了大部分工作液体,工作液体受热时体积增大,液体沿玻璃管内的毛细管上升,到达一适当位置为止,该位置有刻度示出温度值。玻璃顶端的膨胀

腔是为防止温度超出温度计测量范围而设置的。如果工作
液体的膨胀系数为 α，其体积随温度的变化关系可写成

$$V_t = V_{t_0}[\alpha(t - t_0) + 1] \qquad (4-5)$$

由于玻璃同样具有热胀冷缩的性质，分度时必须考虑它的影
响。我们以 $\alpha - \alpha'$ 来表示工作液体与玻璃管的相对膨胀系数，
代入上式

$$V'_t = V_{t_0}[(\alpha - \alpha')(t - t_0) + 1] \qquad (4-5a)$$

式中：V_{t_0} 为 t_0 温度下工作液体体积；V'_t 为 t 温度下工作液体
体积。温度从 t_0 变化到 t 时，工作液体相对体积变化为

$$\Delta V = V'_t - V_{t_0} = V_{t_0}\alpha\left(1 - \frac{\alpha'}{\alpha}\right)(t - t_0) \qquad (4-5b)$$

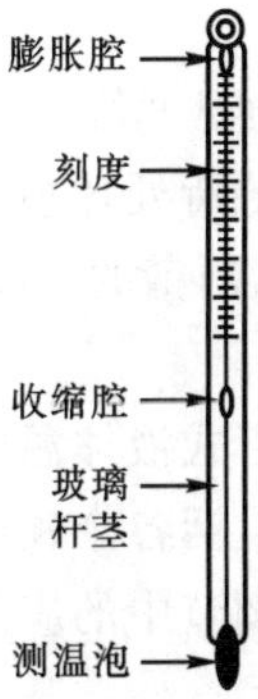

如果玻璃的体膨胀系数远小于工作液体的体膨胀系数，上式
可简化为

$$\Delta h = \frac{\Delta V}{S} = \frac{V_{t_0}\alpha}{S}(t - t_0) \qquad (4-6)$$

式中：S 为毛细管横截面积；Δh 为毛细管内液柱高度的变化。可以看出，α 越大，Δh 越大，温度计
越灵敏，测量精度越高。通常选用的工作液体为水银、酒精。酒精的体膨胀系数较水银大，约
为水银体膨胀系数的 6 倍。酒精的工作范围为 $-70 \sim 65$ ℃，水银的工作范围为 $-40 \sim 300$ ℃。
另外毛细管截面积也是影响温度计灵敏度的一个重要因素，S 越小，Δh 越大，毛细作用对测量
精度的影响也减弱。毛细管的尺寸是根据测温泡尺寸、工作流体种类以及温度计测量范围要
求所决定的。

　　在建立温度计刻度时，有一些特定的条件。在应用温度计时必须满足标定时所规定的条
件才能准确测量温度。一个重要的特定要求是温度计浸入被测介质中的深度。因为工作液体
和玻璃的膨胀不仅是被测介质温度的函数，也受环境温度的影响。一般来讲，温度计与环境接
触部分越多，测量误差也就较大。为了考虑这种影响，温度计都规定插入深度，即在规定的插
入深度条件下，标定时已经计及这种因素的影响。图 4-4 示出了三种不同插入深度的温度
计，部分浸没式温度计规定插入深度在特定位置时（玻璃管上有一标记）测温最准确。全浸没

式温度计规定无论测量多大量值的温度，工作液体必须
正好全部浸入被测环境内测温最准确。整体全浸式温
度计则要求将温度计整体全部浸入被测介质中，测温最
准确。在使用部分浸没式和整体全浸式温度计测量时，
位置固定不变，而全浸没式测温则需要不断调节插入深
度，否则会给测温带来附加误差。

　　由于插入深度不够带来的测温误差和读数误差是
使用玻璃管式液体温度计测温误差的主要来源，在较高
精度的测量中必须进行改善和修正。读数误差的改善
一是靠提高观察者的操作水平，避免不良习惯；二是为
保证能在同一水平面内观察读数，可借助于读数望远
镜，减少额外的人为偏差。对插入深度不够的误差可按下式进行修正

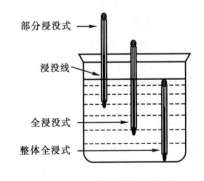

图 4-3　玻璃管温度计原理图

图 4-4　三种玻璃管温度计

$$\Delta t = n\alpha(t - t_1) \tag{4-7}$$

式中：Δt 为温度修正值，℃；n 为液体柱露出部分的温度，℃；t 为温度计指示温度，℃；t_1 为液柱露出部分所处环境温度，℃；α 为工作液体体膨胀系数（在常温下，水银的 α 值为 1.82×10^{-4} ℃$^{-1}$，酒精的 α 值为 11.0×10^{-4} ℃$^{-1}$）。经过修正后的温度值 $t_真$ 则为

$$t_真 = t + \Delta t \tag{4-7a}$$

玻璃管式液体温度计具有价格便宜、使用方便和精度高的优点，它被科学研究、工业生产以及日常生活各个领域所广泛采用。它的缺点是测温范围窄，而且不能远传和记录，使其在自动控制和调节中的应用受到限制。

4.3　热电偶温度计

热电偶是一种热电型的温度传感器，它将温度信号转换成电势（毫伏）信号，配以测量毫伏信号的仪表或变换器，便可以实现温度的测量和温度信号的转换。热电偶温度计在测温领域应用非常广泛，测温范围宽，从 1 K 到 3 000 K 的温区，都可选择不同型号的温度计实现温度测量。除此以外，热电偶温度计还具有明显的优点：①结构简单，制造方便，价格便宜，不仅有定型的标准化产品，而且也可以自行制作；②测温精确度较高，高温区的复现性和稳定性很好；③由于测温显示电信号，便于信号的远传和记录，也有利于集中检测和控制；④热电偶体积小，热容量及热惯性均小。能用来测量点的温度和壁面温度，也能用来进行动态温度测量。这一节将分别介绍热电偶的测温原理和结构，常用热电偶的特点以及正确使用热电偶等有关问题。

4.3.1　热电偶测温基本原理

如果把两种不同的金属或合金导体 A 和 B 组合成如图 4-5 所示的闭合回路，就构成了简单的热电偶回路。当 A 和 B 相接的两处温度不同时，例如 $T > T_0$，在回路中就产生一定大小的电动势 $E_{AB}(T, T_0)$，这个物理现象被称为热电效应（又叫塞贝克效应），这个电动势被称为热电势。热电势 $E_{AB}(T, T_0)$ 是由接触电势和温差电势两部分组成的，下面将分别介绍。

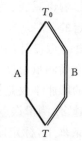

图 4-5　热电偶原理图

1. 接触电势

金属导体由于材料不同，其内部的电子密度就不相同（电子密度指单位体积内自由电子的数目），电子密度不同的金属接触在一起就要发生自由电子的扩散现象，自由电子会从密度大的金属中跑到密度小的金属里去。如图 4-6 所示，假定导体 A 的电子密度比导体 B 的大。A 失去电子带正电，B 得到电子就带负电，在 A、B 之间就形成了电位差，这个电位差就是接触电势。接触电势在两导体的接触处建立了静电场，静电场的作用使得B 导体内的电子移向 A 导体，它与电子扩散方向正好相反。在

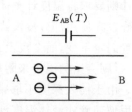

图 4-6　接触电势产生原理

一定的条件下（接触处温度 T 一定），二者处于动态平衡，即由 A 扩散到 B 的电子数目与在静电场作用下 B 转移到 A 的电子数目相等，这时接触电势也就不变。根据物理学中的理论推

导,接触电势的大小可以用下式来表示

$$E_{AB}(T) = \frac{kT}{e}\ln\frac{N_{AT}}{N_{BT}} \qquad (4-8)$$

式中:e 为单位电荷,等于 4.802×10^{-10} 绝对静电单位;k 为玻尔兹曼常数,等于1.38×10^{-16} 尔格/度;T 为 A、B 导体接触处的温度;N_{AT}、N_{BT} 分别为导体 A、导体 B 在 T 温度下的电子密度。

从上式可以看出,接触电势的大小与温度和材料电子密度有关。温度越高,接触电势越大;两金属电子密度比值越大,接触电势也越大。

2. 温差电势

温差电势是由于金属导体两端温度不同而产生的另一种热电势。温度不同,导体中自由电子能量就不同,温度越高电子能量越大,在导体中能量大的电子就会向低能级区扩散。设导体 A 两端温度分别为 T 和 T_0,且 $T>T_0$,自由电子就从 T 温度端向 T_0 温度端扩散。这就在导体 A 的两端形成一个电位差,即温差电势,如图 4-7 所示。高温端失去电子带正电为高电位,低温端得到电子带负电为低电位,与接触电势同样的道理,温差电势建立的静电场阻碍自由电子在温差作用下的扩散,在一定

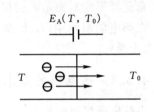

图 4-7　温差电势产生原理

条件下(一定的导体材料),它们达到相对动态平衡,这个温差电势可表示为

$$E_A(T,\ T_0) = \frac{k}{e}\int_{T_0}^{T}\frac{1}{N_A}\mathrm{d}(N_A T) = \int_{T_0}^{T}\sigma_A \mathrm{d}_T \qquad (4-9)$$

式中:T 表示温度参数,σ_A 为汤姆逊系数,与材料及其温度有关。由上式可知,温差电势的大小与导体材料性质和两端温度差有关。温差越大,温差热电势也越大,当 $T=T_0$ 时,温差电势为零。

3. 热电偶回路热电势

根据接触电势和温差电势的概念,分析图4-8示出的热电偶回路,它是由四个热电势串联而成。热电偶回路的总电势即为四个电势的代数和,即

$$E_{AB}(T, T_0) = E_{AB}(T) + E_B(T,\ T_0) - E_{AB}(T_0) - E_A(T, T_0)$$
$$(4-10)$$

将式(4-8)、式(4-9)代入上式得

$$E_{AB}(T,\ T_0) = \frac{kT}{e}\ln\frac{N_{A,T}}{N_{B,T}} + \int_{T_0}^{T}\sigma_B\mathrm{d}_T - \frac{kT_0}{e}\ln\frac{N_{A,T}}{N_{B,T}} - \int_{T_0}^{T}\sigma_A\mathrm{d}_T$$
$$(4-10\mathrm{a})$$

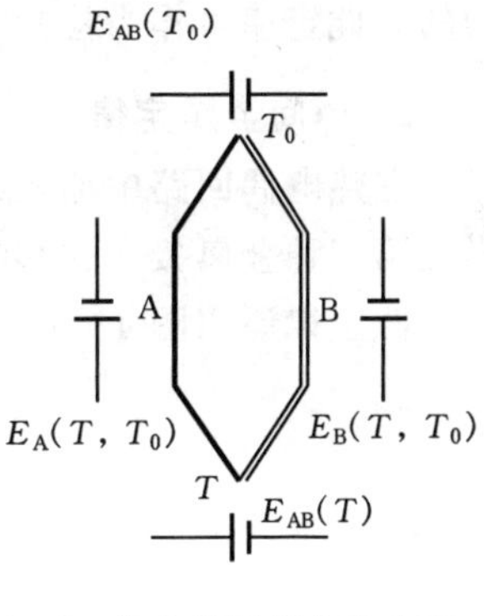

图 4-8　热电偶回路电势分布

式中:N_A 和 N_B 均为温度的函数。如果 N_A、N_B 与温度的函数关系已知,那么上式通过积分运算就可得到如下结论

$$E_{AB}(T,\ T_0) = \left[\int_{0}^{T}(\sigma_B - \sigma_A)\mathrm{d}_T + \frac{kT}{e}\ln\frac{N_{A,T}}{N_{B,T}}\right] - \left[\int_{0}^{T_0}(\sigma_B - \sigma_A)\mathrm{d}_T + \frac{kT_0}{e}\ln\frac{N_{A,T_0}}{N_{B,T_0}}\right]$$
$$E_{AB}(T,\ T_0) = f(T) - f(T_0) \qquad (4-10\mathrm{b})$$

由此可得出如下结论。

(1)热电偶回路的热电势大小只与组成热电偶的材料及两端温度有关,与热电偶丝的长短和粗细无关。

(2)只有不同的材料才能构成热电偶,而相同材料 $N_A = N_B$,$\ln \dfrac{N_A}{N_B} = 0$,$E_{AB}(T, T_0) = 0$,不可能产生热电势。

(3)只有热电偶两端温度不同时才会产生热电势。

(4)当材料选定以后,热电势的大小仅与两端温度有关,如果设法将其一个端点温度固定,如使 $f(T_0)$ 为常数,则 $E_{AB}(T, T_0)$ 就与 T 建立一一对应关系,这就是热电偶测温的原理。

T_0 固定后,E-T 关系列成专门的表格,叫热电偶分度表。不同的热电偶具有不同的分度表。分度表中的数值由于 T_0 值的不同也是不同的,通常 T_0 取为 273.15 K,许多低温热电偶分度表取 T_0 为 0 K。分度表中数值不是根据式(4-10a)计算得到的(因为 N_A、N_B 与 T 的函数关系很难得到),而是人们根据大量的科学实验总结出来的。

在热电偶回路中,A、B 两种导体称为热电极,T 端叫测量端(或工作端),T_0 端叫参比端(或自由端)。

4.3.2　热电偶的基本定律

由热电偶测温的基本公式(4-10)可以引出和证明热电偶的一些重要定律。

1. 均质导体定律

在用同一种均质材料组成的回路中,不论材料的横截面积是否一致以及各处的温度分布如何,该回路中的总热电势等于零。

由此定律可得出如下结论。

(1)若要构成一热电偶,必须采用两种不同性质的材料。

(2)由同一种材料组成的闭合回路存在温差时,若回路中产生热电势便说明该材料是不均匀的。此定律可作为检验材质均匀性的原则。

2. 中间金属定律

在热电偶回路中加入第三种导体,只要其两端温度相同,热电偶产生的热电势保持不变,不受第三种金属接入的影响。

此定律说明图4-9和图4-8是等效的,证明如下。

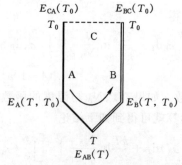

图4-9　热电偶回路接入第三种金属情况

根据接触电势和温差电势的概念,图4-9总热电势为

$$E_{ABC}(T, T_0) = E_{AB}(T) + E_B(T, T_0) + E_{BC}(T_0) + E_{CA}(T_0) - E_A(T, T_0) \quad (4-11)$$

因为各节点温度相同时,热电势为零:$E_{AB}(T_0) + E_{BC}(T_0) + E_{CA}(T_0) = 0$,即

$$E_{BC}(T_0) + E_{CA}(T_0) = -E_{AB}(T_0) \tag{4-12}$$

将式(4-12)代入式(4-11)可得

$$E_{ABC}(T, T_0) = E_{AB}(T) + E_B(T, T_0) - E_{AB}(T_0) - E_A(T, T_0) \tag{4-13}$$

最后比较式(4-13)与式(4-10)可得

$$E_{ABC}(T, T_0) = E_{AB}(T, T_0) \tag{4-14}$$

据此定律可得如下重要结论。

(1)在热电偶回路中加入一种或几种其它均质材料,只要加入的材料两端温度相同,则对整个回路的热电势没有影响。根据该结论,就可以在热电偶回路中接入仪表以便检测热电势的大小从而测出温度。

(2)任何一种金属 A 或 B 对另一种金属 C 的热电势为已知,则该两种金属组成的热电偶的热电势为它们对金属 C 热电势的代数和。即

$$E_{AB}(T, T_0) = E_{AC}(T, T_0) + E_{CB}(T, T_0) \tag{4-15}$$

利用这一结论可以建立通用分度关系,使得热电偶的选配工作大大简化。

3. 中间温度定律

热电偶在接点温度为 T、T_0 时的热电势等于该热电偶在接点温度为 T、T_n 和 T_n、T_0 时相应的热电势的代数和,即

$$E_{AB}(T, T_0) = E_{AB}(T, T_n) + E_{AB}(T_n, T_0) \tag{4-16}$$

上式可利用式(4-10a)证明。

由此定律可得以下结论。

(1)无论热电偶的工作温度为多少,都可以用一具有相同参考温度的分度表来确定其电势-温度函数关系,该定律提供了电势与温度间的转换关系。

(2)只要已知 T_1 和 T_2 任一温度下的电势,则由测得的 T_1 和 T_2 温差下的热电势便可知该温差的大小。该定律为热电偶的温差测量(差分热电偶)提供理论依据。

4.3.3　热电偶参比端温度补偿

由热电偶测温原理可知,热电势的大小不仅与工作端温度有关,而且与参比端(自由端)温度有关。只有当自由端温度不变时,热电势才是工作端温度的单值函数。自由端温度的选择以及波动的大小直接影响着温度测量准确度和可靠性,因此必须对自由端温度采取措施加以处理。

1. 定点法

定点法也叫恒温法,即把参比端置于恒温器中,使其维持在一恒定温度下,最常用的恒定温度是 0 ℃(273.15 K)。0 ℃的恒温采用冰点槽,如图 4-10 所示,这是一个充满蒸馏水和碎冰块的均匀混合物的容器。为使两电极绝缘,将参比端分别置入两个试管中,在试管中注入变压器油以改善传热性能。从液氮到中温温区的测量常用此方法。更低的温度测量,常用液氮、液氢或液氦作为恒温点,使参比端温度与被测温度接近,可提高测量准确性。这是因为随温度降低多数热电偶灵敏度明显下降,若参比端温度较高,在参比端上有一微小的温度偏差就可能导致

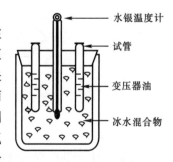

图 4-10　冰点槽

工作端较大的测温误差。另外,两接点温度接近可以减少热电极材料不均匀性的影响。但上述液化气体的纯度对参比端温度影响较大。

定点法是一种精度很高的参比端温度处理方法。由于此方法处理比较麻烦,工程实际中应用很不方便,因此仅限于实验室使用。

2. 修正法

当参比端温度恒定,但恒定温度不是分度时的定点温度（0 ℃或 0 K）时,可以采用此法予以修正。由中间温度定律可知,当参比端温度 $T_0 \neq 0$ 时,热电偶输出的电势 $E(T, T_0)$ 不能直接反映温度 T,必须先确定 $E(T_0, 0)$,得到 $E(T_0, 0)$ 再与 $E(T, T_0)$ 叠加后确定 T,从而消除参比端温度对工作端测温的影响。

例 4-1　用铜-康铜热电偶测量某介质温度,测出热电偶输出的热电势为 -6.282 mV,参比端置于恒温室内 $t_0 = 20$ ℃,求该介质温度为多少?

解： 根据参比端温度 $t_0 = 20$ ℃查表 4-4,得 $E(t_0, 0) = 0.789$ mV,则有

$$E(t, 20) = E(t, t_0) + E(t_0, 0) = -6.282 + 0.789 = -5.493 \text{ mV}$$

用此电势值再查表 4-4,得该介质温度为 $T = 79.56$ K。

注意：$E(T, T_0) = -E(T_0, T)$, $E(T, 273.15) = -E(273.15, T)$。

3. 补偿电桥法

对于室温以上的温度测量,T_0 越高,热电偶回路产生的热电势绝对值也就越小,反之就越大。在工业应用中,有时将参比端置于室温环境,环境温度的变化对测温会造成一定影响。如果在热电偶回路中串联一电势 $U = E(t_0, 0)$,使产生的总电势 $E(T, 273.15)$ 维持不变,如图4-11(a)所示。这一附加的电势可以用一不平衡电桥来实现,不平衡电桥的输出电压随环境温度上升而上升,如图4-11(b)所示。桥臂电阻 R_1、R_2、R_3 和限流电阻 R_s 均用锰铜丝绕制,其电阻值几乎不随温度变化。R_{Cu} 为铜电阻,其阻值随温度升高而增大,处于补偿温度时(如 273.15 K),电桥四个臂的电阻 $R_1 = R_2 = R_3 = R_{Cu}$,此时电桥平衡,ab 端无电压输出。当参比端温度 T_0 离开补偿温度,例如升高为 T_0' 时,热电偶输入的热电势数值要减小 $E(T_0', T_0)$。同时电桥中的桥臂电阻 R_{Cu} 随温度上升而增大,使电桥失去平衡,输出电压 U_{ab}。如果 U_{ab} 与 $E(T_0', T_0)$ 数值相等,二者迭加后保证 $E(T, T_0)$ 不变,就会起到参比端温度变化的自行补偿作用。

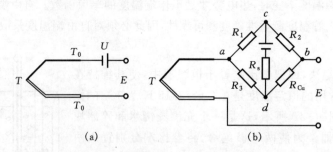

图 4-11　补偿电桥法参比端温度处理方法

实际上,由于热电偶的热电特性和补偿电桥输出特性并非完全一致,使得在补偿范围内一般只有在个别温度下能完全补偿,在其它温度时只能得到部分补偿。如果将补偿点取在测量范围的中间,则会得到全温区的最佳补偿效果。

4.3.4　热电偶的分类

理论上讲,凡是不同的金属材料均可组成热电偶,但在实际中并非如此。首先是热电偶材料的要求,一般要求物理化学性质稳定,电阻温度系数小,机械性能好,所组成的热电偶灵敏度高、复现性好,而且希望热电势与温度之间的函数关系能呈线性关系。目前,被选做热电偶的材料已有许多种,由于不同材料具有不同的特性,所组成的热电偶在不同温度范围内所表现出的性能有较大差异。一般热电偶的灵敏度随温度降低而明显下降,这是热电偶进行低温测量的主要困难。

常用热电偶可分为标准热电偶和非标准热电偶两大类。所谓的标准热电偶是指国家标准规定了其热电势与温度的关系、允许误差,并有统一的标准分度表的热电偶,它有与其配套的显示仪表可供选用。非标准热电偶在使用范围或数量级上均不及标准热电偶,一般也没有统一的分度表,主要用于某些特殊场合的测量。

我国从 1988 年 1 月 1 日起,全部按 IEC 国际标准生产标准化热电偶,并指定 S、R、B、K、E、J、T 七种标准化热电偶为我国统一设计型热电偶,分别是:S 型为铂铑$_{10}$铂(PtRh10-Pt),R 型为铂铑$_{13}$铂(PtRh13-Pt),B 型为铂铑$_{30}$铂铑$_6$(PtRh30-PtRh6),K 型为镍铬镍硅(NiCr-NiSi),E 型为镍铬康铜(NiCr-CuNi),J 型为铁康铜(Fe-CuNi),T 型为铜康铜(Cu-CuNi)。

另外,根据使用的习惯会有以下几种不同的分类方法。

(1) 按其热电势与温度的关系以及使用性能可分为常用热电偶和特殊热电偶。

(2) 按其适用的温度范围不同可分为高、中温热电偶和低温热电偶。

(3) 按其结构型式不同可分为铠装式、插入式和裸线式热电偶。

1. 铂铑-铂热电偶(S 型)

铂铑-铂热电偶正极为铂铑合金丝(铂 90%、铑 10%),负极为纯铂丝,其物理化学性能稳定,测量精度高,常用于精密温度测量和作为基准温度计使用。可用于中、高温区的温度测量,通常使用范围为 300～1 300 ℃,短期可达 1 600 ℃。但灵敏度较低,室温下灵敏度仅为每摄氏度几微伏变化,且价格昂贵,较少在中低温度下使用。

2. 镍铬-镍硅热电偶(K 型)

镍铬-镍硅热电偶以镍铬为正极,镍硅为负极,其化学性能很稳定,灵敏度高(室温下 41 μV/℃ 变化),成本低,价格低廉,非常适合于中高温的测量,常用工作范围为 100～1 000 ℃,短期可达 1 300 ℃。镍铬合金名义组分是 90%镍和 10%铬及少量硅等,镍硅合金名义组分为 97%镍和 3%硅及少量钴等。

3. 铜-康铜热电偶(T 型)

铜-康铜热电偶以铜和康铜作为正、负电极,由于铜丝和康铜丝容易做到材质均匀,性能稳定,复现性好,而且价格便宜,故广泛应用于液氮温区(80 K)至室温的测量,室温下灵敏度达 40 μV/℃,在液氮温度下为 16 μV/℃,在中、低温区铜-康铜热电偶是科研工作首选的测温仪表之一。

铜丝具有高纯度(99.999%以上),康铜的成分是 60%铜和 40%镍。

4. 镍铬-康铜热电偶(E 型)

镍铬-康铜热电偶以镍铬为正极,康铜为负极,综合了镍铬-镍硅热电偶和铜-康铜热电偶的一些优点,可以适应 80 K～500 ℃的温区,它的最大优点是灵敏度高,室温下达 70 μV/℃,对测量小温差是有利的。

5. 镍铬-金铁热电偶

几乎所有的热电偶随着温度的降低,热电势都减小,而且灵敏度也下降,这一特性对于低温测量是不利的,一般热电偶最低只能用于 80 K 以上温区。而近几十年发展起来的镍铬-金铁热电偶却较好地克服了这一缺点,可以工作在 1～300 K 温区,1 K 时灵敏度为 10 μV/K,为铜康的 30 倍。此外它具有稳定性好,热导率低的优点,对低温测量是有利的。

镍铬-金铁热电偶正极为镍铬,负极为金铁。金铁丝是在纯金中掺入微量的铁原子融合而成,随着掺入铁原子比例的增加,热电偶在低温段的灵敏度下降,而在高温段灵敏度上升(以 10 K 为交界点),目前金铁合金中铁原子的掺入比例有 0.02%、0.03% 和 0.07% 原子比三种类型。

铂铑-铂热电偶和镍铬-镍硅热电偶作为中高温温度计,铜-康铜、镍铬-康铜以及镍铬-金铁热电偶作为中低温温度计。它们的热电势与温度关系(分度关系),分别示于表 4 – 2、表 4 – 3和表 4 – 4 中。

表 4 – 2　铂铑-铂热电偶分度表(自由端温度为 0 ℃)　　　　分度号 S

工作端温度/℃	0	10	20	30	40	50	60	70	80	90
	E/mV									
0	0.000	0.056	0.113	0.173	0.235	0.299	0.364	0.431	0.500	0.571
100	0.643	0.717	0.792	0.869	0.946	1.025	1.106	1.187	1.269	1.352
200	1.436	1.521	1.607	1.693	1.730	1.867	1.955	2.044	2.134	2.224
300	2.315	2.407	2.498	2.591	2.684	2.777	2.871	2.965	3.060	3.156
400	3.250	3.346	3.441	3.538	3.634	3.731	3.828	3.925	4.023	4.121
500	4.220	4.318	4.418	4.517	4.617	4.717	4.817	4.918	5.019	5.121
600	5.222	5.324	5.427	5.530	5.633	5.735	5.839	5.943	6.046	6.151
700	6.256	6.361	6.466	6.572	6.677	6.784	6.891	6.999	7.105	7.213
800	7.322	7.430	7.539	7.648	7.757	7.867	7.978	8.088	8.199	8.310
900	8.421	8.534	8.646	8.758	8.871	8.985	9.098	9.212	9.326	9.441
1 000	9.556	9.671	9.787	9.902	10.019	10.136	10.252	10.370	10.488	10.605
1 100	10.723	10.842	10.961	11.080	11.198	11.317	11.437	11.556	11.676	11.795
1 200	11.915	12.035	12.155	12.275	12.395	12.515	12.636	12.756	12.875	12.996
1 300	13.116	13.236	13.356	13.475	13.595	13.715	13.835	13.955	14.074	14.193
1 400	14.313	14.433	14.552	14.671	14.790	14.910	15.029	15.148	15.266	15.385
1 500	15.504	15.623	15.742	15.860	15.979	16.097	16.216	16.334	16.451	16.569
1 600	16.688									

表 4-3　镍铬-镍硅热电偶分度表（自由端温度为 0 ℃）　　　　分度号 **K**

工作端温度 /℃	0	10	20	30	40	50	60	70	80	90
	E/mV									
−0	−0.00	−0.39	−0.77	−1.14	−1.5	−1.86				
+0	0.00	0.40	0.80	1.20	1.61	2.02	2.43	2.85	3.26	3.68
100	4.10	4.51	4.92	5.33	5.73	6.13	6.53	6.93	7.33	7.73
200	8.13	8.53	8.93	9.34	9.74	10.15	10.56	10.97	11.38	11.80
300	12.21	12.62	13.04	13.45	13.87	14.30	14.72	15.14	15.56	15.98
400	16.40	16.83	17.25	17.67	18.09	18.51	18.94	19.37	19.79	20.22
500	20.65	21.08	21.50	21.93	22.35	22.78	23.21	23.63	24.05	24.48
600	24.90	25.32	25.75	26.18	26.60	27.03	27.45	27.87	28.29	28.71
700	29.13	29.55	29.97	30.39	30.81	31.22	31.64	32.06	32.46	32.87
800	33.29	33.69	34.10	34.50	34.91	35.32	35.72	36.13	36.53	36.93
900	37.33	37.73	38.13	38.53	38.93	39.32	39.72	40.10	40.49	40.88
1 000	41.27	41.66	42.04	42.43	42.83	43.21	43.59	43.97	44.34	44.72
1 100	45.10	45.48	45.85	46.23	46.60	46.97	47.34	47.71	48.08	48.44
1 200	48.81	49.71	49.53	49.89	50.25	50.61	50.96	51.32	51.67	52.02
1 300	52.37									

4.3.5　热电势的测量

热电偶把被测温度信号变换成电势信号，并通过各种电测仪表来测量电势以显示温度。常用测量热电势的仪表有动圈式仪表、电位差计和数字式电压表等。它们有的按温度分度，有的则按电势分度。若以温度分度则必须标明配用热电偶的类型，而按电势分度各类型热电偶均可通用。下面介绍几种常用的显示仪表。

1. 动圈式仪表

动圈式仪表实际上是一种测量电流的仪表。它不仅能与热电偶配用，也可与热电阻、霍尔变送器或压力变送器相配合来指示和调节工业对象的温度与压力等参数。与热电偶相配套的动圈仪表首先感受热电偶的电势信号，然后再经过测量线路转换成流过动圈的微安级电流，从而用动圈的偏转角度来表示电流的大小。

表 4-4　低温热电偶分度表(自由端温度为 0 ℃,表中 0 ℃以下的热电势均为负值)

T/K	铜-康铜	镍铬-康铜	镍铬-金铁 (0.07%)	T/K	铜-康铜	镍铬-康铜	镍铬-金铁 (0.07%)
	$E/\mu V$				$E/\mu V$		
4	6 256.2		5 269.3	170	3 461.7	5 358.4	2 233.1
10	6 242.4		5 181.3	180	3 175.7	4 902.8	2 023.9
20	6 198.4		5 014.1	190	2 878.5	4 434.3	1 812.8
30	6 128.0		4 846.5	200	2 570.2	3 954.2	1 599.8
40	6 035.9	9 499.8	4 681.6	210	2 251.1	3 453.7	1 385.2
50	5 922.9	9 323.1	4 515.6	220	1 921.4	2 938.4	1 168.9
60	5 792.6	9 118.5	4 346.6	230	1 581.3	2 411.9	951.29
70	5 645.8	8 879.6	4 172.8	240	1 231.0	1 874.1	732.49
80	5 485.8	8 621.4	3 995.1	250	870.8	1 322.6	512.72
90	5 311.8	8 341.3	3 812.9	260	500.9	758.2	291.97
100	5 125.1	8 041.4	3 626.8	270	121.5	183.0	70.11
110	4 925.1	7 718.0	3 436.9	273.15	0.0	0.0	0.0
120	4 712.4	7 373.2	3 243.4	10 ℃	391.0		
130	4 487.1	7 008.3	3 046.7	20 ℃	789.0		
140	4 249.3	6 625.3	2 847.1	30 ℃	1 196		
150	3 998.8	6 222.0	2 644.9	40 ℃	1 611		
160	3 736.1	5 798.7	2 440.2	50 ℃	2 035		

　　动圈式仪表配热电偶的测量线路如图 4-12 所示,它由 4 个部分所组成,即热电偶、补偿电路、外电路可调电阻 R_w 和动圈仪表。

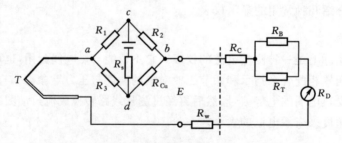

图 4-12　动圈式仪表配热电偶的测量线路

　　动圈式仪表包括仪表磁电式表头和内部补偿电路两部分,表头是一个动线圈被置于永久磁场中,当测量信号加在动圈上时,便有电流流过动圈,动圈在磁场中受洛仑兹力的作用,形成转动力矩,促使线圈偏转。该力矩的大小与动圈的面积 A、动圈匝数 n、磁感应强度 B 和流过

动圈的电流 I 成正比,即

$$M \propto AnBI$$

为了用动圈的偏转角度表示电流信号的大小,仪表中由支撑动圈的张丝提供阻碍动圈旋转的反作用力矩,该力矩与张丝的扭转角度 ϕ 成正比,即

$$M_n \propto \phi$$

当动圈达到一个平衡位置时,必须满足 $M=M_n$,即

$$\phi \propto AnBI$$

改写成

$$\phi = CI$$

常数 C 表征仪表灵敏度,上式表明 ϕ 与 I 具有单值正比关系,利用动圈转角 ϕ 的大小可以代表流过动圈的电流 I 值。

当热电偶接入动圈仪表时,动圈仪表内阻与连接导线电阻都为定值的情况下,动圈仪表就可以通过测量回路电流来测出热电势的数值。但是,对于相同热电势,如果回路的电阻值有了变化,那么仪表的指示值就会不同,这是不允许的。于是就有动圈电阻的温度补偿和外接线路电阻的问题。

动圈仪表的内线路电阻是一定的,外线路电阻规定为 15 Ω。外线路电阻包括热电偶电阻、补偿电桥等效电阻、引线电阻和外线调整电阻,即

$$R_{外} = R_{热} + R_{桥} + R_{导} + R_{调} = 15\ \Omega$$

$R_{调}$ 的作用就是调整 $R_{外}$ 满足 15 Ω 这一要求。应用时,$R_{调}$ 应调整准确,因为它直接影响测量精度。尽管按规定设定好外线电阻,但因环境温度和被测温度等因素的变化,还会引起阻值的变化,从而影响测量精度,故动圈仪表多用于要求精度不高的工业测量场合。

2. 直流电位差计

用动圈仪表测量热电势,实际上测出的只是被测热电偶的端电压,因为任何信号源都有一定的内阻,只要有电流通过它,就有内部电压降落,造成测量误差。而用电位差计来测量热电势时,输入信号回路没有电流流过,因此它可以精确地反映电势值。凡是能转换为电势信号的非电量,都可以用电位差计来显示,所以电位差计是一种测量准确、用途广泛的显示仪表。

(1) 电位差计工作原理。

天平称重是一种典型的零示值测量方法,当增减砝码使指针指零时,砝码与被称物体达到平衡,这时被称物体的重量就等于砝码的重量。电位差计就是根据这种平衡法将被测电势与已知的标准电势相比较,当两者差值为零时被测电势就等于已知的电势。如图 4-13 所示,图中电阻 R 的大小是已知的,规定通过电阻 R 的电流为 I,I 可以根据电流表的指示值用可变电阻 R_J 进行调整,因此在 R 部分电阻上的电压降可以确定。当需要测量未知电势 E_X 时,将未知电势接入电路,与 R_{AK} 上的电压降比较,移动触点 K,使检流计 G 中无电流流过,二

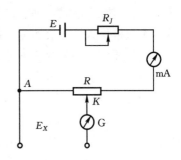

图 4-13　电位差计工作原理

者达到平衡,则被测电势 $E_X = R_{AK}I$。实际上在线路中用电流表测量电流不可能十分精确,电位差计中使用标准电池来校准工作电流。

（2）手动电位差计。

实用手动电位差计的工作原理如图 4-14 所示，E_K 为标准电池，它是一种电势非常稳定的化学电池。作为标准量具的标准电池稳定度很高（0.000 5 级以上），每年中输出电势的允许变化量小于 5 μV。R_K 为一标准电阻。标准电池、标准电阻加一精度很高的检流计构成校正工作电流回路（又称整定回路）。当把开关 K 转向 1 位时，整定回路接通，工作电流 I 在标准电阻 R_K 上的电压降 $U_{R_K} = IR_K$ 与标准电势 E_K 进行比较，若 $U_{R_K} = E_K$，检流计指零，这时 $I = E_K/R_K$。由于 E_K 和 R_K 精度可以很高，I 可测得很精确。若 $U_{R_K} \neq E_K$，调节 R_J 使 $U_{R_K} = E_K$，这一工作步骤称为"整定工作电流"。完成这一步骤再把开关 K 转向 2 位，即接入被测热电势 E_X。调节触点 B 使电流 I 在 R_{AB} 上的电压降 $U_{AB} = E_X$，即检流计指零。这时

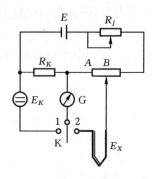

图 4-14　手动电位差计原理图

$$E_X = IR_{AB} = \frac{E_K}{R_K}R_{AB} \qquad (4-17)$$

目前实验室中常用的手动电位差计，如 UJ1、UJ26 等其基本线路都是这样的。

3. 数字式电压表

数字式电压表是一种新型的显示仪表，它具有精度高、量程宽、使用方便等优点，因此得到了越来越广泛的应用。数字显示不仅测量方便，而且可以消除读数误差，还可以与计算机配套进行测量结果的处理和储存，但其制造精密、价格昂贵、使用环境要求严格。

数字式电压表直接接收热电偶输出的电势信号，经过多次放大后通过模-数转换电路将电势信号以数字形式显示出来，数字式电压表本身具有很高的输入阻抗（兆欧数量级），从而使热电偶回路电阻占整个测量回路电阻的比例很小。因此，热电偶电极材料的粗细和引线的长短以及电阻的变化都对测量结果影响极小，完全可以忽略由此造成的测量误差。

目前数字电压表的种类很多，有时为了使用方便，制造厂把电流表、电阻表、电容表等功能集成一体，使之成为数字式万用表。数字电压表与热电偶的连接线路非常简单，只需把热电偶的两个电极接入电压表的输入端即可。数字电压表的性能差异很大，主要是仪表精度不同的反映。目前所应用的数字电压表有四位半、五位半、六位半和七位半的显示位数，有的甚至高过八位半。仪表的位数大小直接关系到测量精度。对于工业性测量较多采用四位半甚至更低的仪表，最小显示值为 0.1 mV 或 0.01 mV，而实验室内较多应用六位半甚至更高精度的仪表，最小显示值为 1 μV 或 0.1 μV。要想提高测量精度，单纯提高显示仪表的精度是不够的，测量方法、线路布置、传感器的安装等都会导致测量误差。

4.3.6　热电偶测温技术

在实际测量工作中，经常会遇到一些特殊的测量问题，如多点检测、多处显示、平均温度测量、小温差测量等，通过合理布置热电偶的测温线路可以满足不同场合的要求。

1. 若干支热电偶共用一台显示仪表

为了节省显示仪表或使每支热电偶具有相同的系统误差，将若干支热电偶通过切换开关共

用一台显示仪表是通常采用的测量线路,如图 4 - 15 所示。在生产实际中,大量测点不需要连续测量,只需要定时检查,因此可把若干支热电偶通过手动或自动切换开关接至一台显示仪表以轮流或按要求显示各测点的被测数值。在许多科学研究中,多支热电偶配用一台显示仪表可使测量工作简单化,同时可使得多支热电偶由于显示仪表造成的误差趋于一致,以便比较。采用这种连接方式的另一优点是可利用一支辅助热电偶来进行参考端温度补偿。缺点是每支热电偶测温范围必须限制在该显示仪表量程内,如果显示仪表为动圈式仪表,则各热电偶型号必须一致,支路外线电阻必须相等。

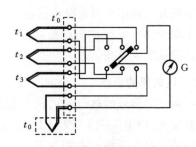

图 4 - 15　若干支热电偶共用一台显示仪表

对于具有多通道、可自动扫描的显示仪表,只要将各支热电偶按仪表不同通道接入即可,无需外接转换开关。同时还可人为选择扫描起讫点以及扫描速度和时间间隔,以满足不同的测量要求。

2. 一支热电偶配用两台显示仪表

在工程实际中,有时需要两台显示仪表同时显示一支热电偶的温度(如一个在测量现场,一个在总控制室),如图 4 - 16 所示。但从测量原理知,如果两台显示仪表均为动圈式,那么流过每台仪表电流值都偏小,即测量值偏低,因此不宜采用。如果两台仪表均为电位差计,则两台仪表均能正确反映热电势及其相应温度的数值。如果一台仪表为电位差计,而另一台为动圈仪表,则动圈仪表示值不受影响;电位差计示值由于动圈仪表的分流会偏低,必须予以校正。对于以上三种情况,若线路中有切换开关使两台仪表分别显示,则各测量值均不受影响。

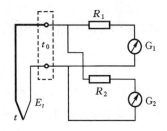

图 4 - 16　一支热电偶配用两台显示仪表

3. 热电偶并联

热电偶测温仅反映一点的温度,如果测量某一区域(如一壁面)的平均温度,可采用若干支相同型号热电偶并联的办法,图 4 - 17 所示线路为三支同型号热电偶并联测量线路,输入显示仪表的电势为三支热电偶热电势的平均值,即

$$E = \frac{E_1 + E_2 + E_3}{3}$$

如果三支热电偶的特性曲线是线性的,或在测温范围内,非线性误差小于规定值,仪表的示值即反映三个测点温度的平均值,但这样不一定能准确反映被测对象的

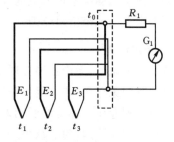

图 4 - 17　热电偶的并联

平均值。只有根据对象的温度分布情况,恰当选择测点,才能直接反映对象的平均温度。

4. 热电偶的串联

适当布置热电偶的测点,采用热电偶的串联线路,同样可以实现平均温度的测量。图

4-18所示是同型号热电偶串联的测量线路,输入显示仪表的电势为各支热电偶热电势之和,即 $E=E_1+E_2+E_3$。有时热电偶的串联方式被用来测量极小的温度变化,只要将串联热电偶的工作端全部布置在被测点处,就可以获得较大的热电势,使测温灵敏度大大提高。

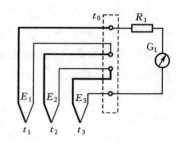

图 4-18　热电偶的串联

5. 热电偶的反接

把两支同型号的热电偶的正负极反接可用来测量两点之间的温度差,如图 4-19 所示。这时输入到显示仪表的热电势为对应两点温度下的热电势之差 $E(t_1, t_2)$。这种测温度差的热电偶叫差分热电偶。实际上,如果把一支热电偶的两个接点都作为工作端,分别置于不同温度下,它所产生的热电势就是两接点温差下的热电势。从原理上讲,差分热电偶测温度差要求热电偶的特性曲线是线性的,但这一要求很难满足。在实际应用中,通常都利用一支辅助热电偶来测得 t_1(或 t_2)温度下的电势值 $E(t_1, t_0)$(或 $E(t_2, t_0)$),由此确定未知的 $E(t_2, t_0)$(或($E(t_1, t_0)$)),进而得出 t_1、t_2 以及 Δt。例如用差分热电偶测得 $E(t_1, t_2)$,用辅助热电偶测得 $E(t_1, t_0)$,那么

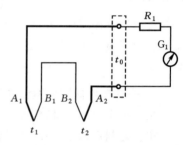

图 4-19　热电偶的反接

$$E(t_2, t_0)=E(t_1, t_0)-E(t_1, t_2)$$

利用 $E(t_1, t_0)$ 和 $E(t_2, t_0)$ 可分别确定 t_1 和 t_2,则 $\Delta t= t_1-t_2$ 即可求出。差分热电偶主要用于小温差的测量,它可大大提高测量准确度。温差越小,相对其它方法越准确。这里辅助热电偶的测量准确度对温差影响不大,因此可不必考虑辅助热电偶热电势的测量误差。

如果温差太小,一支差分热电偶仍不能测出电势值或测出的电势误差太大,此时可采用多支差分热电偶串联的办法,布置方法与热电偶串联方法相同,只不过这里不需要参考点。这样就可以使测量电势信号得到充分的放大。多支差分热电偶复合使用称为热电堆。

4.3.7　热电偶测温误差分析

使用热电偶测温不可避免的存在测量误差,引起热电偶测温误差的原因是多方面的,下面介绍可能存在的几个主要原因。

1. 传热误差

热电偶测温时,无论被测介质温度高于或低于环境温度,都必然会通过热电偶进行热量交换。有传热现象存在,热电偶工作端所感受的温度就不能正确反映被测介质温度,从而引起测量误差。被测介质与环境温度相差越大,这个误差就越大。测点的布置和测温方法也是导致传热误差的重要原因,为了减小这个误差,必须根据具体测量问题采取适当措施减少热电偶与周围环境的热量传递。

2. 分度误差

由于热电极材料成分不符合要求或材料均匀性差等原因,使热电偶热电性质与统一的分度表之间产生分度误差。这个误差有规定值,一般不超过 $\pm0.75\%t$。每个热电偶在使用前要进行校验,长期使用的热电偶也应定期校验。

3. 补偿导线误差

有的热电偶的电极材料非常贵重,如果测温现场与显示仪表相距很远,势必会浪费很多的贵重金属。补偿导线的作用就是在 0～100 ℃ 范围内能代替昂贵的电极材料作引线,并具有相同的热电特性。补偿导线往往比较便宜。不同的热电偶其补偿导线也不尽相同。

由于补偿导线和热电极材料在 100 ℃ 以下的热电性质不完全相同而产生误差。各种热电偶补偿导线允许误差也不一样,一般不超过 ±0.15 ℃。

4. 参比端温度误差

对于应用补偿电桥法补偿的自由端温度,只能在个别设计温度下才能完全补偿,其它各点就存在误差。对于应用定点法补偿的,由于自由端温度的测量不准确也会导致工作端测温误差。

5. 显示仪表基本误差

该误差大小由仪表的精度等级决定。如果显示仪表没有在规定状况下工作,则会产生附加误差。

6. 线路电阻误差

用动圈式仪表测温时,从热电偶到动圈仪表之间的线路总电阻必须符合仪表的规定数值,这个数值的偏差和变化都会引起测温误差。

所有各种测温误差,最终都集中反映在 $E-t$ 关系上。因此,对各种误差的大小必须针对某一具体问题进行分析,从中抓住主要矛盾,以便提高测量精度。

4.4　电阻温度计

在温度测量领域中,除了广泛使用热电偶之外,电阻温度计也是应用非常广泛的测温仪表。尤其在工业生产中,中低温度的测量大多采用电阻温度计。目前,使用的国际温标就规定从 13.81 K 至 630 ℃ 温区以铂电阻温度计作为基准仪器。

电阻温度计之所以得到广泛的应用,主要是由于它具有以下突出优点:

(1)测量精度高,复现性好;

(2)由于电信号传递,有利于实现远距离检测、控制,也易于实现多点切换;

(3)灵敏度高,输出信号强,便于显示仪表识别、检测。

电阻温度计由热电阻、显示仪表和连接导线所组成。根据热电阻材料的不同,电阻温度计测温范围在 0.3 K～850 ℃。

4.4.1　电阻法测温原理

物理学指出,各种材料的电阻率都随温度而变化。在电阻温度计中,热电阻是测量温度的敏感元件,它之所以能用来测量温度,是因为用来制作热电阻的导体或半导体都具有电阻率随温度的变化而变化的性质。也就是说,导体或半导体的电阻值是温度的函数。只要事先知道这种函数关系,而且有办法把导体或半导体的电阻值测量出来,就可以知道热电阻本身的温度,从而知道该热电阻所处的环境或介质的温度,这就是热电阻测量温度的基本原理。

实验证明,大多数金属当温度升高 1 ℃ 时,其阻值要增加 0.4%～0.6%,而半导体的电阻值要减小 3%～6%。一般纯金属在温度变化范围不大时,其电阻值与温度的关系近似为

$$R_T = R_{T_0}[1 + a(T - T_0)] \tag{4-18}$$

某些半导体的电阻值与温度的关系为

$$R_T = R_{T_0} e^{B(\frac{1}{T} - \frac{1}{T_0})} \tag{4-19}$$

式中：R_T 和 R_{T_0} 分别表示温度为 T 和 T_0 时对应的电阻值。电阻温度关系如图 4-20 所示。为了能够利用物体电阻来反映其温度，总希望 R_{T_0}、a 和 B 等参数为定值，并且数值尽可能大，以便能够得到灵敏度和精确度都高的电阻温度传感器。

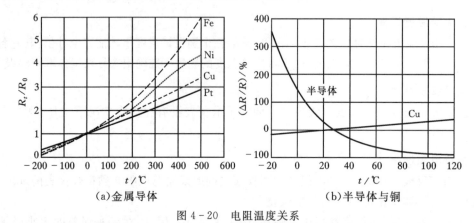

图 4-20　电阻温度关系

4.4.2　热电阻材料选择

虽然大多数导体或半导体其电阻都随温度变化而变化，然而并不是所有的导体或半导体都能作为测温热电阻。因此根据实际测温需要用来做热电阻材料必须有特定的要求。

(1)电阻温度系数 a 要大，电阻温度系数越大，制成的温度传感器的灵敏度越高。电阻温度系数与材料的纯度有关，纯度越高，a 值就越大；杂质越多，a 值就越小，且不稳定。

(2)材料的电阻率要大，这样可使热电阻体积较小，热惯性较小，对温度变化的响应就比较快。

(3)在整个测量范围内，应具有稳定的物理化学性质。

(4)电阻与温度关系最好近于线性或为平滑的曲线，而且这种关系有良好的重复性。

(5)易于加工复制，价格便宜。

当然很难找到全面符合这些要求的热电阻材料，所以应当根据具体测温要求，从不同的侧重角度选择合适的材料。目前应用最广泛的金属电阻材料是铂和铜。随着低温和超低温技术的发展，可用作热电阻材料的还有合金、碳以及半导体锗等多种新型热电阻材料。

4.4.3　热电阻种类

1. 金属电阻温度计

金属的电阻随温度的降低而降低，金属电阻温度计就是利用这一性质进行工作的。在金属中，导电的电子被晶格中的缺陷以及晶格本身的热振动所散射。这种过程限制了电导率，也就决定了电阻 R 的大小。纯金属元素的电阻可以写成

$$R = R_1 + R_0$$

式中：R_1 为电子被晶格热振动所散射时引起的电阻，它与温度有关，称为理想电阻；R_0 为电子

被晶格缺陷散射(杂质散射)所引起的电阻,它与温度无关,称为剩余电阻。剩余电阻 R_0 随金属纯度提高而降低,温度高时 $R_1 > R_0$,$R - T$ 基本呈线性关系;温度越低,R_1/R_0 越小,$R - T$ 偏差线性越严重,在液氦温度附近 R_1 趋于零,此时的电阻主要决定于 R_0。于是可用 R_1/R_0 来衡量金属的纯度,以室温电阻和液氦温度下的电阻比值 $R_{273}/R_{4.2}$ 来表示。习惯上也可用 R_{100}/R_0 来表示纯度。表 4-5 列出了可能做热电阻体的四种金属材料的几项指标。由于很难得到纯净的铁和镍,而且它们的特性曲线不很平滑,因此很少应用。工业中应用最多的是铂和铜两种。表中 a_0^{100} 表示 0~100 ℃之间的平均温度系数。

表 4-5　几种热电阻材料的特性

材料名称	$a_0^{100}/℃^{-1}$	电阻系数 ρ /$(\Omega \cdot mm^2 \cdot m^{-1})$	测温范围/℃	电阻丝直径/mm	特性
铂	$(3.8 \sim 3.9) \times 10^{-3}$	0.0981	$-200 \sim +500$	$0.05 \sim 0.07$	近线性
铜	$(4.3 \sim 4.4) \times 10^{-3}$	0.017	$-50 \sim +150$	0.1	线性
铁	$(6.5 \sim 6.6) \times 10^{-3}$	0.10	$-50 \sim +150$	—	非线性
镍	$(6.3 \sim 6.7) \times 10^{-3}$	0.12	$-50 \sim +100$	0.05	近线性

(1)铂电阻。

由于铂具有很高的化学稳定性,容易提纯,便于加工,所以它是电阻温度计中最常用的材料。1990 年国际实用温标中也规定从 13.8033 K~630.74 ℃温区内,用铂电阻温度计作为基准仪器。

目前我国工业上测量 73 K 以上温度用铂电阻,允差等级分为 AA、A、B、C 级四种。热电阻的初值 R_0 的大小选取要考虑如下原则:从减小引出线和连接导线电阻变化的影响和提高热电阻测量灵敏度两方面考虑,希望 R_0 越大越好;从减小热电阻体积、减小热惯性提高其温度响应和减小热电阻本身发热造成测温误差两方面考虑,希望 R_0 越小越好。工业用铂电阻的 R_0 分别为 46 Ω 和 100 Ω,标准的铂电阻 R_0 为 10 Ω 或 30 Ω 左右。

关于铂电阻的精度等级及其它几项指标如表 4-6 所示。

表 4-6　铂电阻允差等级

允差等级	有效温度范围/℃		允差值/℃
	线绕元件	膜式元件	
AA	$-50 \sim 250$	$0 \sim 150$	$\pm(0.1 + 0.0017|t|)$
A	$-100 \sim 450$	$-10 \sim 300$	$\pm(0.15 + 0.002|t|)$
B	$-196 \sim 600$	$-50 \sim 600$	$\pm(0.3 + 0.005|t|)$
C	$-196 \sim 600$	$-50 \sim 600$	$\pm(0.6 + 0.001|t|)$

注:$|t|$ = 温度绝对值,单位为℃。

（2）铜电阻。

铜电阻一般用于 $-50\sim150\ ℃$ 范围内的温度测量，在该测温范围内，其电阻值与温度间呈近似线性关系，表达式为

$$R_t = R_0(1+at)$$

铜电阻温度系数 a 高于其它金属的值，$a=4.28\times10^{-3}(1/℃)$，价格低廉，易于提纯。其缺点：①电阻系数小，$\rho=0.017\ \Omega\cdot mm^2/m$，故铜电阻丝必须做得细而长，从而使它的机械强度降低；②易氧化，故只能用于无侵蚀性介质中。

铂电阻与铜电阻的分度关系示于表 4-7 中。

表 4-7　热电阻分度表

温度 /℃	铂电阻 Pt100 $R_0=100\ \Omega$	铜电阻 Cu100 $R_0=100\ \Omega$	温度 /℃	铂电阻 Pt100 $R_0=100\ \Omega$	铜电阻 Cu100 $R_0=100\ \Omega$	温度 /℃	铂电阻 Pt100 $R_0=100\ \Omega$	温度 /℃	铂电阻 Pt100 $R_0=100\ \Omega$
−200	18.52		70	127.08	129.96	340	226.21	610	316.92
−190	22.83		80	130.90	134.24	350	229.72	620	320.12
−180	27.10		90	134.71	138.52	360	233.21	630	323.30
−170	31.34		100	138.51	142.80	370	236.70	640	326.48
−160	35.54		110	142.29	147.08	380	240.18	650	329.64
−150	39.72		120	146.07	151.37	390	243.64	660	332.79
−140	43.88		130	149.83	155.67	400	247.09	670	335.93
−130	48.00		140	153.58	159.96	410	250.53	580	339.06
−120	52.11		150	157.33	164.27	420	253.96	590	342.18
−110	56.19		160	161.05		430	257.38	700	345.28
−100	60.26		170	164.77		440	260.78	710	348.38
−90	64.30		180	168.48		450	264.18	720	351.46
−80	68.33		190	172.17		460	267.56	730	354.53
−70	72.33		200	175.86		470	270.93	740	357.59
−60	76.33		210	179.53		480	274.29	750	360.64
−50	80.31	78.48	220	183.19		490	277.64	760	363.67
−40	84.27	82.80	230	186.84		500	280.98	770	366.70
−30	88.22	87.11	240	190.47		510	284.30	780	369.71
−20	92.16	91.41	250	194.10		520	287.62	790	372.71
−10	96.09	95.71	260	197.71		530	290.92	800	375.70
0	100.00	100.00	270	201.31		540	294.21	810	378.68
10	103.90	104.29	280	204.90		550	297.49	820	381.65
20	107.79	108.57	290	208.48		560	300.75	830	384.60
30	111.67	112.85	300	212.05		570	304.01	840	387.55
40	115.65	117.13	310	215.61		580	307.25	850	390.68
50	119.40	121.41	320	219.15		590	310.49		
60	123.24	125.68	330	222.68		600	313.71		

热电阻阻值的测量是通过给予一定的工作电流,测量出该电流流过热电阻时所产生的电压降来反映电阻值的。加入工作电流的大小对测量灵敏度影响很大,因此所加工作电流不能太小。但工作电流太大,在热电阻上的功率消耗就会增大,消耗的电功率转变成热能(称焦耳热)会影响被测温度场,造成测温的附加误差。据介绍,一种直径为 4 mm,长为 12.7 mm,重为 1.1 g 的微型铂电阻温度计,当 $R_0 = 100$ Ω 时,若工作电流为 0.75 mA,则发热约为 11 μW,可引起温度计本身升温 0.000 5 K。所以在制作精密铂电阻时,应该全面考虑选用的室温电阻以及工作电流对温度测量的准确度和灵敏度的影响。

(3)合金电阻。

合金类似很不纯的金属元素,一般说来,合金对温度的变化是不灵敏的,但是也有例外的情形,纯金属掺入微量磁性金属组织的合金会出现一些反常现象。在铑、铂等金属中加入微量的铁、钴等磁性金属,在极低温度下其电阻与温度关系会表现出与纯金属不同的特性,即微量杂质的作用使合金具有很大的正电阻温度系数。例如含 0.5% 原子比铁的铑-铁合金可以制成一种很有用的低温温度计,弥补铂电阻温度计在低温下灵敏度降低的缺点。

2. 半导体电阻温度计

上述纯金属或合金电阻温度计随着温度下降,电阻值越来越小,灵敏度也随之下降,到极低温时甚至无法使用。半导体电阻温度计具有负的电阻温度系数,当温度降低时,不仅其电阻值增加,更重要的是它的灵敏度也随着增大,这种特性对于低温测量是极为理想的。随着电子工业的迅速发展,半导体的制造工艺日趋完善,这使得半导体电阻温度计获得越来越广泛的应用。

半导体温度计除了灵敏度高以外,还有体积小、热容量小的优点,可用于精密温度测量,也可在工业上应用。

(1)锗电阻。

锗是最常用的半导体材料,纯锗在低温下电阻率太大,对温度的灵敏度也不高,因此必须掺杂微量的杂质以提供载流子,通常所加杂质如锑、砷和铟等。掺杂密度(原子数目)大约为 $10^{17} \sim 10^{18}$ cm^{-3}。下面讨论的锗电阻是指含杂质的锗。

锗电阻是迄今所研究过的半导体中最理想的低温测量元件,它的电阻-温度关系很稳定,重复性很好,标定一次可长期使用,而且它的测量精度可达到 0.005 K。由于锗电阻温度计相对金属电阻温度计在低温下具有显著的优点,许多国家将锗电阻温度计作为 4.2~20 K 之间的标准测温仪表。

(2)热敏电阻。

热敏电阻与半导体电阻一样具有负的电阻温度系数,随温度降低,不仅阻值增加,电阻的变化率也急剧增加,因此测量灵敏度较高。热敏电阻通常是由两种以上过渡金属(Mn、Ni、Cu、Fe、Co 等)氧化物在 1 000~1 300 ℃高温下烧结而成的多晶半导体。热敏电阻制作成本低、体积小、重复性好,可满足不同测温对象的要求,而且适合动态测量。

热敏电阻的缺点是性能不稳定,互换性差,导致测量精度不高,目前较多应用在精度要求不高的场合,如作为家用空调系统的温控元件等。

4.4.4　热电阻阻值的测量

原则上讲，凡是电工测量中有关测量电阻的方法都可以用来测量热电阻。热电阻阻值和热电偶电势测量主要区别在于：热电势测量无需另加工作电源，而热电阻必须加以工作电流，通过其上的电压降反映阻值，这就使得测量工作麻烦得多。另外，必须使得工作电流不超过允许值，控制焦耳热的影响，尽量消除或减小线路电阻和接触电阻对测量结果的影响。

常用测量热电阻的显示仪表有动圈式仪表、电位差计和平衡电桥。下面分别给予介绍。

1. 动圈式仪表

动圈式仪表的工作原理在热电势的测量一节中已介绍。由于热电阻自身不产生主动信号，必须借助外部电流来反映电阻阻值的变化，所以与热电阻相配套的动圈式仪表内电路不变，而外电路不同。图 4-21 示出与热电阻配套的动圈仪表基本电路，这是一种应用不平衡原理测量电阻的仪表。动圈式仪表在这里作测差仪表使用，不平衡电桥的桥臂由 R_t、R_0、R_2、R_3、R_4 和 R_w 等组成。其中 R_t 是热电阻，R_w 为线路电阻，R_w 和其它桥臂电阻（除 R_t 外）均为锰铜电阻，阻值不随温度变化。为了消除电源电压波动对指示值的影响，必须采用稳压电源供电（电压为 4 V 的直流电）。

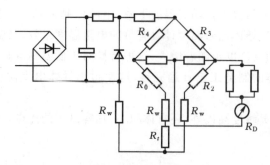

图 4-21　与热电阻配套的动圈仪表基本电路

通常设定在仪表测温下限电桥处于平衡状态，此时所对应的热电阻阻值为 R_{tmin}，电桥桥臂电阻设计为 $R_3=R_4$，$R_2=R_0+R_{tmin}$。热电阻按三线制接法接入电桥，并设置调整电阻 R_w 使每根连线电阻总和达到规定的 5 Ω。三线制接法是为减少连接导线电阻随环境变化而导致测量误差所设置的。

仪表工作时，热电阻上有电流流过，如果工作电流较大，会导致热电阻发热而产生不允许的误差。一般规定流过热电阻的工作电流不超过 6 mA。

与热电阻配套的动圈式显示仪表通常以温度显示，每只显示仪表配用特定的热电阻型号和测温量程，因此，测量时应根据实用要求选用。由于是不平衡电桥测量，流过动圈的电流随热电阻的阻值变化不呈现线性关系，这对刻度和测量工作都是不利的。设计时，适当地选择各桥臂的电阻可改善标尺的非线性刻度情况。动圈式仪表使用安装方便，直接显示温度值，因此广泛用于工业温度测量。

2. 电位差计

用电位差计测量热电阻阻值的线路如图 4-22 所示，这里采用了四线制接法（热电阻两根电流引线、两根电压引线）。图中电源 E 经可调电阻 R_s 与热电阻 R_t、标准电阻 R_B 串接。当开

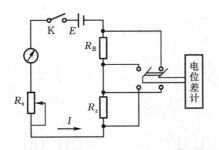

图 4 - 22　电位差计测量热电阻阻值的基本线路

关 K 闭合后调节可调电阻 R_s 使回路电流 I 的数值达到规定值(太小降低测量精度,太大产生焦耳热误差)。电流值由毫安表监视,电流在 R_t 和 R_B 上产生的电压降通过切换开关依次用电位差计测量,分别为 U_t 和 U_B。因为 $U_t = IR_t$,$U_B = IR_B$,所以有

$$\frac{U_t}{R_t} = \frac{U_B}{R_B}$$

即

$$R_t = \frac{U_t}{U_B} R_B \tag{4 - 21}$$

因为 U_t 和 U_B 可用电位差计精确读出,R_B 也是准确已知,所以 R_t 的测量精度可以很高。只要工作电流 I 稳定不变,其数值又控制得较小,可减小焦耳热附加误差。因采用了四线制接线而完全消除了连接导线电阻的影响。

标准电阻 R_B 的阻值可根据 R_t 的大小选取,最好使得 R_B 和 R_t 具有相同量级。如果提供工作电流的电源非常稳定,工作电流的大小也能精确测出,可省掉标准电阻测量支路,电位差计直接测出在 R_t 上的电压降便可求出 R_t 的阻值。由于这种方法比较麻烦,所以主要用于实验室精确测量。

3. 平衡电桥

电桥测量线路可作为独立的仪表用于电阻测量,也可作为其它型式仪表线路的一个组成部分,如动圈式配热电阻的仪表中有电桥部分。电桥测量法很灵活,很准确,应用也很普遍。这里讲的电桥指测量电阻的平衡电桥,其精度很高,实验室用平衡电桥误差可小于十万分之几,工业用电桥也很易达到 0.5 级以上。下面将对平衡电桥进行专门介绍。

图 4 - 23 示出平衡电桥原理,图中 R_2、R_3 是两个锰铜线绕制的电阻,通常 $R_2 = R_3$,R_1 为可变电阻,R_t 为热电阻,G 为检流计,E 为直流电源。当电桥平衡时,检流计中无电流流过,此时有下式成立

$$R_1 R_3 = R_2 R_t \tag{4 - 22}$$

当 $R_2 = R_3$ 时,$R_t = R_1$,因此可变电阻 R_1 的读数就表示了 R_t 的阻值大小。当被测温度改变时,R_t 变化,电桥失去平衡。重新调整 R_1 使检流计中无电流流过,即电桥处于新的平衡,R_1 的值即反映 R_t 的新阻值。

利用平衡电桥测量热电阻阻值同样存在连接导线电阻的影响。如果引线电阻为 R_L,则实际测得的电阻值为 R_t 与 R_L 之和,即 $R_t + R_L = R_1 R_3 / R_2$。若环境温度发生变化,线路电阻 R_L 变为 $R_L + \Delta R_L$。尽管此时被测温度 t 及 R_t 未变,平衡电桥也会破坏,于是必须调节 R_1 使

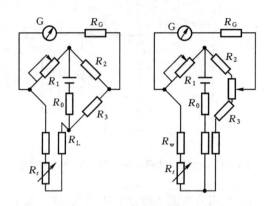

图 4 - 23　平衡电桥测量电阻原理图

电桥恢复平衡。这样,被测温度 t 的测量值不仅受引线电阻的影响,而且也会由于环境温度变化造成附加误差。图示的三线制接线法可以减少线路电阻 R_L 随环境温度变化带来的测量误差,但不能完全抵偿。推导可知,当 $R_2 = R_3$ 且与 R_t 值相近时,三线制接法能够基本消除环境温度造成的影响。在测量线路中设置调整电阻 R_w,R_w 对测量结果的影响已在设计时予以考虑。

4.4.5　电阻温度计测温误差分析

使用热电阻测温时产生误差的原因与热电偶有相似之处,也有不同之处。简要归纳如下。

1. 传热误差

因热传导和热辐射而引起的误差以及克服这种误差的办法与热电偶是一样的,此处不再重述。

2. 分度误差

使用热电阻的电阻-温度关系和统一的分度表存在差值,这个差值的大小不能超过所规定的范围(如表 4 - 6 所给出的允许误差)。所以在热电阻使用之前必须进行校验,投入使用后也要定期进行校验。

3. 焦耳热引起的误差

测量热电阻阻值时,要通过一定的电流,因此,在电阻上就要产生热量,热电阻本身温度升高会引起温度测量的附加误差,其大小因流过的电流大小而不同,这个误差无法消除。只能限制温升的数值。在工业上使用的金属热电阻,限制电流小于 6 mA(一般取 3 mA),这项误差是很小的,约 0.1 ℃左右。对于导热性能较差的半导体电阻和碳电阻温度计,限制电流在微安数量级。测量温度越低,焦耳热造成的误差会越大,因此工作电流应取得更小。

4. 线路电阻引起的误差

热电阻与显示仪表或变送器配套测温时,两者之间的连接导线的电阻都有规定的数值,线路电阻不完全符合这一规定值就会引起测温误差。由于环境温度无法维持恒定,该误差也必然存在。实际测量线路也可以采取一些措施减小或消除这一影响,例如附加调整电阻,采用三线制或四线制接法等。

5. 显示仪表基本误差

该误差的大小由仪表的精度等级确定。

以上是引起热电阻测温误差的主要来源,在每一具体测量中误差来源不完全一样,具体问题具体分析,抓住主要矛盾,才能有力地解决问题。

4.5　其它温度计

4.5.1　二极管温度计

半导体二极管温度计是利用二极管在稳定的正向电流的条件下,正向电压随温度的降低而增加的原理制成的。二极管正向电压与温度关系在较大温区范围内表现出良好的线性。因此用这种温度计测温、定标都比较简单,只要在这个温区内选定两个温度点,就可利用线性关系得到温度分度。二极管温度计灵敏度较高,dU/dT 约在 2 mV/K 左右,只要用一般的测压技术就可准确到 0.1 K。图 4-24 示出二极管测温特性曲线,可以看出,当温度降低到某一温度以下时,$U-T$ 关系失去了线性。在非线性区内,有的二极管灵敏度变得更高(如图中硅二极管),这对于低温测量更加有利。

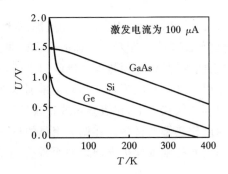

图 4-24　二极管测温特性曲线

砷化镓二极管温度计在 1～400 K 温度范围显示出近似线性关系,灵敏度足够高,在 4.2 K 时为 5.0 mV/K,在 77 K 时为 2.75 mV/K。锗二极管温度计在 20～100 K 温度范围内电压随温度变化曲线是光滑的,而在 20 K 以下灵敏度突然升高,可是经室温至低温多次冷热循环之后复现性不好。砷化镓二极管虽在低温时灵敏度较差,但复现性较好。硅二极管灵敏度和复现性都较好。

半导体二极管有如下优点:可用于 1～400 K 温度范围测量,灵敏度高,与半导体电阻温度计相比受磁场影响较小,价格低廉。缺点是复现性差,体积大,不能用于点的温度测量。

4.5.2　电容温度计

电容温度计的测温原理是利用电容器介质的介电常数随温度显著变化的特性来测温的。它不受磁场影响,即使在 15 T 的强磁场下,影响也仅在 ±1 mK 以内。这一特性对于研究超导强磁场工作是十分有利的。

电容温度计在 0.1～72 K 的温度范围,电容-温度关系是单调函数。尤其在 5.2 K 以下,电容-温度关系线性,此时灵敏度也很高,大约为 250 pF/K。在液氦温度下自热很小(约 70 pW),并随温度降低而降低。热响应快,重复性为 ±13 mK 左右。但稳定性不好,存在瞬时电容漂移,所以应将组件密封放置在套管内。

电容温度计在 $0.1\sim30$ K 温区有如下电容-温度关系

$$C=a+\frac{b}{T}$$

式中：a、b 是常数，测量两个确定温度下的电容就可确定。

4.5.3　辐射高温计

热辐射温度计是根据物体的热辐射作用随物体温度变化的关系来测量温度的。这种测量方式的特点是感温元件不与被测物体直接接触，因此就具有几个突出的优点，如：不扰乱被测物体的温度场；因为不接触就可以不受高温气体的氧化和腐蚀；理论上这种温度计无测温上限。由于非接触测温，温度计不必和被测物体达到热平衡，而是用辐射传热的方式，这种换热的速度和光速一样快，因而热惯性小，同时也适于测量移动物体的温度等。由于有上述优点，在近代工业生产和科学研究工作中，热辐射温度计正得到愈来愈广泛的应用。

全辐射高温计是以全辐射定律为测量原理的温度计。对于绝对黑体，在温度为 T 时的全辐射定律为

$$E_0=\sigma T^4$$

式中：σ 为常数，其值为 5.67×10^{-8} W/($m^2\cdot K^4$)。当知道黑体的全辐射强度 E_0 后，就可以知道温度 T。辐射高温计示意图如图 $4-25$ 所示。物体的全辐射能力由物镜聚焦后经光栏使焦点落在热电堆上。热电堆是由四支镍铬-考铜热电偶串联起来的，四支热电偶的热端被夹在十字形的铂箔内，铂箔涂成黑色以增加其吸收系数。当辐射能被聚焦到铂箔上时热电偶热端感到高温，串联后的热电势输出到二次仪表上，仪表指示或记录被测物体的温度。四支热电偶的冷端夹在云母片中，这里的温度比热端低得多。在调节聚焦的过程中，观察者可以在目镜处观察，目镜前加有灰色玻璃以削弱光的强度保护人眼。整个外壳内壁面涂成黑色以便减少杂光的干扰，造成黑体条件。

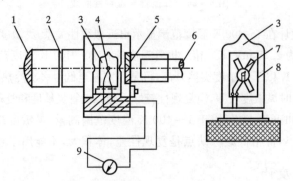

1—物镜；2—光栏；3—玻璃泡；4—热电堆；5—灰色滤光镜；
6—目镜；7—铂箔；8—云母片；9—二次仪表

图 $4-25$　辐射高温计原理图

刻度全辐射高温计时，认为被测物体是绝对黑体，因而利用此高温计来测量实际物体时必将带来误差，为了说明此误差有必要引入辐射温度的概念。当被测物体的真实温度为 T 时，其全辐射能力等于绝对黑体在温度 T_P 时的全辐射能力，也就是 $E_0(T_P)=E(T)$，则温度 T_P 就称为被测物体的辐射温度。根据这个定义得到辐射温度和真实温度之间的关系为

$$\begin{cases} E(T) = \varepsilon_T \sigma T^4 \\ E_0(T_P) = \sigma T_P^4 \end{cases} \tag{4-23}$$

因为　　　　　　　　　　　　　　$E(T) = E_0(T_P)$

则

$$T = T_P \sqrt[4]{\frac{1}{\varepsilon_T}} \tag{4-24}$$

式中：ε_T 是被测物体的全辐射黑度系数，其数值小于 1。根据上式可以看出 T_P 小于 T。

4.6　温度仪表的标定

4.6.1　温度计标定的意义

对温度计进行标定的目的主要是为了确定温度计的精度等级，它包括对新仪表的标定和对旧仪表的校验。虽然各类测温仪表在出厂前都已作过检验，标有精度等级，但在使用过程中往往它的准确度会发生变化。例如热电偶经过一段时间的使用，热端受氧化、腐蚀以及在高温下热电偶材料的再结晶等均会使它的温差电特性发生变化，致使它的实际精度等级下降，需通过再校验以测出它的热电特性的变化情况，判断其误差范围是否超过规定标准，以确定能否继续使用。

4.6.2　温度计标定基本方法

1. 比较法

所谓比较法是将高一级准确度的标准温度计与被校验的温度计都置于同一温度环境中，比较两者的温度值，根据示值之差确定被校验温度计的基本误差。通常使用的标准温度计有两种：中高温度用标准铂电阻温度计，中低温度用精密水银温度计。

采用比较法校验温度计，必须造就一个均匀的温度场，使标准温度计和被校温度计能充分感受相同的温度。均匀恒温场必须有足够大的尺寸，以使测量元件的导热损失减小到可以忽略不计的程度。常用的温度校验装置主要有以下几种。

(1)管状电炉：采用不同的电加热丝并调节电加热功率，可满足不同的中高温度校验。

(2)中低温用液体槽：槽内装有电加热装置或制冷装置、搅拌装置及电接点温度计，可使温度场均匀并控制恒温。

水槽：电加热，可用于 1～100 ℃ 范围。油槽：电加热，可用于 80～300 ℃ 范围。丙酮：加干冰，可用于 −80～0 ℃ 范围。异丁烷：带制冷机，可用于 −150～0 ℃ 范围。硝酸钾、硝酸钠：可用于 160～630 ℃ 范围。

(3)低温恒温器：对于 100 K 以下的温度难以用带搅拌的液体槽来实现，常用低温恒温器。低温恒温器包括杜瓦瓶以及瓶内恒温体等。杜瓦瓶内盛低沸点的低温液体，带有调温系统的恒温体置于液体中，通过调节恒温体内的加热量，可得到从液体沸点到室温温区的任意温度。如果杜瓦瓶内装有抽气系统，降低低温液体的蒸气压，也可得到低于其标准沸点的温度。

用恒温器检定温度计，主要是恒温精度的问题。内部恒温体通常用紫铜制作，并采用良好绝热措施降低恒温体向低温液体的换热,保证恒温体内部温度场的均匀。同时应有隔热措施,减少恒温体与杜瓦瓶口处的辐射换热。

2. 定点法

使用被校温度仪表测量某些固定点温度求得读数,以检定仪表质量指标的方法称为定点法。这些温度的固定点由国际实用温标规定,实质上是一些纯净物质的凝固点、沸点、三相点或升华点的温度值。

利用定点法检定仪表的基本要求是必须造成精确的固定点温度。如果固定点温度本身不准,就不能正确的去检定仪表,在检定温度计时,主要用下述一些固定点。

(1)沸点。

在实验室中水沸点是最易得到的固定点之一,温度较高时用硫沸点,稍低时用乙醇沸点。在低温下则用氧、氮、氢或氦沸点。由于物质的沸点受气压影响很大,例如压力每升高 1 mmHg(1 mmHg＝133 Pa),水沸点温度升高 0.036 ℃,硫沸点温度升高 0.09 ℃。所以在检定时,要同时测量大气压数值,并据此进行温度指示值的修正。

(2)凝固点。

凝固点受大气压变化的影响非常小,但受物质纯度的影响比较大。如在金属中含有$1/10^4$的杂质可引起凝固点温度降低 0.1 ℃。蒸馏水和冰的均匀混合物可得到冰融点温度,这是很容易做到的。通常将冰水混合物盛在保温瓶中,以防止冰块很快溶解。

金属凝固点是高温温度计定点检定常用的固定点,用这种方法时要防止金属的氧化和沾污问题。一旦发生氧化,混合物的熔点就会降低。

(3)三相点。

实验研究表明,物质的三相点不受大气压的影响,也不需测量压强。人们普遍认为用三相点作为温度的固定点比沸点更好。现在已研制成功多种密封的三相点容器(如氩、氮、氢、氧等)以及水三相点瓶。它们具有长期的稳定性和良好的复现性,准确度达±0.1 mK,这给温度校验带来了极大地方便。

思考题与习题

4-1　什么叫温标? 目前采用的国际温标有哪几个要素?

4-2　为什么经验温标需要两个固定点才能确定温标,而热力学温标只要一个固定点就可以确定温标?

4-3　有哪些因素会影响玻璃管温度计的测量灵敏度,它们是如何影响的?

4-4　热电偶是如何实现温度测量的? 影响热电势与温度之间关系的因素是什么?

4-5　在热电偶的回路中接入热电势的测量仪表,对于电势值有无影响? 为什么?

4-6　试说明图 4-26 中 (a)、(b)两种连接方法等效的原因。

4-7　用铜-康铜热电偶测某介质温度,测得电势 $E(t_0, t) = 2\ 500\ \mu V$,已知 $t_0 = 260$ K,求被测介质温度 t。

4-8　现有金属电阻温度计和半导体电阻温度计各一只,要进行一动态温度测量,你认为选用哪种温度计好? 为什么?

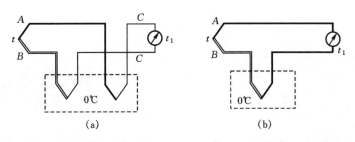

图 4 - 26　题 4 - 6 图

4 - 9　热电阻的测量线路有三线制和四线制不同的接法,它们起什么作用?

4 - 10　电阻温度计测温为何要加工作电源?流过热电阻电流的大小改变时,对测量精度有何影响?

4 - 11　现需要用铂电阻温度计测量某低温介质温度,请你按三线制测量方法(见图 4 - 27)进行连线,并解释为何要采用三线制接法?

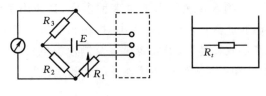

图 4 - 27　题 4 - 11 图

4 - 12　试分析采用上题图中线路进行测温的主要误差来源。

4 - 13　用热电偶测温,两节点之间温差越大产生热电势也越大;如果温差相同,产生热电势也就一样,即 $\dfrac{\Delta E}{\Delta T}$ = 常数,所以热电势与温差呈线性关系。上述结论显然是错误的,错在哪里?并予以纠正。

4 - 14　如图 4 - 28 所示,一直流电位差计与两对相同材料的热电偶连接,已知 $E(200, 0)$ = 8.5 mV,$E(100, 0)$ = 5.0 mV,那么图示电位差计示值应为多少?

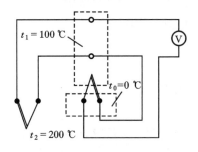

图 4 - 28　题 4 - 14 图

4 - 15　用铜-康铜热电堆测温差。热电偶灵敏度为 0.04 mV/K,所用电位差计示值误差为 0.05 mV,对于 5 K 的温差值,需要几对热电偶构成热电堆,才能使测量误差不大于 5%?假定热电极材料完全符合其特性关系,并忽略各种传热误差。

第 5 章

转速与功率测量

转速与功率是表征动力机械性能的重要参数,也是衡量机器设计和制造水平的重要标志。一般来讲,动力机械的许多特性参数都是直接用转速和功率来反映和表达的,而转速与功率又有着密不可分的必然联系,如压缩机的轴功率、发动机的输出功率以及车床等加工机械的切削功率等都与它们的转速有直接关系。因此转速与功率的测量在动力机械的性能测试中占有重要的地位。

5.1 转速测量

转速测量的方法有很多,测量仪表的形式也多种多样,其使用条件和测量精度也各不相同。根据工作方式的不同,转速测量可分为两大类:接触测量和非接触测量。前者在使用时必须与被测轴直接接触,如离心式转速表、磁性转速表及测速发电机等;后者在使用时不必与被测轴接触,如磁电式、光电式和霍尔式转速传感器及闪光测速仪等。

5.1.1 磁电式、光电式和霍尔式转速传感器

1. 磁电式传感器

磁电式传感器是利用电磁感应原理,将输入的运动速度转换成感应电势输出的传感器。它不需要辅助电源,就能把被测对象的机械能转换成易于测量的电信号,是一种有源传感器,有时也称为电动式或感应式传感器。由于它有较大的输出功率,故配用电路较简单,零位及性能稳定,工作频率一般为 $5\sim500$ Hz,但由于磁电式传感器对转轴有一定的阻力矩,并且低速时其输出信号较小,故不适于低转速和小扭矩轴的测量。

根据电磁感应定律,当 W 匝线圈在均恒磁场内运动时,设穿过线圈的磁通为 $\varPhi$,则线圈内的感应电势 e 与磁通变化率 $\dfrac{\mathrm{d}\varPhi}{\mathrm{d}t}$ 有如下关系

$$e = -W \frac{\mathrm{d}\varPhi}{\mathrm{d}t} \tag{5-1}$$

根据这一原理,可以将传感器设计成变磁通和恒磁通两种结构形式,构成测量线速度或角速度的磁电式传感器。

(1)在恒磁通结构中,工作气隙中的磁通恒定,通过线圈和磁铁间的相对运动在线圈中产生感应电动势,结构如图 5-1(a)所示。线圈中感应电势的大小与线圈和磁场间的相对运动速度有关,即

$$e = -WBL \frac{\mathrm{d}x}{\mathrm{d}t} \quad \text{或} \quad e = -WBLr \frac{\mathrm{d}\theta}{\mathrm{d}t} \tag{5-2}$$

式中:x 为线位移尺度;θ 为角位移尺度;W 为线圈匝数;B 为磁场强度;L 为磁场中导体的长度;r 为转轮半径。

　　当传感器的结构确定后，B、L、W 均为常数，所以，线圈中感应电势的大小与线圈对磁场的相对运动速度$\dfrac{\mathrm{d}x}{\mathrm{d}t}$或$\dfrac{\mathrm{d}\theta}{\mathrm{d}t}$成正比。利用这个特点，磁电式传感器可以测量线速度或角速度。如果在输出端加上一个微分电路或积分电路，就可以用来测量加速度和位移。

　　（2）在变磁通结构中，永久磁铁和线圈均固定，动铁芯（齿轮转子）的运动使气隙和磁路磁阻变化，引起磁通变化而在线圈中产生感应电势，其结构如图 5-1（b）所示。当齿轮的转动轴旋转时，每移过一个齿牙，在线圈中就感应一个电势脉冲。如果将单位时间内的脉冲数除以齿数，则表示该旋转轴的运动频率。

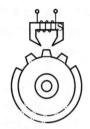

（a）恒磁通结构形式　　（b）变磁通结构形式

图 5-1　磁电式传感器的两种工作方式

2. 光电式传感器

　　光电式传感器的工作原理是基于光电子元件的光电效应。当具有一定能量的光子投射到某些物质表面时，具有辐射能量的微粒将透过受光物质的表面层，赋予这些物质的电子以附加能量，或者改变物质的电阻大小，或者产生电动势，从而实现光电转换过程。在转速测量系统中，常采用的光电式变换元件有：光敏电阻，光电池，光敏二、三极管等。

　　（1）光敏电阻。

　　某些半导体材料（如硫化镉、硫化铝等）的电阻随光照强度的增大而减小。利用半导体材料的这一性质制成光敏电阻，当有光照射到光敏电阻上时，它的电阻值将降低，导致电路参数的改变，因而对外有输出信号。

　　光敏电阻在不受光照时的阻值称"暗电阻"，暗电阻越大越好，一般是兆欧数量级。而光敏电阻在受光照射时的阻值称"亮电阻"，光照越强，亮电阻就越小，一般为千欧数量级。在给定的光照下，光敏电阻两端所加电压与流过电流的关系称为光敏电阻的伏安特性。由于光敏电阻值在一定的光照下为定值，因此伏安特性呈线性，且无饱和现象。

　　光照特性为光敏电阻的亮电阻与光照强度之间的关系。不同的光敏电阻其光照特性是不同的，但在大多数情况下，特性曲线的形状呈非线性，因此常用在开关电路中作光电信号变换器。

　　光敏电阻同其它光电元件一样，对于不同波长的入射光，其灵敏度不同，不同光敏电阻的光谱特性如图 5-2 所示。光敏电阻的光学与电学性质受温度影响很大，随温度升高，它的暗电阻和灵敏度都下降，同时温度变化也影响它的光谱特性，因此，在高温环境中应用光敏电阻，应注意这个问题。

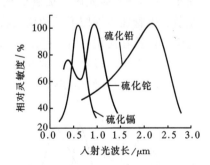

图 5-2　光敏电阻的光谱特性曲线

　　（2）光电池。

　　光电池是一种直接把光能转换成电能的元件。它有一个大面积的 PN 结，当光线照射到 PN 结上时，便在 PN 结两端出现电势，P 区为正极，N 区为负极，这种因光照而产生电动势的现象称为光生伏特效应。

　　硅光电池和硒光电池的光谱特性曲线如图 5-3 所示。从图中可以看出：不同材料的光电池其灵敏度不同，因此，应用光谱的范围也不同。硅光电池适用于波长 0.4～1.1 μm 范围，硒光电池适用于 0.3～0.6 μm 范围。因此在实际使用中可根据光谱特性，选择光源性质或光电池。

　　光电池有两个主要参数指标，即短路电流与开路电压。短路电流在很大范围内与光照强度成线性关系，而开路电压与光照强度是非线性关系。图 5-4 是硅光电池开路电压和短路电流与光照强度的关系曲线。根据光照强度与短路电流呈线性关系这一特点，光电池在应用中常常用作电流源。

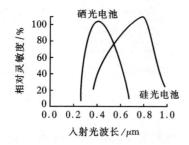

图 5-3　硅光电池和硒光电池的光谱特性曲线

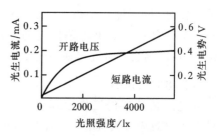

图 5-4　硅光电池的光照特性

　　（3）光敏三极管。

　　光敏三极管与普通三极管相似，同样有 e、b、c 三个极，但基极不引线，而是封装了一个透光孔，其结构原理如图 5-5 所示。当光线透过光孔照到发射极 e 和基极 b 之间的 PN 结时，就能获得较大的集电极电流输出。输出电流的大小随光照强度的增强而增加。

　　图 5-6 为光敏三极管的光谱特性。硅管的峰值波长为 0.5 μm 左右，锗管的峰值波长为 1.5 μm 左右。一般说来，硅管常用于可见光的测试，而锗管常用于红外光的探测。图 5-7 为光敏三极管的伏安特性和光照特

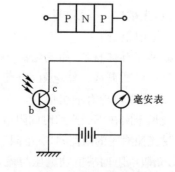

图 5-5　光敏三极管结构原理图

性。光敏三极管在不同照度下的伏安特性与普通三极管在不同基极电流下的伏安特性非常相似。光敏三极管在使用时，应使光电流、极间耐压、耗散功率和环境温度等不超过最大限制，以免损坏。由于光敏三极管的灵敏度与入射光的方向有关，还应保持光源与光敏三极管的相对位置不变，以免灵敏度发生变化。

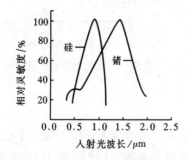

图 5-6　光敏三极管的光谱特性

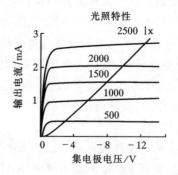

图 5-7　光敏三极管伏安特性和光照特性

在转速测量系统中,通过安装在被测轴上的多孔圆盘,来控制照于光电元件(如光电池、光电二极管、光电三极管、光敏电阻等)上光通量的强弱,从而产生与被测轴转速成比例的电脉冲信号,经整形放大电路和数字式频率计即可显示出相应的转速值。常用的转速传感器有反射式和透射式两种。图 5 - 8(a)为反射式光电传感器结构示意图。当被测转轴 8 旋转时,光源 1 所发出的光束,经透镜 2、6 聚光到黑白相间的圆盘 7 上,当光束恰好与转轴上的白色条纹相遇时,光束被反射,经过透镜 6,部分光线通过半透半反膜 5 和透镜 3 聚焦后照射到光电三极管 4 上,使光电三极管电流增大。而当聚光后的光束照射到转轴圆盘 7 上的黑色条纹时,光线被吸收而不反射回来,此时流经光电三极管的电流不变,因此在光电三极管上输出与转速成比例的电脉冲信号,其脉冲频率正比于转轴的转速和白色条纹的数目。

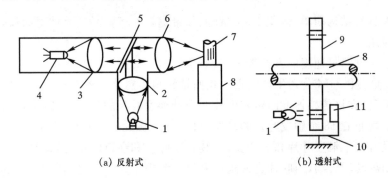

(a) 反射式　　　　　　　　　　(b) 透射式

1—光源;2、3、6—透镜;4—光电三极管;5—半透半反膜;7—黑白相间的圆盘;
8—被测转轴;9—多孔圆盘;10—支架;11—硅光电池

图 5 - 8　光电传感器结构示意图

图 5 - 8(b)为透射式光电传感器结构示意图。当多孔圆盘 9 随转轴 8 旋转时,硅光电池 11 交替受到光照,产生交替变换的光电动势,从而形成与转速成比例的脉冲电信号,其脉冲信号的频率正比于转轴的转速和多孔圆盘的透光孔数。

国内已有测量转速用的光电式传感器产品可选用,其测速范围可达每分钟几十万转,且使用方便,对被测轴无干扰。

3. 霍尔式转速传感器

霍尔式传感器的工作原理是基于某些材料的霍尔效应。如图 5 - 9 所示,在和磁场垂直的半导体薄片中通以电流 I,设材料为 N 型半导体,则其中多数载流子为电子,电子 e 沿着和电流相反的方向在磁场中运动,因此受到洛仑兹力 F_L 的作用,电子在此力作用下向一侧偏转,并使该侧形成电子积累,与它相对应的一侧形成电子缺乏,这样就在两个横向侧面之间建立起电场 E,因此电子又要受到此电场的作用,其作用力为 F_E,最后当 $F_L = F_E$ 时,电荷的积累就达到动平衡。这时在两个横向侧面之间建立的电场称为霍尔电场 E_H,两侧面间的电位差称为霍尔电压 U_H。

霍尔电压 U_H 与通过电流 I 和磁感应强度 B 成正比。即

$$U_H = K_H I B \tag{5-3}$$

式中:K_H 为霍尔灵敏度。它表示在单位磁感应强度和单位控制电流下得到的开路霍尔电压。对某一型号的霍尔元件 K_H 是常数。

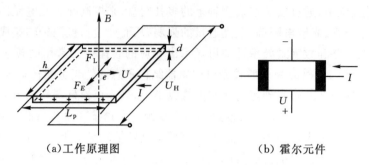

（a）工作原理图　　　　　　　　　　（b）霍尔元件

图 5-9　霍尔效应原理图

　　霍尔元件具有结构简单、体积小、重量轻、频带宽、动态特性好、元件寿命长等优点,因此得到了广泛的应用。

　　利用霍尔元件测量速度的方案较多,其典型的方案如图 5-10 所示。

　　图 5-10 是美国 GM 公司生产的霍尔式曲轴转角传感器。图 5-10(a)为传感器的结构示意图。由图可见,在该传感器上固定着内外两个带触发叶片的信号轮,随旋转轴一起旋转。外信号轮外缘上均布着 18 个触发叶片和触发窗口,每个触发叶片和窗口的宽度为 5°弧长;内信号轮外缘上设有 3 个触发叶片和 3 个窗口,其触发叶片和窗口的宽度均不相同。

　　信号轮随旋转轴转动,当叶片进入永久磁铁 3 和霍尔元件 2 之间的空气隙时(见图 5-10(b)),霍尔元件的磁场被触发叶片旁路(或称隔磁),这时不产生霍尔电压;当触发叶片离开空气隙时(见图 5-10(c)),永久磁铁 3 的磁通便通过导磁板 5 穿过霍尔元件 2 产生霍尔电压,此时霍尔元件便输出一个脉冲,单位时间的脉冲数便表示被测旋转体的转速。

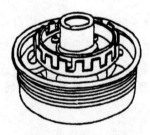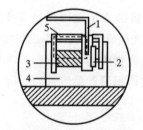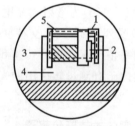

（a）霍尔元件结构示意图　　（b）触发叶片进入空气间隙,　　（c）触发叶片离开空气隙,
　　　　　　　　　　　　　　　　霍尔元件中的磁场被旁路　　　霍尔元件被磁场饱和

1—信号轮的触发叶片;2—霍尔元件;3—永久磁铁;4—底板;5—导磁板
图 5-10　霍尔转速传感器

5.1.2　数字式频率计

　　数字式频率计是一种测量频率和时间的电子仪器,它能完成频率、时间、周期的测量以及计数等功能。

1. 频率测量原理

　　实现频率测量,首先必须将各种传感器输出的电脉冲信号,通过波形变换电路,使其变成规则的矩形脉冲信号,便于计数。同时也必须有一个时间基准或时标信号,该时间基准通常是由石英晶体振荡器所发出的高精度及高稳定度的频率信号,再经过一系列的分频器分频而获得。另外还应有一个可对脉冲信号进行计数的计数器。

图 5-11 为测量频率的工作原理图。被测信号频率 f 经放大器放大和整形后,被输入计数闸门,来自分频器的时标信号通过时基选择开关 $t_1 \sim t_5$,将选用的时标信号作为控制信号控制闸门的开启。当闸门处于开启状态时,脉冲信号就由 A 点进入到计数器中计数,经时间 t 后,闸门关闭,脉冲信号被阻断。图中控制电路可对计数器数码管读数定时清零,以便实时反映出当前的脉冲信号频率。

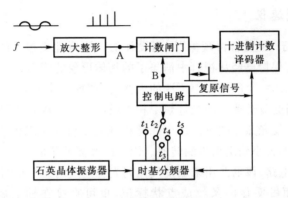

图 5-11　频率测量原理图

被测轴转速的一般表达式为

$$n = \frac{60N}{mt} \tag{5-4}$$

式中:n 为被测轴转速,r/min;m 为旋转轴每转一圈由传感器发出的信号个数,对于透射式光电传感器来讲就是圆盘上透光孔数,对于磁电式和霍尔式传感器来讲就是齿轮的齿数或信号轮触发叶片的个数;t 为频率计测量信号的时间间隔,s;N 为在时间间隔 t 秒内频率计所显示的信号个数。

由于闸门开启时间并不与被测信号同步,闸门关闭时间也未必恰好在最后一个脉冲信号结束之前,因此数字式计数器的读数误差被定义为 ± 1 个字。当转速较高时,N 值很大,± 1 个字的误差相对来说较小;但当转速较低时,N 值很小,这时相对误差就会变大。如果 $N=2$,那么 ± 1 个字的误差就达 50%。从道理上讲,可以通过增加测量时间 t 和旋转轴每转一圈由传感器发出的信号个数 m 来减少相对误差,但在工程中这种做法是有限的,因此在测量低频信号的频率时一般采取另一种方法——周期测量法,简称测周法。

2. 周期测量原理

在转速较低时,为了提高测量精度,常采用周期测量法。在测周法中,只要将图 5-11 中 A、B 两个通道交换位置,让被测信号来控制计数闸门的开启,而使仪器内石英晶体振荡器所产生的高频信号进入计数器。这样在闸门开启的时间间隔内,计数器就显示出晶体振荡器发出的标准时间信号数。这个功能在数字式频率计中可通过仪表面板上控制开关的转换来实现。

若显示器的读数为 N,标准时间信号的周期为 t_0,则被测信号的周期 t_x 为

$$t_x = Nt_0 \tag{5-5}$$

被测信号的频率 f 为

$$f = \frac{1}{t_x} \tag{5-6}$$

例如：在一转动轴上安装了光电传感器，其轴每转一周产生一个脉冲信号，若振荡器产生的高频信号频率为 2 MHz，则 t_0 为 $1/2\ \mu s$，那么当计数器显示 2×10^6 次时就表示该轴每秒转一周，转速为 60 r/min。

5.1.3　闪光测速仪

闪光测速仪是基于"视觉暂留现象"原理设计的。该原理是指人的眼睛在很短的时间内（约 $1/15 \sim 1/20$ s），有保持已经从视野中消失了的物体形象的能力。

根据这个原理，如用一个闪光频率可调的闪光灯，照射一个旋转的圆盘，并在圆盘上预先做明显的标记，那么当圆盘转速与闪光灯频率相等或成一个倍数时，圆盘上的标记每次都转到同一个部位，闪光灯才发光照亮圆盘。这个标记在视觉中就会呈现出静止不动的状态。这样就可以根据发光频率的大小确定出被测转速。因此闪光测速仪的核心电路是一个频率可调并可显示其读数的振荡电路，该电路用来触发气体闪光管连续闪光。在测量中，可以在转动轴端布置一个圆盘，在上面做明显的条纹或点状标记，也可直接在轴上做标记，圆盘图样如图 5-12(a)所示。

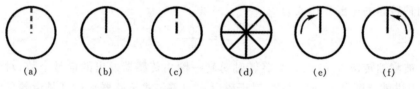

(a)　　　　(b)　　　　(c)　　　　(d)　　　　(e)　　　　(f)

图 5-12　频闪图像

测量时，使光照射在圆盘上，并逐渐调节闪光频率，直到闪光频率 f 与转速 n 同步，此时可看到一条明显的条纹，如图 5-12(b)所示，这种状态称为单定像。应当注意，当闪光频率等于转速的 $1/N$ 数值时，同样会出现上述的单定像，只是该条纹的光亮度要小于同步时的亮度，且 N 越大，亮度越低，如图 5-12(c)所示。另一种情况，当闪光频率等于转速的 N 倍，条纹数也就由一条变为 N 条，如图 5-12(d)所示，我们称这种情况为 N 重定像。另一有趣的现象是，如 $n > f$，则看到旋转方向同轴的转动方向相同，如图 5-12(e)所示；若 $n < f$，则看到旋转方向与轴转动方向相反，如图 5-12(f)所示。

闪光测速仪的特点是：不接触测量物体、测量精度高、量程范围宽，可完成每分钟几百至几十万转的转速测量。

5.1.4　机械式转速表

常用的机械式转速表有离心式和钟表式。离心式转速表具有结构简单、使用方便、价格便宜等优点，因此虽然测量精度低，但目前仍广泛地使用着。不过由于它的测量方法为接触式，在测量中会消耗轴的部分功率，因而使用范围受到一定的限制。

离心式转速表是利用旋转质量 m 所产生的离心力 F，与旋转角速度成比例的原理制成的测量仪表,其结构如图 5-13 所示。测量时,旋转轴随被测轴一起旋转,质量 m 所产生的离心力 F 的大小由下式决定

$$F = mr\omega^2 = mr(\frac{\pi n}{30})^2 \qquad (5-7)$$

式中:m 为旋转体的质量,kg;r 为重块 m 的重心至转轴中心的距离,m;ω 为旋转角速度,1/s;n 为旋转轴的转速,r/min。

由式(5-7)可知,离心力 F 的大小与转速的平方成正比,所以转速的测量实质就是离心力 F 的测量。

在图 5-13 中,当重块 6 在转轴 2 的带动下旋转时,在离心力 F 的作用下就向外散开,并使得滑块 1 向上移动,通过传动齿条 5 带动指针 4 转动,与此同时,向上运动的滑块 1 压缩弹簧 7,直至弹簧的反作用力与拉杆受离心力 F 沿轴的轴向分力相平衡时,指针 4 就停止转动。根据指针转过的角度,就可以指示出转速的大小。指针的位置与转轴的旋转速度一一对应。因此,可在经过标定的刻度盘上直接读出被测轴

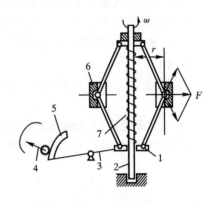

1—滑块;2—转轴;3—杠杆;4—指针;
5—齿条;6—重块;7—弹簧

图 5-13　圆锥形离心转速表原理

转速的大小。这种转速表测量范围为 30~20 000 r/min,测量误差为 ±1%。使用中,只要将转速表旋转轴顶在被测轴旋转面上,靠摩擦力的带动便可工作,直接读出读数。

钟表式转速表的工作原理是利用在一定时间间隔内,如 3 s、6 s 等,记录下旋转轴转过的圈数来测量转速。它所测量的是某段时间内的平均转速值,这种转速表的测量范围可达 5 000 r/min,测量精度为 ±(0.1%~0.5%)。它的使用方法与离心式转速表相同。

5.1.5　发电式转速表

发电式转速表由测速发电机和显示仪器组成。测速发电机的转子与被测轴连接,当测速发电机的转子随被测轴一起转动并切割磁力线时,在转子线圈中就感应出电动势 E,E 的大小由下式决定

$$E = K\Phi Nn \qquad (5-8)$$

式中:K 为与测速发电机结构有关的常数;Φ 为磁通量,Wb;N 为线圈匝数;n 为被测轴转速,r/min。

从上式可知,当磁通量 Φ 一定时,感应电势 E 与转速 n 成正比,因此根据 E 的大小可确定转速 n。感应电势 E 的大小由磁电式伏特计来测量。

测速发电机有直流和交流两种。由于直流发电机的整流子容易产生干扰信号,也较易出故障,故常采用交流测速发电机。测速电机在使用时容易受环境温度、湿度及电方面的干扰,其误差约为 1%~2%,测速范围在 5 000 r/min 以下,并且要吸收掉一部分被测轴的旋转功率,在一般稳定转速测量中用得不多,但在瞬变转速的测量中却有反应快、信号易于采集记录等优点。

5.2　功率测量

功率是表征机械和动力机械性能的一个参数,对不同的机械,其功率的含义不同。如机床的功率是指切削功率,即各切削分力消耗功率的总和;内燃机和涡轮机的功率是指单位时间发出的功;压缩机和风机的功率是指单位时间所吸收的功。功率的测定方法应根据具体的实验对象来确定。

发电装置往往通过测量电机的电功率来确定其输出功率,即

$$N_e = KIU \quad (\text{W}) \tag{5-9}$$

式中:K 为功率系数;I 为输出电流,A;U 为输出电压,V。

机床等加工机械切削功率的测量则通过切削力 F_z 和切削速度 v 的乘积而获得,即

$$N_e = \frac{F_z v}{6 \times 10^4} \quad (\text{kW}) \tag{5-10}$$

式中:F_z 为切削力, N;v 为切削线速度,m/min。

切削力可通过测力仪测出,如机械式测力仪、油压式测力仪和电测力仪等。目前使用较多的是电测力仪,如电阻应变式、电压式和电容式等。

对于大多数以轴作为输入和输出装置的动力机械来说,其轴功率一般由输出扭矩 M_e 和角速度 ω 的乘积获得。即

$$N_e = M_e \omega = \frac{2\pi M_e n}{60 \times 10^3} \quad (\text{kW}) \tag{5-11}$$

式中:M_e 为扭矩,N·m;ω 为角速度, rad/s;n 为转速,r/min。

转速的测量可采用前面所述的各种转速测量方式进行,扭矩的测量则要通过扭矩仪或测功器进行测量。

5.2.1　扭矩测量的一般概念

扭矩测量的原理是通过测量轴、特制的联轴节或实际传动轴等传递扭矩的零件,在扭矩的作用下所产生的扭转变形来测量扭矩的。扭矩传感器是扭矩仪的核心器件,尽管目前各种测量扭矩的扭矩传感器形式、结构各异,但都是通过测量轴扭转角 φ 或轴表面切应力 τ 这两个量来确定扭矩 M_e 的。以测量切应力 τ 为主要特征的扭矩传感器有电阻应变式、磁致伸缩式等,而以测量轴扭转角 φ 为特征的扭矩传感器有相位差式、弦振动式等。

由材料力学可知,轴在受到扭矩作用时的扭转角 φ 或剪切应力 τ 与它所传递的扭矩有线性关系

$$\varphi = \frac{M_e l}{G I_p} = \frac{32 M_e l}{\pi d^4 G} = K_1 M_e \tag{5-12}$$

$$\tau = \frac{M_e d}{2 I_p} = \frac{16 M_e}{\pi d^3} = K_2 M_e \tag{5-13}$$

式中:φ 为受扭轴段两截面相对扭转角;K_1、K_2 为常数;M_e 为转轴所受的扭矩;G 为剪切模量;I_p 为极惯性矩;d 为轴外径;l 为受扭轴段的长度。

由上面两式可以看出,对几何尺寸固定的转轴来说,只要测出 φ 或 τ,便可以求得扭矩 M_e。

5.2.2　应变式扭矩传感器

1. 应变式扭矩传感器的结构特点

应变式扭矩传感器是利用应变原理来测量扭矩的。当被测轴受到扭矩时,产生切应力,而最大切应力发生在轴的外圆周面上,两个主应力分别与轴线成 45° 和 135° 的夹角。因此把应变片贴在主应力方向上,测出应变值,从而测出扭矩。从工作原理来看,只要沿被测轴偏角 45° 和 135° 方向(见图 5-14)并接入到应变仪的半桥工作电路中,仪表指示的应变量就是剪切应变值,由该剪切应变值可换算到被测扭矩值。在工程应用中,为了提高扭矩传感器的综合技术指标,常采用下述措施。

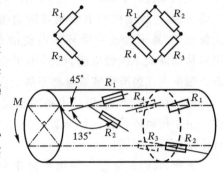

图 5-14　应变片扭矩传感器贴片方式

(1) 以 90° 的间隔在圆周方向布置四只应变片(见图 5-14),并以全桥方式接入到应变仪电路中,以提高测量的灵敏度。

(2) 当被测轴为细长轴时,为了避免圆周方向四个应变片布置时空间位置拥挤,可将应变片沿轴向错落分散布置。

2. 旋转体上电信号的传递

旋转体上电信号的传递问题是一个具有普遍意义的技术问题,应变式扭矩传感器的电信号传递就是其中较为典型的一例。目前旋转体上电信号的传递方式分为两类:一类是接触式传递方式,主要采用各种结构形式的集流环将电信号从旋转轴上传出;另一类是非接触式传递方式,在这种传递方式中,一固定在旋转轴上的发射装置将电信号转换成被调制的载波信号,并经天线发射出去,由另一接收天线接收、解调、还原成与被测量相关的信号。接触式传递方式结构简单,在测量中应用较为广泛。这种信号传递方式中的关键部件是集流环,如图 5-15 所示。在扭矩轴 1 的外径上装一绝缘套管 3,应变片组 2 的引线连接在绝缘套管 3 的滑环 4 上,电刷 5 被紧压在滑环上,电信号就通过电刷连接在测试仪器上。在应变测量中,应变片的电阻变化十分微小,这意味着集流环装置在旋转过程中的接触电阻变化一定要十分微小,才不致引入较大的测量误差,为此常采用以下措施:滑环采用低电阻值的银或镀银铜环,电刷多用

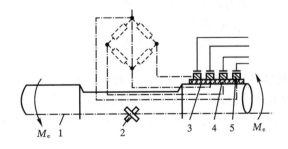

1—扭矩轴;2—应变片;3—绝缘套管;4—滑环;5—电刷

图 5-15　应变片扭矩传感器径向刷式集流环示意图

银石墨电刷,电刷与滑环间还要保持适当的压力,并要求防尘。另外,对滑环表面光洁度、不圆度都有较高要求。

　　上述结构形式被称为径向刷式集流环,这种工作方式的接触电阻变化较大,仅可用于低速工作。如果将电刷与滑环的接触面由轴圆周面转移到轴端面,则构成了端面刷式集流环,如图 5-16 所示。对于直径尺寸较大的旋转轴,这种结构的电刷相对滑动线速度低于径向刷式集流环,易于实现一滑环多电刷的布置(图中为二电刷),从而降低了接触电阻,故适用于转速较高的工作状态。端面刷式集流环装置虽然不失为在旋转轴上传输电信号的一种有效方法,但却不易用于应变式扭矩传感器。这是由于扭矩传感器往往布置在原动机与负载之间,无自由端面可供使用。

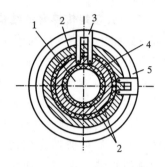

1—旋转轴引出轴;2—滑环;
3—电刷;4—绝缘层;5—固定套
图 5-16　端面刷式集流环

　　下面,我们来介绍一种用水银作为运动部件与固定件之间导电介质的水银槽式集流环。在图 5-17 中,扭力轴 1 上的四根应变片 2 引线分别连接到被绝缘层 5 隔开的内运动环 3 上,外固定环 7 上的引线 6 与仪表电路相连接,在内外环的间隙中充满液体水银 4 作为导电介质。由铝锰青铜制成的内运动环与外固定环表面经特殊处理后与汞有很好的亲润性,当内运动环随扭力轴转动时可保持良好的导电性。这种水银集流环的内外环接触电阻比前述刷式集流环小一个数量级,在运动过程中接触电阻的变化量很小,所以可用于每分钟数千转的高速转轴的扭矩测量,这种集流环存在有害水银蒸气的慢泄露及长时间运转后需补充水银等不足之处。

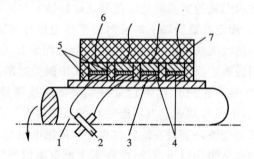

1—扭力轴;2—应变片;3—内运动环;4—水银层;
5—绝缘层;6—引线;7—外固定环
图 5-17　水银槽式集流环

　　集流环是在各种旋转机构中实现应变片测量技术的重要器件,目前已有商品化的规格可供选择。以国产 J 型集流环为例,在由 120 Ω 电阻组成的一全桥电路中,因接触电阻变化所引起的电桥不平衡输出折算的微应变量小于 ±5 个微应变。表 5-1 是这种集流环的主要技术指标。

表 5 - 1 J 型集流环主要技术指标

型号	环数/个	适用轴径/mm	转速/(r・min⁻¹)	绝缘电阻/MΩ
J30 - 5	5	φ15～30	3000	300
J55 - 5	5	φ30～55	3000	300
J85 - 5	5	φ55～85	2000	300
J140 - 5	5	φ110～114	1000	300

应变式扭矩传感器的主要技术指标大致是:转矩过载能力 20%～25%;非线性度 0.2%～1.0%;滞后量 0.2%～1.0%;零点漂移 0.01%/℃～0.02%/℃;较低转速时引电器接触电阻的变化引起的误差为 0.3%～0.5%。其最高工作转速受到引电器炭刷和滑环间的滑移线速度的限制,且与转矩量程有关,量程越大,允许的最高工作转速越低,大致在 1 500～9 000 r/min 之间。

5.2.3 相位差式扭矩仪

相位差式扭矩仪是利用中间轴在弹性变形范围内,其相隔一定长度的两截面上所产生扭转角的相位差 $\Delta\theta$ 与扭矩 M_e 成正比的原理制造的,其工作原理如图 5 - 18 所示。在转轴 1 相距 l 的两截面上,装有两个构造和性能相同的传感器 2 和 3。传感器一般为磁电式或光电式传感器。使用时,轴每转一转,传感器就产生一列脉冲信号,当轴受到扭转而产生扭转变形时,上述两个传感器输出的信号间出现一个相位差 $\Delta\theta$,该相位差 $\Delta\theta$ 与轴段所受扭矩 M_e 成正比。使用专用电子测量电路即可精确测得这个相位差 $\Delta\theta$,从而获得扭矩值。

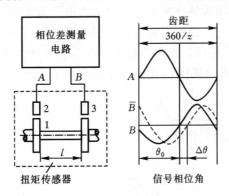

1—转轴;2、3—传感器

图 5 - 18 相位差式扭矩仪工作原理图

在该扭矩测量中存在这样一个问题:当轴转速较低时,磁电式传感器所感应出的信号较弱;另一方面,当需要对扭力轴进行静态标定时,轴是静止不转的,因而无信号输出。为解决这一问题,在实际的扭矩传感器中,磁电式传感器被固定在一个旋转的支架上,由电机带动这个支架朝扭力相反的方向绕轴线运动,这样就使轴在受静态扭矩或在低速时有足够的输出信号。相位差式扭矩传感器是由两个输出信号之间的相位差来确定扭矩的,其中任一输出信号的频率都可以同时用来确定轴的转速。

　　商品化的相位差式扭矩传感器都有与之配套的二次仪表,可用数字直接显示出扭矩值和转速值,其测量范围可由 1 N·m 到数千 N·m。这种扭矩仪工作可靠,抗干扰能力强,稳定性好,测量精度高,在动力机械实验中得到广泛的应用。

　　由于扭矩仪是安装在原动机与负载之间的仪器设备,它起着传递扭矩的作用。因此在安装时,扭矩仪的轴心线要绝对保证同原动机轴心同轴。这就对各轴的同心度、平衡度、轴端面的垂直度均有很高的要求,同时还要考虑振动对扭矩仪的影响。否则,扭矩仪的扭力轴会产生附加力矩,不仅会影响测量精度,还会造成轴的疲劳损伤。因此,扭矩仪的安装应严格遵照说明书的要求由熟练的技术人员进行。

5.3　测功器在发动机功率测量中的应用

　　由发动机输出轴上所发出的功率称为有效功率。如果测量出发动机输出轴上的有效扭矩 M_e,并测出此时的转速 n,则发动机的有效功率可由式(5-11)求得。

　　发动机的输出扭矩一般是用吸收式测功器来测量的。所谓吸收式测功器是指不仅能完成扭矩测量而且能将发动机所发出的功率吸收掉的仪器。常用的吸收式测功器有水力测功器、电力测功器和电涡流测功器。在发动机台架实验中,如果用测功器作为负载(吸收发动机所发出的功率),则也可采用前述的各种扭矩仪来测量扭矩。

5.3.1　水力测功器

1. 工作原理

　　水力测功器工作时,利用物体在水中运动所受到的阻力来对输出功率的动力机械施加反扭矩,从而吸收功率。水力测功器的主体为水力制动器,制动器由转子和外壳组成。图 5-19 为水力测功器工作原理结构简图。水流通过入口进入水力测功器水腔中,水力测功器壳内设有定搅棒 1,转子轴上固定有动搅棒 2,搅棒的作用增加了水对旋转轴的阻力。当转子轴 5 随

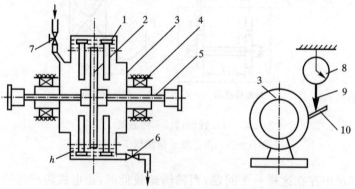

1—定搅棒;2—动搅棒;3—外壳;4—滚动轴承;5—转子轴;
6—出水阀门;7—进水阀门;8—表盘;9—测力机构;10—力臂
图 5-19　水力测功器工作原理示意图

发动机一起旋转时（水力测功器的转子轴与发动机轴用联轴节联接），在离心惯性力的作用下，水被甩向水腔外缘，形成厚度为 h 的水环，并将发动机所发出的扭矩传递给外壳 3。外壳由滚动轴承 4 支撑，因而可以自由摆动，外壳上有一力臂 10。测力机构 9 将制动力通过力臂 10 转换为制动力矩作用于水力测功器外壳，同时从表盘 8 上指示出力的大小（在力臂为一定值时，即可显示出扭矩值）。

当外壳平衡时，测功器对旋转轴所施加的阻力矩（或称制动力矩）等于动力机械的输出扭矩 M_e，即

$$RP = M_e \qquad\qquad (5-14)$$

式中：R 为传动臂长或力臂，m；P 为制动力，N。

将式(5-14)代入式(5-11)得

$$N_e = RP \frac{2\pi n}{60 \times 10^3} = \frac{RPn}{9.549 \times 10^3} \qquad\qquad (5-15)$$

如果取力臂 R 的长度为 0.5545 m，则可得到一个简洁的数字表达式

$$N_e = \frac{Pn}{1\,000} \qquad\qquad (5-16)$$

在实际的测功器结构中，力臂不是简单的一根长为 R 的杆，而是一套由齿轮、杠杆等部件组合的复杂的磅秤机构。通过这套机构可以从测功器上的表盘指针直接读出所测的力矩值。有些水力测功器采用压力传感器来感受力 P，测量精度得到了提高，且易于实现电控。

在主轴转速一定的条件下，水层厚度越大，测功器对发动机所施加的阻力矩就越大，水层厚度可以通过进水阀和排水阀来控制，这样发动机的输出功率经水分子间相互摩擦变成热量而消耗掉。摩擦所产生的热引起水的温升，如果水温过高，则会在水中产生气泡，这样将使得测功器工作不稳定，因此一般排水温度要限制在 $50\sim70$ ℃。

2. 特性曲线

水力测功器的特性曲线就是它的工作范围曲线，该曲线给出了在不同转速条件下，水力测功器所能吸收功率的范围。图 5-20 是水力测功器的特性曲线图，图中的封闭曲线由五个线段组成，各线段所表示的含义如下。

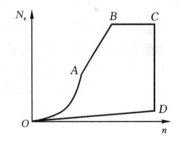

图 5-20　水力测功器特性曲线

OA 段：最大水层厚度线。此时，测功器中水层厚度最大，$h = h_{max}$，这是一条三次方曲线。它表明测功器所吸收的功率随转速 n 的变化。

AB 段：最大制动扭矩线。最大制动扭矩受测功器中转动部件强度的限制。沿着 AB 线，若要通过提高转速来增大其吸收功率的能力，则必须减小测功器内水层厚度。

BC 段：等功率曲线。它表明水温达到最高允许值时，测功器所能吸收的功率。沿 BC 线，减小水层厚度可以增加转速。

CD 段：最高转速线。它受测功器转动部件离心力负荷的限制。

DO 段：空载线。此时水力测功器中水层厚度 h 为零，该线由空气阻力及转动部件轴承的摩擦阻力所决定。

测功器的特性曲线 $OABCDO$ 所包围的区域表示了该水力测功器所能吸收的功率范围。

只要某一被测发动机的输出功率特性曲线完全落在该区域之内，便可以选用该水力测功器来对其进行功率的测量。

水力测功器具有结构简单、工作可靠、价格便宜、功率储备大、使用方便等特点，但由于水力测功器在低速时的吸收功率同转速的三次方成正比，因而当发动机转速较低时制动力矩比较小，这是它的一个缺点。为了测量较低转速的发动机输出功率，往往要选用水力测功器的最大吸收功率大大超过发动机的额定功率。

5.3.2　电力测功器

电力测功器既可用作发电机吸收发动机的输出功率完成对其输出功率的测量，又可作为电动机用于驱动发动机。在作为吸收式功率测量时，直流电力测功器的转子随发动机一起旋转，电枢绕组切割定子绕组所组成的磁场，在电枢绕组中产生相应的感应电势和感应电流，即将发动机所发出的动能转变成发电机的电能，该电能一般通过电路中的负载电阻消耗掉。在测功器作为电动机使用时，电枢绕组有电流流过，此时，它在磁场中将受到电磁力的作用而转动，产生驱动力矩，带动发动机运行。

电力测功器分为交流与直流两种。交流电力测功器可以将测功器发出的电能回收而加以利用，因此常用于大功率发动机长时间实验（如耐久实验）；直流电力测功器由于结构方面的限制，其功率容量均较小，只能满足中小功率发动机实验，且在一般情况下测功器发出的电能消耗在负载电阻上而不加以利用。

电力测功器与水力测功器相比有许多优点，特别是在低速时，其制动力矩与转速的平方成正比，因此在低速运行时有较大的制动力矩，故而测量精度高。另外它还可以作为电动机倒拖发动机，这对于发动机实验的进行很有必要，因为利用它可进行发动机的冷磨合和启动，并且可以很方便地测定发动机的机械效率。

1. 直流电力测功器的工作原理

电力测功器一般采用平衡式的工作方式。图 5-21 是平衡式直流电力测功器的结构简图。它主要由转子 1、电枢绕组 4、外壳 2 和激磁绕组 3 组成。它与普通发电机或电动机的主要区别在于其定子外壳 2 被支撑在摆动的轴承上，它可以绕轴线自由摆动。在定子外壳上固定有力臂 6，它与机械式测力机构 5 或力传感器相连，用以测定扭矩。

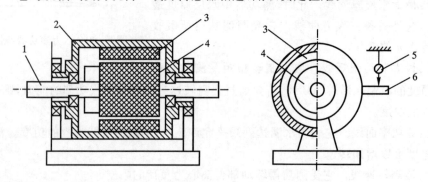

1—转子；2—外壳；3—激磁绕组；4—电枢绕组；5—测力机构；6—力臂

图 5-21　平衡式直流电力测功器的结构简图

直流电力测功器的转子随同动力机械一起旋转时,电枢绕组切割定子绕组所形成的磁场,在电枢绕组中产生的感应电势 E 为

$$E = C_s \Phi n \tag{5-17}$$

式中:C_s 为常数;Φ 为磁极的磁通量;n 为电枢转速。

当电枢绕组有电流流过时,它在磁场中将受到电磁力的作用。如此时测功器作为发电机使用,其电枢绕组所受的电磁力产生与转向相反的电磁力矩——制动力矩,该力矩传递给外壳,此时外壳将产生一个与电枢转子大小相等、方向相反的阻力矩,该阻力矩的大小即可用测力机构测出。如电机作为电动机,则电枢绕组所受的电磁力产生与转向相同的电磁力矩——驱动力矩,该力矩可直接用于发动机的启动或倒拖实验。

使用直流电力测功器,需要三相交流电动机提供直流电,以便向直流电机的电枢及激磁绕组供电,还要有大功率的负载电阻吸收电功率。在有些情况下,若希望对电能回收,还要考虑将测功器电机输出的直流电转变为交流电反馈回电网,因此其设备费用比较昂贵。

2. 直流电力测功器特性曲线

电力测功器的特性曲线如图 5-22 所示,各曲线的含义如下。

OA 段:最大激磁电流和最小负载电阻线,这是一条二次方曲线。它表明测功器所吸收的功率随转速 n 的变化。

AB 段:最大制动扭矩线。它由电机电枢最大许可电流所决定,在转速升高时,可以通过调节负载电阻来降低电枢中的电流。

BC 段:最大功率曲线。由电机的功率容量来决定。

CD 段:最高转速线。由电枢绕组所能允许的最大离心负荷的转速决定。

DO 段:空载线。此时激磁电流和电枢电流均为零,该线由空气阻力及转动部件轴承的摩擦阻力所决定。

电力测功器与动力机械匹配的原则同水力测功器一样。

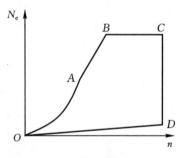

图 5-22 电力测功器特性曲线

3. 交流电力测功器

从能量回收的角度看,直流电力测功器无法直接在测功时将原动机的功率转变为电能输送到电网中去。为了解决这个矛盾,一种方案是在直流测功器装置中再设置交流机组,用直流发电机带动一直流电动机,再由该直流电动机拖动交流发电机发电并网,来完成能量回收的任务。另一种方案是直接采用交流电力测功器。在电力测功器中应用交流电机所存在的问题是,交流电机较大范围内转速及负荷的调节比直流电机调节困难得多,需配备专用的装置。

在测功器作为发电机使用时,原动机的转速必须高于发电机的同步转速才能发电,所以,若要在较宽的转速范围内均可以向电网反馈电能,需配置变频设备,这将使测功器的成本提高。

目前,在测功器中采用了一种新型交流调速电机,它是一种可控硅无整流子电机,简称 SRC 电机。它具有直流电机的调速性能,即只要改变电压或激磁电流的大小,便可在广阔的范围内进行无级调速,且调速精度高,反应速度快。采用 SRC 电机的测功器既可作电动机又可作发电机反馈电能,并且它的转速-扭矩、转速-功率的特性可以任意调节,是一种理想的测功器。

5.3.3　电涡流测功器

　　电涡流测功器具有结构简单、控制方便、测量精度高、转速范围和功率范围宽等特点,并且只用很少的电能就可以控制较大的制动力矩,其消耗功率仅占制动功率的 0.5%~1%,因此不仅可供发动机作为测功设备,并且能满足燃气轮机的测功要求。电涡流测功器的工作转速范围为1 000~25 000 r/min,最大制动功率可达数兆瓦,很容易实现自动控制。但此种测功器只能吸收原动机的功率使其全部转化为热能,而不能发出电力,也不能作为电动机驱动发动机工作。

1. 电涡流测功器的工作原理

　　置于交变磁场中的金属内部会感应出闭合电流,这种闭合电流就称为电涡流。电涡流测功器就是利用电涡流的形成吸收动力机械的输出功率。图 5 - 23 是电涡流测功器结构简图。它主要由定子磁轭 1、感应子 2、涡流环 3 和激磁线圈 4 组成。电涡流测功器产生制动力的原理是,当激磁线圈通以直流电时,磁力线便由感应子、空气隙、涡流环、定子磁轭等形成闭合回路。在磁力线回路中,磁轭和感应子均由高导磁材料制成,而涡流环由高导磁低电阻值的材料制成,其磁阻和电阻均很小,因此整个磁路中磁阻的大小主要取决于空气隙厚度的变化。因感应子的外圆制成凹凸齿状,在齿顶处的空气隙 l 很小,其磁通密度很大;齿槽处的空气隙 L 大,其磁通密度很小。当感应子旋转时,由于磁阻的变化,穿过涡流环的磁通密度不断增减变化,于是在涡流环表面便产生强烈的电涡流,在此过程中电能被转化为热能,因此,必须对涡流环进行冷却。与电力测功器相同,由于定子磁轭是固定在外壳上的,因此在外壳上将产生一个与感应子大小相等而方向相反的阻力矩,该阻力矩的大小同样可用测力机构测出。

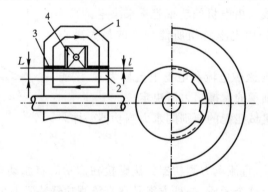

1—定子磁轭;2—感应子;3—涡流环;4—激磁线圈

图 5 - 23　电涡流测功器结构示意图

2. 电涡流测功器的特性曲线和控制

　　电涡流测功器的特性曲线同水力、电力测功器特性曲线的不同之处在于:它所施加的制动力矩与转速和激磁电流呈现非线性的关系。图 5 - 24(a)、(b)分别为电涡流测功器的扭矩及功率的特性图。由图 5 - 24(a)可见,当激磁电流 I 不变时扭矩随转速 n 提高到一定程度后便几乎不变化了,我们称这种现象为扭矩饱和现象。同样,当转速 n 不变时,激磁电流上升到某一值后,磁路饱和,扭矩也几乎没什么变化了。同水力测功器的分析一样,图 5 - 24(b)中由OABCDO 所包围的面积便是电涡流测功器的工作范围。其中:

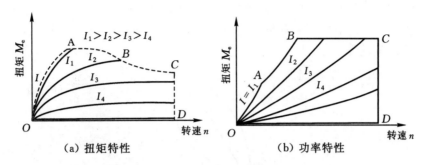

图 5-24　电涡流测功器的电流控制特性

OA 段：激磁电流最大时，功率 N_e 随转速 n 上升的曲线，该线取决于激磁线圈的额定值。

AB 段：最大制动扭矩线。

BC 段：最大功率曲线，受涡流环冷却条件所限。

CD 段：最高转速线，决定于转子等机械部件的强度。

DO 段：空载线，激磁电流为零时的最小制动功率线。

　　上面所介绍的特性曲线，是电涡流测功器的基本特性，也称为电流控制特性。但是电涡流测功器的这种控制方式对于实验来说也有不便之处。由图 5-24(a)可见，这种曲线有等扭矩的特点，即扭矩曲线在较宽的转速范围内几乎不变化。因此，若想通过电涡流测功器中唯一可调节的激磁电流大小来使转速保持定值便比较困难，而定转速调节正是我们进行发动机负荷特性实验中所要求的。因此除了上面的电流控制特性外，在电路方面采取一些措施，便可以得到电涡流测功器的另外两种特性：定转速控制特性和综合控制特性。

　　定转速控制特性通过一套自动控制系统，利用转速的微小变化信号来控制激磁电流以达到稳定转速的目的，如图 5-25 所示。这种制动力矩对转速的波动十分敏感，很适合对原动机等速运转过程进行性能实验。但对另外一些性能实验来说又有不便之处，例如在内燃机特性实验中，我们希望测功器对发动机所施加的制动力矩随转速的增加而有适当的增加，增加量过大或过小都会给调节带来不便，定转速控制特性无法满足这种要求。而这种要求可由综合控制特性来实现，综合控制特性是将定电流控制和定转速控制特性综合起来的一种控制特性，它可以满足内燃机各项特性的实验要求，并可以在测功器工作范围内的某一转速下，方便地获得与发动机输出扭矩相平衡的稳定的制动力矩。图 5-26 是电涡流测功器的综合控制特性曲线。

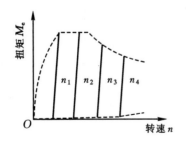

图 5-25　电涡流测功器定转速控制特性

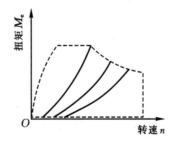

图 5-26　电涡流测功器的综合控制特性曲线

　　目前，国内生产的电涡流测功器均配有控制柜，可以分别给出定转速控制特性和综合控制特性以供使用时选择。

　　测功器的低速制动力矩是评价测功器的一个重要指标。图 5 - 27 给出了三种测功器低速制动力矩的比较。由该曲线可知,就低速制动性能来讲,电涡流测功器最佳,其次是电力测功器,最差的是水力测功器。

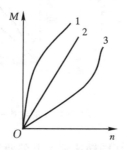

1—电涡流测功器;2—电力测功器;3—水力测功器
图 5 - 27　三种测功器制动力矩比较

　　关于测功器的其它性能详细说明可参考有关资料。表 5 - 2 给出了选择测功器的一般原则性意见,仅供参考。

表 5 - 2　选择测功器的一般原则性意见

测功器名称	综合结构尺寸	应用功率范围	测量精度	适用转速范围	对安装及操作的要求	成本	低速制动力矩	工作稳定条件	其它说明
水力测功器	中	各种功率	1%~2%	中等转速	安装保养简单,操作方便	低	小	进水压头平稳	无
电力测功器	大	中小功率	0.5%~1%	中等转速	安装简单,操作方便,调节精细	高	中	电网电压稳定	可以回收能量
电涡流测功器	小	各种功率	2%(普通级) 0.5%~1%(精密级)	中高转速	冷却水和转子轴承精度等级要求高,精细保养	高	大	电网电压稳定	易于实现自动控制
各种扭矩仪	最小	各种功率	0.25%~1%	各种转速	安装要求高,否则引起附加力矩	较高			不可吸收功率,用于现场运行测量

5.4　电动机输入功率的测量

5.4.1　基本工作原理

　　驱动转动设备所用的电动机通常为三相交流电动机(使用 380 V 的电压),有些微小转动设备也采用单相交流电动机（使用 220 V 的电压）。对于单相交流电源驱动的设备功率的测量，仅使用一只单相功率表（亦称瓦特表）即可测量；而对于工业交流电动机驱动的转动设备输入功率的测量，通常用两只单相功率表（亦称两瓦特表法）测量。其工作原理如图 5-28 所示。

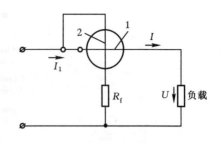

1—定圈；2—动圈

图 5-28　电动系功率表的原理图

　　功率表属于电动系仪表。它具有两个线圈：定圈和动圈。它们分别接在与负载串联和并联的支路内。电动系测量机构的定圈串联接入电路，通过定圈的电流就是负载电流，因此亦称定圈为功率表的电流线圈。电动系测量机构的动圈与附加电阻 R_f（为满足不同电压量限而设置）串联后，并联接至负载，这时动圈支路的电压就是负载电压，因此亦称动圈为电压线圈。

　　根据电动系仪表的工作原理，当其工作在直流电路上时，指针的偏转角 α 为

$$\alpha = K_p UI \tag{5-18}$$

当其在交流电路上工作时，指针的偏转角 α 为

$$\alpha = K_p UI \cos\varphi \tag{5-19}$$

上两式中：U、I 分别为负载的电压和电流；φ 为负载两端电压与电流的相位差角；K_p 为与 α 无关的常数。

　　可见，电动系功率表不仅可用来测量直流电路的功率，也可以用来测量正弦和非正弦的交流电的功率。

5.4.2　功率表的选择和正确使用

1. 功率表量限的正确选择

　　功率表通常做成多量限的，一般有两个电流量限，有两个或三个电压量限。

　　如图 5-29 所示，电流的两个量限是由电流线圈两个完全相同的绕组，采用串联或并联的方法来实现的。两个绕组串联时，电流量限为 I_m，并联时为 $2I_m$。图 5-30 表示用金属联接片来改变额定电流的方法。

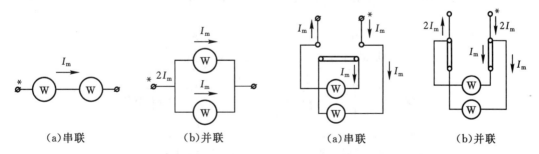

（a）串联　　　　（b）并联

图 5-29　多量限功率表的电流电路

（a）串联　　　　（b）并联

图 5-30　用连接片改变功率表的量限

　　功率表的电压量限，靠电压线圈串联不同的附加电阻来达到，如图 5-31 所示。图中功率表的电压线路有四个端钮，其中标有"＊"符号的为公共端钮。选用功率表中不同的电流和电压量限，可以获得不同的功率量限。

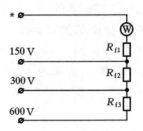

图 5-31　多量限功率表的电压线路

例如 D26-W 型功率表的额定值为 5/10 A 和 150-300-600 V,其功率量限可计算如下:在 5 A、150 V 时,量限为 $5 \times 150 = 750$ W;在 5 A、300 V 或 10 A、150 V 时,量限为 $5 \times 300 = 1500$ W 或 $10 \times 150 = 1500$ W;在 5 A、600 V 或 10 A、300 V 时,量限为 $5 \times 600 = 3000$ W 或 $10 \times 300 = 3000$ W;在 10 A、600 V 时,量限为 $10 \times 600 = 6000$ W。

正确选择功率表测量量限,实际上就是正确地选择功率表中的电流量限和电压量限,务必使电流量限能容许通过负载电流,电压量限能承受负载电压,这样,测量功率的量限就自然能满足。反之,如果选择时,只注意测量功率的量限是否足够,而忽视电压、电流量限是否和负载电压、电流相适应,都是错误的。

2. 功率表的正确使用

(1) 功率表的接线规则。

从功率表的工作原理可知,功率表有两个独立支路,为了使接线不致发生错误,通常在电流支路的一端(简称电流端)和电压支路的一端(简称电压端)标有"＊""±"或"↑"等特殊标记,一般称它们为"发电机端"。

图 5-32 中表示了功率表的两种正确接线方式,它的正确接线规则如下:①功率表标有"＊"号的电流端钮必须接至电源的一端,而另一端钮则接至负载端。电流线圈是串联接入电路中的。②功率表中标有"＊"号的电压端钮可以接至电流端钮的任一端,而另一电压端钮则跨接到负载的另一端。功率表的电压支路是并联接入电路的。上述功率表的正确接线规则称为"功率表的发电机端的接线规则"。

由规则②可知,电压端钮有以下两种接线方法(见图 5-32)。

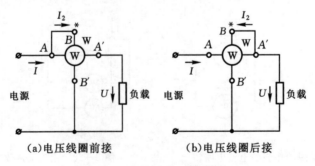

(a)电压线圈前接　　　　　　(b)电压线圈后接

图 5-32　功率表的正确接线方式

一种是功率表的电压线圈前接。在这种电路中,功率表电流线圈中的电流虽然等于负载电流,但功率表电压支路两端的电压等于负载电压加上功率表电流线圈的电压降,即在功率表的读数中多了电流线圈的功率消耗 I^2R_1（I 为负载电流，R_1 为功率表电流线圈的电阻）。因此这种线路比较适合于负载电阻远比功率表电流线圈电阻大得多的情况，这时功率表本身的功率消耗对测量的结果影响较小。

另一种是功率表的电压线圈后接。在这种电路中，功率表电压支路两端的电压虽然等于负载电压，但电流线圈中的电流却等于负载电流加上功率表电压支路的电流，即功率表的读数中多了电压支路的功率消耗 U^2/R（U 为负载电压，R 为功率表电压支路总电阻）。因此，这种电路比较适合于负载电阻远比功率表电压支路电阻小得多的情况，这时功率表的功率消耗对测量结果的影响较小。

（2）功率表的正确读数。

功率表的标度尺只标有分格数，并不标明瓦特数，这是由于功率表一般是多量限的。在选用不同的电流量限和电压量限时，每一分格则代表不同的瓦特数，用 c 来表示，称为功率表的分格常数，单位为瓦/格 。分格常数可由下式求得

$$c = \frac{U_\mathrm{m} I_\mathrm{m}}{n_\mathrm{m}} \tag{5-20}$$

式中：U_m、I_m 分别为该功率表的额定电压和额定电流；n_m 为该功率表标度尺满刻度的格数。

由此被测功率的数值为

$$P = cn \tag{5-21}$$

式中：P 为被测功率的瓦数，W；n 为指针偏转的格数。

例 5-1　测量某设备的功耗时，所用功率表的额定电压为 600 V，额定电流为 10 A，标度尺满刻度时的格数为 150，测量功率时，指针偏转的格数为 60，求负载消耗的功率。

解：先求分格常数

$$c = \frac{U_\mathrm{m} I_\mathrm{m}}{n_\mathrm{m}} = \frac{600 \times 10}{150} = 40\ （瓦/格）$$

则负载消耗的功率为

$$P = cn = 40 \times 60 = 2400（\mathrm{W}）= 2.4\ （\mathrm{kW}）$$

当应用功率表进行测量时，不但要记录功率表读数的格数，而且要记录所选用功率表的电压额定值、电流额定值和标度尺满刻度时的格数，以便计算出功率表的分格常数。

3. 功率表常见的几种错误接法

图 5-33 示出了功率表的几种错误接法，它们均违背了"发电机端的接线规则"。图 5-33（a）、（b）分别为电流端钮反接与电压端钮反接的接法。此时功率表的活动指针将会朝相反方向偏转，这样不仅无法读数，而且也易损坏仪表，这是不允许的。如果两对端钮同时反接（见图 5-33（c）），虽然指针不会反转，但由于附加电阻 R_f 很大，电压 U 几乎全部在电阻 R_f 上降落，在这种情况下，电压线圈和电流线圈之间的电压可能会很高。由于电场力的作用，将引起附加误差，并有可能发生绝缘被击穿的危险，所以也是不允许的。如果功率表的接线是正确的，但发现指针反转，这表明此时负载实际上含有电源，反过来向外输出功率，这时应将电流端钮换接，而不应换接电压端钮。

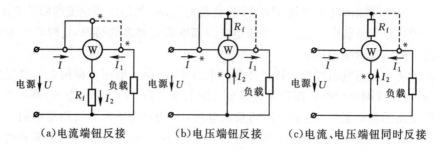

（a）电流端钮反接　　　　（b）电压端钮反接　　　（c）电流、电压端钮同时反接

图 5-33　功率表的几种错误接法

5.4.3　用功率表测量电动机的输入功率

1. 使用单相电源（220 V）电动机输入功率的测量

此种电动机的输入功率仅用一只功率表即可测量。其接线规则以及读数方法同前所述。

2. 使用三相三线制电路时的电动机输入功率的测量

实际上多采用"两功率表法"，简称"两表法"。用此法测量三相电路功率的接线方法如图 5-34 所示。

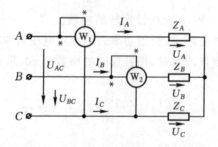

图 5-34　用两表法测量三相功率的线路

（1）两表法的接线规则：用两表法测量三相功率时，必须遵守下列接线规则。

①两功率表的电流线圈可以串接接入三相三线制电路的任意两线，使通过电流线圈的电流为三相电路的线电流（电流线圈的发电机端必须接到电源侧）。

②两功率表的电压支路的发电机端，必须接到该功率表电流线圈所在的线上；两个功率表的电压支路的非发电机端必须接到没有接功率表电流线圈的第三线上。

（2）两表法的读数：由电工学知，用两表法测量三相功率时，电路的总功率等于两个功率表读数的代数和，即 $P = W_1 + W_2$。也就是说，必须把每个功率表读数的相应符号考虑在内，这一点在测量时要特别注意。

下面讨论用两表法测量三相完全对称电路的功率的情况。设负载的阻抗角为 φ，相应的三相电路的矢量图如图 5-35 所示。每相的相电流滞后该相的相电压的相位

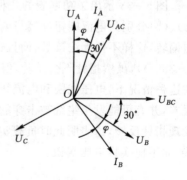

图 5-35　三相对称电路的矢量图

差为 φ（即 I_A、I_B、I_C 分别滞后于 U_A、U_B、U_C φ 角）。又由于线电压 U_{AC} 滞后于相电压 U_A（滞后 $30°$），线电压 U_{BC} 超前于相电压 U_B（超前 $30°$）。因此，U_{AC} 与 I_A 之间的相位差为 $30°-\varphi$，U_{BC} 与 I_B 之间的相位差为 $30°+\varphi$。这样两功率表的读数为

$$W_1 = U_{AC} I_A \cos(30°-\varphi)$$

$$W_2 = U_{BC} I_B \cos(30°+\varphi)$$

因此，在对称负载的三相电路中，两功率表的读数与负载的功率因数间存在着下列关系：

① 如果负载为纯电阻性的，$\varphi=0$，则两功率表的读数相等；

② 如果负载的功率因数等于 0.5，即 $\varphi=\pm60°$，这时将有一个功率表的读数为零；

③ 如果负载的功率因数小于 0.5，$|\varphi|>60°$，这时将有一个功率表的读数为负值。也就是说，在这种情况下，将有一个功率表出现反转。为了取得读数，这时就要把这个功率表的电流线圈的两个端钮对换，使功率表往正方向偏转，相应地，三相电路的总功率就等于功率表的读数之差。

思考题与习题

5-1 下列技术措施中，哪些可以提高磁电式转速传感器的灵敏度：

(1) 增加线圈匝数；(2) 采用磁性强的磁铁；(3) 加大线圈的直径；(4) 减小磁电式传感器与齿轮外齿间的间隙。

5-2 采用磁电式传感器测速时，一般被测轴上所安装齿轮的齿数为 60，这样做的目的是什么？

5-3 如图 5-36 所示三种传感器均可用于转速测量，试分析它们的工作原理。请列出前两种传感器脉冲频率与转速之间的关系。

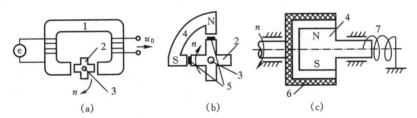

1—铁芯；2—齿轮（钢材）；3—转轴；4—永久磁铁；

5—霍尔元件；6—铝杯；7—螺圈弹簧

图 5-36　题 5-3 图

5-4 在测量一台计算机电源冷却风扇的转速时，应选择下述方案的哪一种，并提出具体测量方案：

(1) 机械式转速表；(2) 光电式转速传感器；(3) 磁电式转速传感器；(4) 闪光测速仪。

5-5 某些安装了旋转机械的厂房不允许使用日光灯照明，试解释其原因。

5-6 为什么对扭矩仪的安装质量要求很高？在安装扭矩仪时应注意哪些问题？不适当的安装会引起什么问题？

5-7 试述应变式扭矩仪及相位差式扭矩仪的工作原理及优、缺点。

5-8 比较所学过的各种测功器的特点、性能指标及应用范围。

5-9 在电力测功器中吸收功率的器件是大功率电阻器(见图 5-21)。有人认为,我们可以很精确地测量该电阻器端的电压和流过的电流,并计算出该电阻器消耗掉的功率,这样就可完成测量原动机输出功率的目的。请问,这种方案可行吗? 为什么?

5-10 在用霍尔式传感器进行转速测量时,已经测得在时间间隔 t 为 1 s 时频率计所显示的信号个数 N 为 120,已知当旋转轴每转一圈由传感器发出的信号个数 m 为 6,那么被测轴转速 n 是以下哪个:

(1)1200 r·min^{-1};　　　　　(2)120 r·min^{-1};　　　　(3)12 r·min^{-1};

(4)600 r·min^{-1};　　　(5)60 r·min^{-1}。

5-11 下列说法中正确的是哪一个:

(1)机械式转速表比光电式转速传感器测量转速的精度更高;

(2)磁电式转速传感器可以用于低转速或小扭矩转速的测量;

(3)光电式转速传感器可以用于低转速或小扭矩转速的测量;

(4)磁电式转速传感器不可以用于小扭矩转速的测量;

(5)光电式转速传感器不可以用于低转速或小扭矩转速的测量。

第 6 章

流速与流量测量

6.1 流速测量

流体速度的测量简单分为稳态和动态测量。稳态测量主要针对平稳流场进行,得到的是平均速度。动态测量得到瞬时速度,经过数据处理,进一步得到平均速度、脉动速度以及脉动速度分量的高阶相关项。速度的测量技术主要有:测压管法、热线/热膜风速仪技术、激光多普勒测速仪技术、粒子成像速度场仪技术等。测压管法适合测量高雷诺数下的平均速度,热线/热膜风速仪和激光多普勒测速仪技术更适合研究湍流的高频多尺度旋涡流动问题,而粒子成像速度场仪技术适合研究整场的流动问题。不同的测速技术有不同的测速原理。测压管法是最基本的流体测速技术,热线/热膜风速仪是典型的动态测速技术,本章主要讲述测压管法和热线/热膜风速仪技术。在本章最后一节介绍了激光多普勒测速仪技术。

6.1.1 测压管法测速原理

测量流体速度和压力的各种方法中,使用最为广泛的是"气压法",测量流体中传感器表面上一定点的压力,这种传感器称为测压管或压力探头。

根据伯努利方程,即理想流体绕物体流动位流理论,可知:当流体不可压缩(密度 ρ 为常数)时:

$$\frac{v_1^2}{2} + \frac{p_1}{\rho} = \frac{v_2^2}{2} + \frac{p_2}{\rho} = 常数$$

其中:v_1、p_1,v_2、p_2 分别是两个截面上流体的流速和静压力,则

$$p_0 = \frac{\rho}{2} v^2 + p_s$$

$$v = \sqrt{\frac{2}{\rho}(p_0 - p_s)}$$

$$(6-1)$$

在被流体绕流时,物体上有些点上流体完全滞止,即速度为零,这些点上的压力为滞止压力,也称为流体总压 p_0;同样另一类点,流体压力等于未扰动流体的压力(静压),这些点的压力是流体静压 p_s。因此我们可以通过两种方法测量总压、静压或两者之差:① 利用壁面静压孔或静压探针测量静压 p_s,总压探针测量流体总压 p_0;② 也可以专门设计流速探针,同时测量总压、静压或两者之差。这样利用式(6-1)可以求出流体流速。

对沿某一流线的绝热流动,当地马赫数为:$Ma = \frac{v}{a} = \frac{v}{v^*} \frac{v^*}{a}$,其中 v^* 定义为流线上临界点的流体速度,称为临界速度或临界音速。对绝热流动 v^* 是一常数,$v^* = \sqrt{kRT^*}$,T^* 为流线

上的滞止温度。v 为流线上某点的速度值,也称为当地速度。则定义速度系数为:$\lambda = \dfrac{v}{v^*} = $

$\sqrt{\dfrac{k+1}{k-1}\left(1-\left(\dfrac{p_s}{p_0}\right)^{\frac{k-1}{k}}\right)}$,其中 k 为绝热指数,p_s 为静压,p_0 为总压。在测压管法中,速度系数对探针的使用有影响,一般需要获得不同速度系数下探针的标定数据。

6.1.2 总压管和静压管

1. 测压管设计原则

(1)流体惯性不大时,测压管感受部分尺寸要小。

(2)对流动偏斜角的不灵敏度最大。

(3)校正系数稳定(马赫数 Ma 在较大范围变化时,校正系数不变)。

(4)测压孔到测压管转轴距离最小。

(5)强度大,耐冲击性强。

(6)工艺性好,制作简单。

2. 总压管(总压探针)

(1)L 形总压探针。

理论和试验都证明:总压孔周边加工足够精密,并且处在垂直于气流速度矢量平面内,在亚音速气流中,当气流偏斜角为零时,L 形总压探针的修正系数与探针头部的形状、压力孔径以及由前缘到支杆的距离无关。

L 形总压探针对气流偏斜角灵敏度,在很大程度上决定于管子外径 d_1 与 d_2 之比和探针头部形状。研究表明:头部为半球形总压探针,对气流偏斜角的不灵敏度在 $\pm(5° \sim 15°)$ 范围内,随着 d_2/d_1 增大而增加。头部形状不同的 L 形总压探针结构如图 6-1 所示。

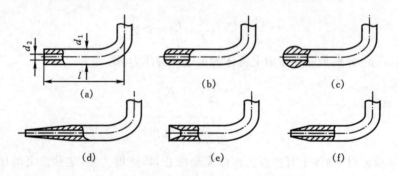

图 6-1 头部形状不同的 L 形总压探针

(2)圆柱形总压探针(见图 6-2)。

此种探针可制作得很小,惯性不大,工艺性好,制造容易,使用方便。若 $l/d_1 \geqslant 1.5$ 时,修正系数为 1.0,$d_2/d_1 = (0.4 \sim 0.7)$,不灵敏度为 $\pm(10° \sim 15°)$;若 $l/d_1 \geqslant 2 \sim 20$,$d_2/d_1 = (0.4 \sim 0.7)$ 时,不灵敏度为 $\pm(2° \sim 6°)$。

(3) 套管式总压探针(见图 6-3)。

该种探针 Ma 数变化较大(近音速),不灵敏度可达 $40°\sim50°$,修正系数为 1.0。

当 $Ma=0\sim1.0$ 时,该种探针对气流偏斜角灵敏度高,由于套管内腔有一个进口收敛器和气流导管,使套管内气流方向不变,这种总压套管最佳位置是:$l_2=l_3$,当出口孔面积小到进口孔面积的 20% 时,还不会引起偏斜角灵敏度下降,再小就会引起下降。

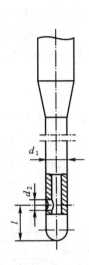

图 6-2　圆柱形总压探针

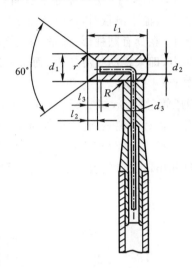

图 6-3　套管式总压探针

(4) 总压探针选用。

当偏斜角不灵敏度 $\delta\leqslant(4°\sim6°)$ 时,选用 $l/d_1\geqslant1.5,d_2/d_1=0.7$ 的 L 形总压探针,尤其是在壁面通道测量总压。当偏斜角不灵敏度 $\delta\leqslant15°$ 时,选用 $l/d_1\geqslant2\sim3,d_2/d_1=0.7$ 的 L 形总压探针;偏斜角不灵敏度 $\delta\leqslant35°\sim45°$ 时,选用套管式总压探针。

(5)影响总压测量因素。

①可压缩性——Ma 数的影响。

当 $Ma\geqslant1$ 时,探针前面产生正冲击波,这个冲击波非等熵,改变了滞止压力,改变大小决定于冲击强度和 Ma 数。

$Ma<1$ 时,没有影响,头部为半球形 L 总压探针,$d_2/d_1=0.3$,偏斜角灵敏度较小,在亚音速气流中,探针读数与 Ma 数无关。

②黏度 η ——雷诺数 Re_D 的影响。当黏性气体绕探针流过时,沿它的表面压力分布与 Re_D 有关,由探针压力孔所测压力,一般与黏度有关。

$Re_D>30$ 时,Re_D 对临界点所测压力无影响;$Re_D<30$ 时,Re_D 对临界点所测滞止压力影响很重要。

临界点压力系数为 $\overline{p}_0$,与 Re_D 关系为

$$\overline{p}_0 = 1 + \frac{4c_1}{Re_D + c_2\sqrt{Re_D}}$$

$$Re_D = \frac{\rho v r}{\eta}$$

式中:c_1、c_2、ρ、η、v、r 分别是比例系数、流体密度、流体黏度、流速及总压孔开孔半径。

3. 静压测量管与静压管

(1) 在通道壁面或绕流物体表面开孔。

表面开孔直径不超过 1.5 mm,最好为 0.5 mm;孔的边缘没有毛刺和突出部分;测量孔的轴线应该垂直于壁面。

(2) 利用尺寸较小具有一定形状静压探针。

静压探针插入气流中测量时,不应该改变压力区域的流线,即不因为探针及其开孔而引起流体扰动。实际上,在具有圆柱形、球形、半球形的探针表面上,在压力系数 $\overline{p}=0$ 点上,测得的是气体真实压力,即未扰动气流压力;而 $\overline{p}=1$ 的临界点,测量得到的则是总压力。几种常用静压探针如图 6-4 所示。

(3) L 形静压管(探针),如图 6-4(a)所示。

测压孔布置在探针的侧表面,距离端部 $l_1=3d$;孔中心离支杆距离 $l_2=8d$。这种探针感受部分的轴向尺寸较大,对气流方向变化的不灵敏性在速度系数 $\lambda \leqslant 0.85$ 时为 $\pm6°$。它适用于在压缩机进口和出口测量气流静压,探针布置不受尺寸限制,对气流的干扰也不大。

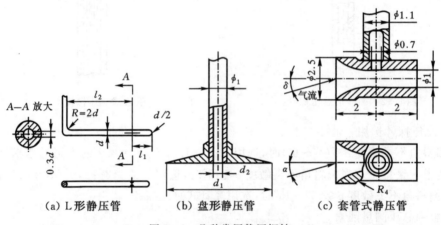

(a) L 形静压管　　　(b) 盘形静压管　　　(c) 套管式静压管

图 6-4　几种常用静压探针

(4) 圆柱形探针,(可用于二元气流测量)。

该种探针在 $\lambda \leqslant 0.9$ 时,不灵敏度倾斜角在 (100°～270°) 内,压力绝对值和气流方向变化无关。

(5) 盘形静压探针,圆盘直径一般为 15～20 mm,如图 6-4(b)所示。

该种探针优点是读数与不灵敏度倾斜角无关。缺点是加工精度和准确度要求高;使用时必须小心,以免损坏圆盘边缘,否则轻微损坏都会影响测量结果。

(6) 套管式静压探针,如图 6-4(c)所示。

该种探针主要用于三元气流测量静压,它对气流方向不灵敏度是 $\pm20°$。由于在管内收敛段过渡到圆柱段部分加工比较复杂,探针尺寸不能太小,因此应用受到限制。

(7) 影响测量因素。

① 固有误差。探针插入气流中测量静压时,扰动原来的流动状态,产生附加空气动力场,叠加到原来流场上,使流线弯曲,改变了局部气流压力,因此影响了测量气流静压的准确性。L 形静压探针最佳的几何关系为:由前缘到测压孔中心的距离 $x_h \geqslant (3 \sim 6.5)d$,由测压孔中心到

支杆中心的距离 $x_s \geqslant (3\sim6)d$,测压孔直径$d_1 \approx (0.1\sim0.5)d$,$d$ 为探针外径。

②压力孔引起误差。在壁面直接开孔测量静压时,由于开孔使流线弯曲,流线在孔内产生离心力并增加了孔内压力,测得静压力超过实际压力值,该值决定于气流速度和孔的几何形状。

③ Ma 数影响。当 $0.7 < Ma < 1.0$ 时,探针上产生局部冲击波,改变局部气流压力,探针测量静压取决于冲击波位置,并且可能产生 6% 的误差。

④ 速度梯度影响。一个有横向速度梯度的气流,在探针测量静压时会产生误差。同时,探针支杆的影响也产生误差,如果把压力孔开在离支杆足够远,可消除探针支杆影响,建议压力孔离支杆中心距离为 $16\,d$。

6.1.3 皮托管

将总压管和静压管组合在一起,设计出能同时测得流体总压、静压之差的复合测压管称为皮托管。它的特点是:结构简单、使用方便、制造容易、价格便宜、坚固可靠,只要精心制造并经严格标定、修正,可以达到较高测量流速精度。

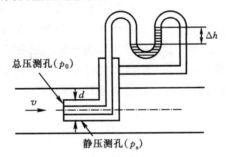

图 6-5 典型皮托管示意图

如图 6-5 所示,据式(6-1)可得

$$v = \sqrt{\frac{2}{\rho}(p_0 - p_s)k_u} \qquad (6-2)$$

式中:k_u 为校正系数,一般小于 1,它与皮托管头部形状、静压孔形状和位置及感受部分加工精度有关。

1. L 形皮托管

L 形皮托管结构如图 6-6 所示。静压孔是沿侧面分布(等距)的小孔或狭缝。如果是小孔应该不少于 6 个,孔直径为 $1\sim1.6$ mm。当头部为半球形时,流动方向偏斜角应在 $\pm10°$ 以内。当头部为锥形时,流动方向偏斜角应在 $\pm15°$ 以内,测量值对流动方向很敏感。

2. T 形皮托管

如图 6-7 所示,两根针管弯成 L 形,焊在一起成 T 形,即为 T 形皮托管。迎气流压力孔测总压,另一压力孔测静压,这种测压管对流动方向变化敏感,随着流动偏斜角增加,测量速度值与实际值差别增大。由于两压力孔相隔距离较大,不宜用于沿通道长度总压梯度较大气流的测量,常用于含尘量大的气流和输油管道流速测量。优点:结构简单,制造方便,截面积小,可用于壁面附近。

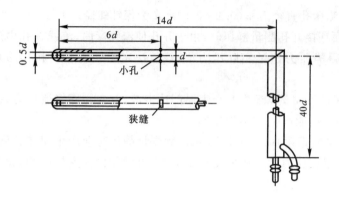

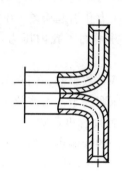

图 6-6 L 形皮托管结构简图   图 6-7 T 形皮托管

6.1.4 圆柱形复合测压管

在流动方向测量,一般用流体动力测向器——方向管(或方向探针)来测量。方向管是基于流体对物体绕流时,物体表面压力与流动方向的相互关系而工作的。

很多情况下,要求测量方向同时能测量流体压力。如果在方向孔的对称轴上开一测压孔,则此孔测量的是流体总压,而方向孔上测量的压力为流体总压和静压间的某一压力值。所以,只要事先在校正风洞中经过标定,开有三个孔的测压管可以同时测量平面流场的总压、静压、速度的大小和方向,这样的测压管称为二元复合测压管,也称为二元探针,本章只对圆柱形复合测压管进行讨论。

1. 圆柱形复合测压管

在一个圆柱形的支杆上,离开端部一定距离(一般大于 $2d$)并垂直于杆子轴线的平面上有三个孔,中间一个孔用来测量流体总压,两侧孔与中间孔对称,并相隔一定的角度,用来测量流动方向,如图 6-8 所示。

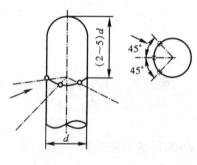

2. 圆柱形复合测压管的使用

在测量时,通常把两个侧孔接到一个压力计上;测压管的中孔和一个侧孔接第二个压力计,用来测量中孔和侧孔的压差;第三个压力计与总孔连接,用来测量中孔和大气压之差。当测压管绕其本身的轴转动,直到两侧孔的压力相等,这时测压管中孔就对准了流动方向,测压管各孔所测压力可表示为以下形式。

图 6-9 所示中孔 2 的压力为

图 6-8 圆柱形复合测压管

$$p_2 = p_s + k_0 \frac{\rho}{2} v^2 = \Delta h_2 \qquad (6-3)$$

侧孔压力为

$$p_1 = p_s + k_1 \frac{\rho}{2} v^2 \qquad (6-4)$$

中孔与侧孔压力差为

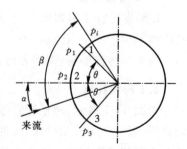

图 6-9 流体横向绕圆柱形复合测压管流动示意图

$$p_2 - p_1 = \frac{\rho}{2} v^2 (k_0 - k_1) = \Delta h_{2-1} \tag{6-5}$$

因此,式(6-3)与式(6-4)运用消元法消去$\frac{\rho}{2} v^2$,可得气流静压为

$$p_s = p_2 - \frac{k_0}{k_0 - k_1} (p_2 - p_1) = \Delta h_2 - \frac{k_0}{k_0 - k_1} \Delta h_{2-1} \tag{6-6}$$

将式(6-6)代入 $p_0 = \frac{\rho}{2} v^2 + p_s$,得

$$p_0 = \frac{\rho}{2} v^2 + \Delta h_2 - \frac{k_0}{k_0 - k_1} \Delta h_{2-1} \tag{6-7}$$

由式(6-5)解得$\frac{\rho}{2} v^2 = \frac{\Delta h_{2-1}}{k_0 - k_1}$,代入式(6-7)得气流总压为

$$p_0 = \Delta h_2 + \frac{1 - k_0}{k_0 - k_1} \Delta h_{2-1} \tag{6-8}$$

那么,气流速度为

$$v = \sqrt{\frac{2 \Delta h_{2-1}}{\rho (k_0 - k_1)}} \tag{6-9}$$

式中:k_0、$k_0 - k_1$ 是校正系数,可以在校正风洞上通过标定试验确定,它表征测压管的总压和速度特性。在实际中,一般选用 $k_0 = 1$ 的测压管,此时 $p_0 = p_2 = \Delta h_2$。因此,测得中孔压力 $p_2 = \Delta h_2$ 及中孔与侧孔压力差 $p_2 - p_1 = \Delta h_{2-1}$,就可利用上述公式求得气流的静压、总压和流速。

6.1.5　可压缩性流速测量

测量流体速度的基本公式(6-2)是假设不考虑流体的可压缩性,但是测量高速气流速度时,气体的密度将随其速度变化而变化,因此必须考虑气体的可压缩性。在气流中任何地方(包括皮托管或其它压力管表面)都未出现超音速,其流动按等熵条件处理。

据流体力学知识可知,对于绝热可压缩理想气体,其伯努利方程为

$$\frac{k}{k-1} \frac{p_s}{\rho_s} + \frac{v^2}{2} = \frac{k}{k-1} \frac{p_0}{\rho_0} \tag{6-10}$$

式中:k 为绝热指数;p_s、ρ_s 为气流的静压和密度;p_0、ρ_0 为气流的滞止压力和滞止密度。

利用绝热方程式$\frac{p}{\rho^k} =$常数,即$\frac{p}{\rho^k} = \frac{p_0}{\rho_0^k} = \frac{p_s}{\rho_s^k}$,可以得到

$$v = \sqrt{\frac{2k}{k-1} \left(\frac{p_0}{\rho_0} - \frac{p_s}{\rho_s} \right)} = \sqrt{\frac{2k}{k-1} \frac{p_s}{\rho_s} \left[\left(\frac{p_0}{p_s} \right)^{\frac{k-1}{k}} - 1 \right]}$$
$$= \sqrt{\frac{2k}{k-1} \frac{p_0}{\rho_0} \left[1 - \left(\frac{p_s}{p_0} \right)^{\frac{k-1}{k}} \right]} \tag{6-11}$$

由此可见,可压缩气体的速度不是由差压决定的,而是由两者之比决定,在测量中,要分别测出气流的总压和静压。

引入 $Ma = \frac{v}{a}$,其中:当地音速 $a = \sqrt{kRT}$,$RT = p_s v / m = p_s / \rho_s$,则

$$Ma = \sqrt{\frac{2}{k-1} \left[\left(\frac{p_0}{p_s} \right)^{\frac{k-1}{k}} - 1 \right]} \tag{6-12}$$

将上式变换为

$$p_0 = p_s \left(1 + \frac{k-1}{2}(Ma)^2\right)^{\frac{k}{k-1}}$$

式中：p_s、Ma 为未扰动气流的压力和马赫数。把上式展开并写成差压形式为

$$p_0 - p_s = \frac{\rho_s v^2}{2}\left[1 + \frac{(Ma)^2}{4} + \frac{2-k}{24}(Ma)^4 + \cdots\right] = \frac{\rho_s v^2}{2}(1+\varepsilon) \qquad (6-13)$$

因此，可压缩性气体气流速度表达式可以写成

$$v = \sqrt{\frac{2}{\rho_s}\frac{(p_0 - p_s)}{1+\varepsilon}} \qquad (6-14)$$

式中：ε 为可压缩性修正系数。

通过公式（6-13），不难得出以下结论。

当 $\varepsilon = 0$ 时，为不可压缩气体流速公式：

$$p_0 - p_s = \frac{\rho_s v^2}{2} \qquad (6-15)$$

当 $\varepsilon = \frac{(Ma)^2}{4}$ 时：

$$p_0 - p_s = \frac{\rho_s v^2}{2}\left[1 + \frac{(Ma)^2}{4}\right] \qquad (6-16)$$

当 $\varepsilon = \frac{(Ma)^2}{4} + \frac{2-k}{24}(Ma)^4$ 时：

$$p_0 - p_s = \frac{\rho_s v^2}{2}\left[1 + \frac{(Ma)^2}{4} + \frac{2-k}{24}(Ma)^4\right] \qquad (6-17)$$

通过计算可以知道：当 $Ma \leqslant 0.2$ 时，由公式（6-15）引起的误差为 1%；当 $Ma \leqslant 0.8$ 时，由公式（6-16）引起的误差为 1%；当 $Ma < 1.0$ 时，由公式（6-17）引起的误差为 0.2%；当 $Ma \geqslant 1.0$ 时，出现激波，另作处理。

6.1.6　测压管标定

1. 测压管标定目的

不同结构形式的测压管，有不同的特性和适用范围。对于精确测量来讲，每个测压管在使用之前，必须进行标定，以确定其校正系数、方向特性、速度特性。

（1）总压管标定。

① 确定总压管的校正系数 $k_0 = p_0/p'$，p_0，p' 分别为实际总压和被标定管测得的总压。

② 确定在不同的 Ma 数（流速）时，总压管对气流偏斜角的不灵敏性，即在一定偏斜角范围内，对测量结果无影响。在亚音速范围内，只要做出两个速度 $\lambda = 0.3$ 和 $\lambda = 0.95$ 的方向特性即可。

（2）静压管标定。

① 确定零偏斜角时，静压管的校正系数或流速特性，以及鉴定静压管对气流静压的感受能力。校正系数 $k_s = p_s/p_s'$，p_s，p_s' 分别为实际静压和被标定管测得的静压。静压管的速度特性常用来表示静压的正确性，速度系数：$\lambda = \dfrac{v}{v_*} = \sqrt{\dfrac{k+1}{k-1}\left[1 - \left(\dfrac{p_s}{p_0}\right)^{\frac{k-1}{k}}\right]} = F\left(\dfrac{p_s}{p_0}\right)$，其中 v_* 为临

界点速度值；v 为某点的速度值，静压管和总压管一样确定其方向特性。

（3）皮托管标定。

① 确定皮托管校正系数，建立气流真实动压和由皮托管所测动压之间关系。皮托管校正系数有多种定义，对不可压缩流体，皮托管校正系数可写为 $k_u = \dfrac{p_0 - p_s}{p_0' - p_s'}$，其中分子和分母分别表示真实动压和由皮托管所测动压。

② 确定不同速度时，皮托管对气流偏斜角的不灵敏度参照总压管标定方式。

2. 测压管的标定方法

由测压管校正系数表达式可知，标定测压管的关键是要有一个已知流体真实总压、静压和速度流场。标定测压管的方法很多，目前较多的是在专门的设备——校正风洞中用比较法标定。在校正风洞试验段可以得到均匀的平行气流，气流的真实总压、静压可以准确地测量出来。被标定测压管放在校正风洞的试验段，把被标定测压管测得的压力和气流的真实压力相比较，可以得到测压管的校正系数和特性曲线。

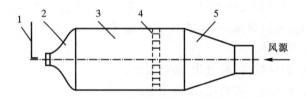

1—待标定测压管；2—收缩段；3—稳压段；4—整流栅；5—进口过渡段

图 6-10　射流式校正风洞

图 6-10 所示为常用射流式校正风洞结构简图。为了使试验段得到均匀速度场和压力场，在稳压段内装有使气流均匀的整流网及消除涡流的整流栅。稳压段内直径选择应使稳压段内气流速度小于 10 m/s。为得到均匀流场，使气流得到加速，稳压段后的收缩段要求按一定曲线形状加工。射流式校正风洞因试验段开口，气流从收缩段射出，形成低湍流自由射流，试验段的静压等于周围的大气压力。试验段内的气流真实总压与稳压段内气流总压很接近。因此，试验段内气流真实总压可以用一标准总压管在稳压段内测量。

在测压管标定中应用雷诺相似准则：只要保证标定时雷诺数范围和使用时雷诺数范围相同，空气中标定的校正系数可应用到液体流动测量中。

6.2　热线风速仪

热线风速仪可用于测量流体的平均速度、脉动速度等流动参数。由于探头几何尺寸小，它对流体流动干扰小，能测量狭流道内流动参数；由于热惯性小，常用于测量透平压缩机旋转失速、燃烧室内湍流强度等类型的脉动气流参数。

6.2.1 热线风速仪探头

热线风速仪探头分为热线探头和热膜探头两种,如图 6-11 所示。

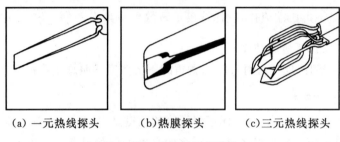

　　(a) 一元热线探头　　　(b)热膜探头　　　(c)三元热线探头

图 6-11　热线风速仪探头

1. 热线探头

热线探头由直径为 0.5～10 μm,长度为 1～2 mm 金属丝焊在两根金属支杆(或叉杆)上,通过绝缘座引线构成。材料和尺寸决定于灵敏度、分辨率及强度等综合要求。一般测量要求:电阻丝电阻温度系数高,电阻率高,热传导小,使用温度高。

(1)常用材料有以下几种。

钨丝:温度系数高,强度较高,易氧化,最高温度达 300 ℃。

铂丝:温度系数高,强度差,抗氧化,最高温度达 800 ℃。

镀铂钨丝:温度系数高,强度好,抗氧化,最高温度达 800 ℃。

(2)典型尺寸。

直径为 2.5～5 μm,长度为 1～2 mm。使用中尽可能选择大长径比,以减小终端热耗,精度高。但长径比越大,分辨率越低。

2. 热膜探头

为了克服热线探头强度低、承受电流小、不适应在液体或带颗粒气流中工作的缺点而设计了热膜探头,它是在石英体或玻璃杆上喷镀一层很薄的金属膜作探头。大多金属膜是铂,因其抗氧化性强,稳定性好。热膜探头的优点:强度高,可在恶劣流场中工作,热传导损失小,受振动影响小,不存在内应力问题,信噪比高。缺点:频率响应范围比热线探头窄,工作温度低,特别在测量液体时,只比环境温度高 20 ℃;测量精度不高,工艺复杂,制造困难,损坏不易修复。

6.2.2 热线风速仪工作原理

热线风速仪利用被电流加热的热线(热膜)的热量损失进行流速测量。热线探头利用惠斯通电桥的桥臂把热线加热到一定温度。测量时,把探头放到待测流场中,并被流动介质冷却,因此改变了热线阻值,即改变了通过热线的电压降。热线向周围散热时,热量损失与被测介质物性和流体参数(速度、温度、压力等)以及热线材料物性、几何尺寸和热线相对流体的方向有关。当固定其它因素时,热线散热就仅仅为介质流速唯一函数,这样就可利用热线瞬时散热来测量流场测点处的瞬时速度。

6.2.3　热线风速仪的基本方程

连续流体中热线的热耗散规律是非常复杂的规律,其中存在热传导、热辐射、自然对流和强迫对流过程。理论和试验表明:金属丝长径比超过300,热传导损耗可忽略;流体和传感器温差小于300 ℃时热辐射可忽略;当流体流速大于0.5 m/s时,相比强迫对流而言自然对流可以忽略。在设计探针时,尽量满足这些条件,这样可认为热线只是在强迫对流传热下工作。

当流体流动时,热线温度高于流体温度,热线向流体散热达到平衡时,单位时间热线的发热量 Q 应与热线对流体的放热量平衡,则

$$Q = \alpha F(T_w - T_f) \tag{6-18}$$

热线是由电流加热,则

$$I_w^2 R_w = \alpha F(T_w - T_f) \tag{6-19}$$

式中:I_w 为流经热线电流;R_w 为热线电阻,其数值和热线几何尺寸有关,是热线温度的函数;α 为热线对流换热系数,它与流体的流速、温度、黏度、热容量、导热系数和探头的形状、温度有关;F 为热线对流换热面积;T_w、T_f 分别是热线与流体的温度。

对于层流对流换热,根据传热学经验公式,当探针结构确定时,式(6-19)简化为

$$I_w^2 R_w = (a' + b'v^n)F(T_w - T_f) \tag{6-20}$$

式中:a'、b'、n 是常数;v 是流体流速。

将热线电阻随温度变化规律:$R_w = R_f[1 + \beta(T_w - T_f)]$ 代入式(6-20)中,可得

$$I_w^2 R_w R_f = (a'' + b''v^n)(R_w - R_f) \tag{6-21}$$

式中:β 是热线的电阻温度系数;R_f 是热线在温度为 T_f 时的电阻值;a''、b'' 是常数。

上式可以看出:流体速度只是流过热线的电流和热线电阻(热线温度)的函数,只要固定电流和电阻两个参数中的任何一个,就可以获得流体速度与另一个参数的单值函数关系。讨论式(6-21)可得到热线的两种工作方式。

1. 恒流工作方式

I_w ＝常数,热线表面温度 T_w 随流体速度变化,热线电阻 R_w 也随之变化,则式(6-21)变为

$$R_w = \frac{R_f(a'' + b''v^n)}{(a'' + b''v^n) - I_w^2 R_f} \tag{6-22}$$

上式为恒流工作方式的静态方程。

2. 恒温工作方式

T_w ＝常数,热线表面温度 T_w 不变,热线电阻 R_w 也不变,加热电流随流体速度而变化,则式(6-21)变为

$$I_w^2 = \frac{(a'' + b''v^n)(R_w - R_f)}{R_w R_f} = \hat{a} + \hat{b}v^n \tag{6-23}$$

上式就是恒温工作方式的静态方程。为了简化控制线路并获得较高的测量精度,一般采用恒温工作方式,即恒温型热线风速仪。

在实际测量电路中,测量的不是电流,而是惠斯通电桥的桥顶电压,则式(6-23)变为

$$E^2 = A + Bv^n \tag{6-24}$$

上式称为克英(King)公式,A、B 是性质与 a''、b'' 相同的常数。

克英公式是对热线风速仪在恒温工作方式下测量流体流速工作原理的近似描述,为扩大热线风速仪应用建立了基础。

6.2.4　热线风速仪的动态特性

通过分析热线风速仪的传递函数,可以知道它是一个一阶惯性系统,该系统的带宽在 $0\sim10\ \mathrm{kHz}$ 之间,这很容易适用于多数紊流检测,也很容易满足检测涡旋要求。但测量流体脉动流速时,必须考虑热线的热惯性影响。

热线的热惯性所引起的相位滞后和幅值衰减,可用下面式子表示

$$\gamma = -\arctan\omega\tau$$

$$\frac{e'}{e} = \frac{1}{\sqrt{1+(\tau\omega)^2}}$$

式中:ω 为脉动频率;e' 为脉动电压值;e 为热惯性影响时脉动电压值;τ 为时间常数,它主要取决于热线本身物性和几何尺寸。

为了改进热线风速仪的动态特性,除了采用细和短的热线之外,还要在电子线路上采取补偿方法。目前广泛应用的恒温型热线风速仪是利用反馈控制电路保持热线电阻恒定,图 6-12 给出了示意图。热线作为电桥一个桥臂,当通过热线流体流速发生变化时,必然会改变流体与热线的换热状态,使热线温度升高或降低,引起电阻值变化,电桥失去平衡。由电桥输出的不平衡信号反馈到电桥,改变热线加热电流,改变热线温度,使电阻值恢复原来大小,电桥恢复平衡。即供给电桥电流的改变自动跟踪气流的脉动,自动补偿了热线热惯性的影响。

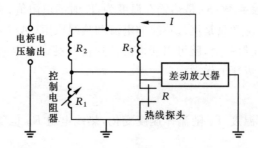

图 6-12　恒温系统简图

6.2.5　热线风速仪的标定

在实际使用中,必须对每个热线(膜)探头随配套仪器做具体标定,以获取输出电压和流体流速之间的真实相应关系,这种标定要反复进行。因为探头存在制造工艺、几何尺寸误差、材料性质等差异,它的特性还与流体物性密切相关,使用中探头会被污染、氧化而造成特性变化。实际测量建立在仪器输出电压和流体流速之间的关系上。

1. 标定表达式

$$E^2 = A + Bv^n$$

式中:A、B 是与热线的几何尺寸、流体物性和流动条件有关的常数,由标定实验确定。指数 n 在一定的速度范围内恒定,克英本人推荐取 0.5。但流体速度很高或很低时,n 要随速度变化,可由下式确定

$$n = \frac{\ln \dfrac{E_1^2 - E_0^2}{E_2^2 - E_0^2}}{\ln \dfrac{v_1}{v_2}} \qquad\qquad (6-25)$$

式中：v_1、v_2 为被测点附近两个速度值；E_1、E_2 为相应于 v_1、v_2 的风速仪输出电压；E_0 为零速度时风速仪输出电压。

　　由于在标定装置上试验数据与克英公式之间偏差较大，推荐使用扩展克英公式

$$E^2 = A + Bv^n + Cv \qquad\qquad (6-26)$$

该表达式与实验结果很接近。下列分段表达式给出了更好的结果

$$E^2 = \sum_{i=1}^{n} (A_i + B_i v + C_i v^2 + D_i v^3) \qquad\qquad (6-27)$$

式中：系数 A_i、B_i、C_i、D_i 是常数，由标定实验确定。

2. 标定方法

　　该标定与皮托管一样，必须有一个已知流速流场，按已知速度，在对应风速上读出一个电压值 E，作出 E-v 曲线。

6.3　流量测量方法

　　在工业生产中，流量测量对生产的经济性、安全性是十分重要的。化工工业中需要对参加反应的物质进行流量检测；电力生产中，更不能缺少对风、水、汽的监控，例如燃烧器中的风量、给水中的水量、气压控制中的蒸汽流量等；其它工业如冶金、石油、轻工等部门生产过程中所需要的安全输送、成本核算等都离不开流体的流量测量。总之，在工业生产的各个领域中，流量测量是十分重要的。

6.3.1　流量测量概述

1. 定义

流量：单位时间流过某截面的流体的量，也称为瞬时流量，用 q 来表示。

　　累计流量：某一段时间内流过某截面的流体的量称为流过的总量，用 Q 来表示，该量可用该段时间内瞬时流量对时间积分得到，也称为积分流量。

　　平均流量：累计流量除以该量产生的时间间隔。

2. 表示法

(1)质量流量：$q_m = \dfrac{dm}{dt}$，单位：kg/h、kg/s。

(2)体积流量：$q_v = \dfrac{dV}{dt}$，单位：m^3/h，m^3/s。

(3)累计流量：$Q = \displaystyle\int_{t_1}^{t_2} q_v \, dt$，单位：$m^3$。

3. 不同流量间关系

根据定义可以知道

$$q_m = \rho q_V \qquad\qquad (6-28)$$

$$q_V = q_m/\rho \qquad\qquad (6-29)$$

式中：ρ 为流体密度。

在测量流体流量时，为了比较，常将体积流量 q_V 换算成标准状态（温度为 20 ℃，压力为 101 325 Pa）的体积流量 q_{V_n}，两者之间的关系为

$$q_{V_n} = \frac{\rho}{\rho_n} q_V \qquad\qquad (6-30)$$

式中：ρ_n 为标准状态下的被测流体密度，对于一定被测流体 ρ_n 为定值。

目前常用流量测量方法可分为容积式、速度式和质量式，速度式测量方法中以差压式流量测量方法使用广泛，本教材将此单列一类。

6.3.2 容积式流量测量方法

1. 测量方法

通过测量单位时间内经仪表排出流体固定容积 V 的数目 n 来实现，表示为

$$q_V = nV \qquad\qquad (6-31)$$

下面介绍四种容积式流量计。

(1)椭圆齿轮流量计（见图 6-13）：用于测量液体，特别是高黏度液体。

基本原理：一对相互啮合的椭圆齿轮在流体差压作用下交替地相互带动绕各自的轴旋转，每转一周，排出 4 份齿轮与仪表壳体之间形成的月牙形空腔容积的液体，齿轮转轴可与机械部分相连，也可采用齿轮转速的电量变送，测得齿轮转速可得到容积流量。

(2)腰轮流量计（见图 6-14）：用于测量液体，特别是高黏度液体，也可用于测量大流量气体。腰轮上没有齿，所以它对流体中的固体杂质没有椭圆齿轮流量计敏感。

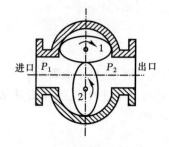
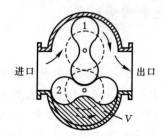

1、2—相互啮合的一对椭圆齿轮   1、2—相互啮合的一对腰轮

图 6-13　椭圆齿轮流量计   图 6-14　腰轮流量计

(3)刮板流量计（见图 6-15）：转子在差压下转动，转子上有 4 个可以内外滑动的刮板，转子带动刮板的滚轮在中心静止的凸轮外缘滚动，转子每转一周有 4 份由两刮板与壳之间的流体容积排出，从而测得容积流量。

(4)湿式气体流量计（见图 6-16）：主要用于实验室里高准确度气体容积流量测量。气体从位于水面以下中心位置的进气口进入，推动转翼转动，从出口排出，每转一周有 4 份一个转翼所包围的固定容积的气体。使用时必须保持仪表水平放置和水面位置的恒定。

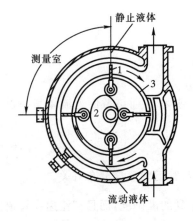
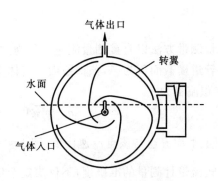

1—刮板；2—凸轮；3—转子　　　　　　　　图 6-16　湿式气体流量计
图 6-15　刮板式流量计

2. 测量误差

使用容积式仪表时，测量累计流量准确度很高，一般情况误差为±(0.1%～0.5%)。用于测量瞬时流量时，由于仪表内部有可运动部件，惯性较大，误差较大。这类仪表测量准确度受流量大小、流体黏度影响较小，适合于小口径高黏度流体测量。

使用容积式流量计时应该注意以下因素，以减少误差。

(1) 滑漏量：齿轮等运动部件与壳体间存在间隙，在仪表进出口差压作用下，存在着通过间隙的滑漏量，引起测量误差。小流量时滑漏量相对较大，只有在量程 15%～20% 以上使用时，才能保证测量精度。

(2) 流量上限：流量超过额定值时，进出口压差增大，误差增大，过大流量造成转动部件磨损甚至损坏。特别是湿式气体流量计，大流量引起液面波动，会造成误差增大。

(3) 黏度修正公式：黏度较高流体滑漏量小，误差小，为了达到较高准确度，需要通过实验分度。同一台流量计测量不同黏度流体，可用以下公式计算黏度引起的仪表误差变化

$$\delta = \delta_1 + \delta_2 + \delta_1 \frac{\eta - \eta_1}{\eta_2 - \eta_1} \times \frac{\eta_2}{\eta} \qquad (6-32)$$

式中：δ、δ_1、δ_2 分别是黏度为 η、η_1、η_2 时的仪表误差。

根据误差定义

$$\delta = \frac{Q - Q_0}{Q} \qquad (6-33)$$

式中：Q_0、Q 分别是真值和测量值。

(4) 提高仪表准确度。除了提高加工精度和材料的耐磨性外，还发展了伺服容积流量计，其工作原理为：流量计转动部分由伺服电机带动，用微差压感受元件测量进出口差压，用差压信号调节伺服电机转速，保持差压为零，减少滑漏量。这种伺服流量计准确度大于±0.1%以上，但结构复杂、设备庞大。

3. 使用要点

由于容积式流量计内部有运动部件，应注意在仪表入口加滤网，防止杂物卡死，并在仪表侧留有旁路，便于经常清洗；同时注意流体温度和清洁度，不能超过仪表使用限度。

6.3.3 速度式流量测量方法

1. 概述

速度式流量测量方法以直接测量流速 v 作为测量依据。

若测得某管道横截面积为 A,该横截面上流体平均流速为 $\bar{v}$,而该截面上流体某一点流速为 v,则流体容积流量为

$$q_V = \bar{v}A = kvA \tag{6-34}$$

式中:k 为截面上平均流速与该点流速比值,即 $k = \dfrac{\bar{v}}{v}$,它与管道内流速分布有关。

因此速度式流量计测量的准确度,不仅决定于仪表本身的准确度,而且与流速在管道横截面分布有关,据此可以设计流量计的结构。

设管道定型尺寸为 D,流速为 v,黏度为 η,密度为 ρ,则雷诺数为

$$Re_D = \frac{Dv\rho}{\eta} \tag{6-35}$$

(1)层流。

$Re_D \leqslant 2\,000$ 时,流体流动为层流,半径为 R 的圆管,沿管道横截面流速分布为

$$v = v_{\max}\left[1 - \left(\frac{r}{R}\right)^2\right] \tag{6-36}$$

式中:$v_{\max}$ 为管道中心处最大流速;v 为离开管道中心 r 处的流速;r 为离开管道中心的距离。

流速沿管道横截面按抛物面分布,则

$$\bar{v} = \frac{1}{\pi R^2}\int_0^R v_{\max}\left[1 - \left(\frac{r}{R}\right)^2\right]2\pi r \mathrm{d}r = \frac{v_{\max}}{2}$$

将 $\bar{v}$ 代入式(6-36),可得到 $\bar{v}$ 发生的位置为:$r_0 = \pm R/\sqrt{2} = \pm 0.7071\,R$。

(2)紊流。

$Re_D > 3\,000$ 时,流体流动为紊流,半径为 R 的圆光管(光滑管道,管道内壁绝对粗糙度与管径之比 $K_s/D < 0.004$),沿管道横截面流速分布为

$$v = v_{\max}\left(1 - \frac{r}{R}\right)^{1/n} \tag{6-37}$$

式中:n 为与雷诺数有关的常数,由上式可知,$\bar{v}$ 发生的位置为:$r_0 = 0.762R$ 处,$\bar{v} \approx (0.816 \sim 0.865)v_{\max}$,随着 n 不同而不同,$n = 7 \sim 10$。

2. 涡轮流量计

(1)原理。

被测流体通过时,冲击涡轮叶片使涡轮旋转,在一定流量范围内、一定黏度下,涡轮转速与流量成正比,通过对转速的计算可得到累计流量和瞬时流量,如图6-17所示。

将涡轮转速转换成电脉冲信号进行处理有以下两种方法。

① 磁阻方法:用导磁不锈钢制作叶片,顺次切割管壁上的检测线圈,周期性改变检测线圈磁阻,从而使磁通量周期性变化,检测线圈产生与流量成正比的脉冲信号。该方法适用于清洁、有润滑性的液体和气体,不含固体颗粒(防磨损)流体。

② 感应方法:转子用非导磁材料制成,将一块磁钢埋在涡轮内腔,当磁钢在涡轮带动下旋

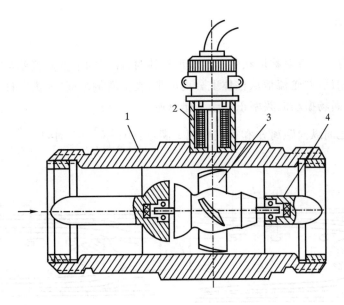

1—壳体;2—永久磁铁与感应线圈;3—叶轮;4—轴承

图 6-17 LW 型涡轮流量计示意图

转时,固定于壳体的检测线圈中感应出电脉冲信号。该方法如适当选材可用于非润滑性气体、含微小颗粒和腐蚀性流体,以及液态流体突然汽化等原因而可能造成涡轮突然高速旋转的场合。

当叶轮处于均匀转动平衡状态,忽略阻力,可得到涡轮运动稳态公式为

$$\bar{\omega} = \frac{v_0 \tan\beta}{r} \tag{6-38}$$

式中:$\bar{\omega}$ 为涡轮角速度;v_0 为作用于涡轮上的流体速度;β 为叶片对涡轮轴线倾角;r 为涡轮叶片半径平均值。

设涡轮转速为 n,涡轮叶片数为 z,流量计有效面积为 A,则检测线圈脉冲频率为

$$f = nz = \frac{\bar{\omega}}{2\pi}z = \frac{z}{2\pi}\frac{\tan\beta}{r}v_0 = \frac{z\tan\beta}{2\pi r}\frac{1}{A}q_V = \xi q_V \tag{6-39}$$

式中:$\xi = \frac{z\tan\beta}{2\pi rA}$ 称为仪表系数,它通常受很多因素影响,如结构、流量、流速等。

涡轮流量仪表允许使用 ξ 线性度在 0.5% 以内,即应该在量程 30% 以上使用涡轮流量计。由于不同流体黏度不同,必要时应对涡轮流量计进行标定。

(2)安装使用。

① 保证流量计流速分布均匀,仪表前有 $15D$(D 为管道直径)、仪表后有 $5D$ 直管段,必要时可加整流器。

② 仪表前加滤网,防止杂质进入。

③ 注意不能超过规定最高温度、压力和转速;用于高温蒸汽流量测量时,不允许冲刷蒸汽通过仪表,必须加装旁路;仪表应加逆止阀,防止涡轮倒转。

④ 流量计必须水平安装,流体流动方向和仪表壳体所标箭头一致,仪表轴线和管道轴线一致。

3. 涡街流量计

（1）原理。

在流体中放置一个有对称形状的非流线型柱体时,在它的下游两侧就会交替出现旋涡,两侧旋涡旋转方向相反,并轮流地从柱体上分离出来,在下游侧形成"涡街",称为"卡门涡列",如图 6-18 所示,旋涡场振动波频率正比于流体流速。

当旋涡中心之间纵向距离 h 和横向距离 l 满足：$\mathrm{sh}\left(\dfrac{\pi h}{l}\right)=1$ 时,即 $\dfrac{h}{l}=0.281$,则非对称卡门涡列稳定。

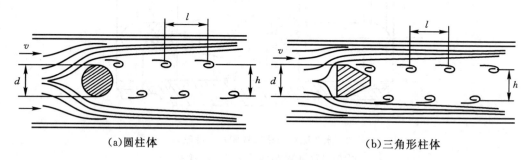

（a）圆柱体　　　　　　　　　　　（b）三角形柱体

图 6-18　流动流体中的涡街现象

大量实验证明,旋涡形成的振动波频率 f 与柱体附近的流体流速 v 成正比,与柱体特征尺寸 d 成反比,即

$$f = St\,\frac{v}{d} \tag{6-40}$$

式中：St 为流体过柱体时振动现象的无量纲数,称为斯特劳哈尔数,它与雷诺数 Re_D 及柱体形状有关,Re_D 在 500～150 000 的范围内,圆柱体 $St=0.2$,等边三角形柱体 $St=0.16$。当柱体形状、尺寸确定后,就可以通过测量频率 f 计算流量。

工业上旋涡流量计一般应用在 Re_D 介于 500～100 000 的范围内,设管内插入柱体和未插入柱体时管道流通横截面比为 m,对于直径为 D 的管道,可以推出

$$m = 1 - 1.25\,\frac{l}{D}\left(\text{当}\,\frac{l}{D} < 0.3\,\text{时}\right) \tag{6-41}$$

根据流动连续性,有柱体管内平均流速 $\bar{v}$ 和无柱体管内平均流速 $\overline{v'}$ 与两者的流通横截面积成反比

$$\frac{\bar{v}}{\overline{v'}} = m \tag{6-42}$$

将式（6-41）、式（6-42）代入式（6-40）中得

$$f = \frac{St}{1 - 1.25\,\dfrac{l}{D}}\,\frac{\bar{v}}{d} \tag{6-43}$$

$$q_V = \pi R^2\bar{v} = \frac{\pi}{4}D^2\left(1 - 1.25\,\frac{l}{D}\right)\frac{d}{St}f \tag{6-44}$$

通过频率检测可求得体积流量。频率检测常用方法如下。

① 热敏元件：旋涡发生时发热体（热电阻通电）散热条件变化。

② 压敏器件:旋涡发生时发生体两侧有压差。

③ 压电晶体:旋涡发生时压电晶体产生电势。

(2)使用要点。

① 不宜测量腐蚀性较强、含有悬浮物或纤维的流体。

② 口径选择:旋涡流量计量程比宽(口径越大范围越宽,一般可以达到 100:1),宜选择口径较小者。

③ 应保证在旋涡发生体处不产生空穴现象。在发生体处由于节流现象而静压下降,当被测液体静压低于该流体在工作温度下饱和蒸汽压时,液体汽化,这种暂时汽化现象称为空穴现象。

④ 仪表上游侧应有 20D 长,下游侧有至少 5D 长直管段,直管段内壁不应有凹凸。

⑤ 旋涡流量计压损小、结构简单、维护方便,不受流体压力、温度、黏度和密度的影响,对于大口径管道流量测量(如烟道排气和天然气)更方便,但要求直管段长。

4. 其它流量计

(1) 电磁流量计:根据法拉第电磁感应定律进行流量测量的一种日益广泛的流量计。它的特点:对被测介质的电导率有一定要求,一般要求电导率应大于 10^{-3} S/m,而与流体介质的温度、压力、黏度、密度等对电导率无影响的介质参数无关;被测介质磁导率应接近 1;不能测量气体、蒸汽及石油产品,也不能测量铁磁介质;应避免安装在有较强电磁场的地点;由于在测量管中没有任何阻碍被测流体流动的部件,所以几乎没有压损;最大流速一般不大于 10 m/s。

(2) 超声波流量计:据声波在流体中传播规律测量流体的流速。

(3) 热线风速仪、皮托管等均可用于流量测量。

6.3.4　质量流量计

质量流量计读数不受流体压力、温度等参数改变引起密度变化的影响,测量准确性有很大提高。

质量流量计可分为以下三大类。

(1) 直接式:感受件输出信号直接反映质量流量。

(2) 推导式:分别检测流体容积流量和密度,通过运算得到反映质量流量的信号。

(3) 温度、压力补偿式:检测流体容积流量、温度、压力,根据流体密度和温度、压力关系,计算求得流体密度,再与容积流量相乘得到质量流量。

1. 直接式质量流量计

若某管道横截面积为 A,该横截面上流体平均流速为 $\bar{v}$,流体密度为 ρ,流体质量流量为

$$q_m = A\rho\bar{v} \tag{6-45}$$

如果通流横截面 A 为常数,测得 $\rho\bar{v}$ 就得到 q_m,而 $\rho\bar{v}$ 实际是单位容积流体的动能。直接式质量流量计类型很多,下面仅介绍双涡轮式质量流量计的基本原理。其结构如图 6-19 所示。

相互用弹簧连接的两涡轮前后处于管道中,它们的叶片倾角不同,分别为 θ_1、θ_2。当流体流过两涡轮时,涡轮上受到转动力矩分别是 M_1、M_2

$$M_1 = K_1 q_m \bar{v} \sin\theta_1 \tag{6-46}$$

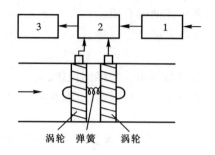

1—时基脉冲发生器；2—门电路；3—计数器

图 6-19　双涡轮式流量计

$$M_2 = K_2 q_m \overline{v} \sin\theta_2 \qquad (6-47)$$

式中：K_1、K_2 为装置常数；q_m 为通过的质量流量；$\overline{v}$ 为通过的流体流速。则可以得到两涡轮的力矩差为

$$\Delta M = (K_1 \sin\theta_1 - K_2 \sin\theta_2) q_m \overline{v}$$

式中：K_1、K_2、θ_1、θ_2 是常数，同时 ΔM 与连接两个涡轮的弹簧扭转角度 α 成正比，α 由两涡轮之间的相对角位移反映出来。

两涡轮是连在一起的，在稳定状态下，它们的回转速度 $\overline{\omega}$ 相同，并与流体的流速成正比。设涡轮转过角位移 α 的时间为 t，则

$$t = \frac{\alpha}{\omega} = K \frac{q_m \overline{v}}{\overline{v}} = K q_m \qquad (6-48)$$

式中：K 为常数。

测出涡轮转过扭转角度所需时间 t 就可以求出质量流量 q_m，时间 t 的测定可以利用安装在管壁上的电磁检测器实现。

2. 推导式流量与密度计组合质量流量计

根据差压式流量计中：$\Delta p = k_1 \rho q_V^2$，$\Delta p = k_2 \rho \overline{v}^2$ 可得到

$$q_m^2 = \rho^2 q_V^2 = \frac{k_2}{k_1} \rho^2 \overline{v}^2 \qquad (6-49)$$

式中：k_1、k_2 为常数，将上式开方即可得到质量流量 q_m，密度 ρ 可以通过密度计输出，体积流量 q_V 和流速 $\overline{v}$ 可以通过差压计和速度式流量计求出，将输出信号归一化后，通过运算器得到质量流量。

3. 温度、压力补偿式质量流量计

温度、压力补偿式质量流量计的基本原理：测量流体的容积流量、温度、压力值，根据已知的被测流体密度与温度、压力之间的关系，通过运算，把测得的容积流量数值自动转换到标准状态下的容积流量，被测流体确定后，其标准状态下的密度 ρ_0 是定值，这样标准状态下的容积流量就代表了流体的质量流量。连续测量温度、压力比连续测量密度容易，工业上的质量流量计多采用这种原理。

6.4　节流式流量计

节流式流量计的工作原理:在管道内装入节流件,流体流经节流件时流束收缩,节流件前后产生压差,而压差和流量有一定关系,通过检测压差可以得到流量。节流式流量计由节流装置、压力传送管道、差压仪表组成。

6.4.1　标准节流装置

节流装置包括节流件、取压装置、前后直管段、安装法兰等。节流装置可分为标准节流装置和非标准节流装置,本章只介绍标准节流装置。标准节流装置应根据《流量测量节流装置国家标准和鉴定规范》进行设计、制造、安装和使用,在完全符合标准规定条件下,其流量与差压间的关系可由流量公式得到。我国于 2006 年颁布了最新国家标准《用安装在圆形截面管道中的差压装置测量满管流体流量》GB/T2624—2006。节流件形式有多种:孔板、喷嘴、文丘里管、文丘里喷嘴等,目前常用的是前两种。

1. 标准孔板

沿开孔轴线旋转对称圆形薄板,全名为"同心薄壁锐缘孔板",加工安装都有相应要求,如有需要可查阅相关资料,结构如图 6-20 所示。其取压方式主要有以下两种。

(1)角接取压:两侧压力由孔板与管道形成角顶处取出,可采取单独钻孔或环室方式取压,如图 6-21 所示。孔板参数范围:50 mm$\leqslant D \leqslant$1 000 mm,孔径 $d \geqslant$12.5 mm,0.1$\leqslant \beta \leqslant$0.75。对于 0.1$\leqslant \beta \leqslant$0.56,$Re_D \geqslant$5 000,对于 $\beta >$0.56,$Re_D \geqslant$16 000 β^2。

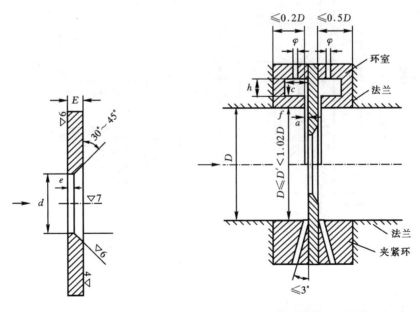

图 6-20　标准孔板　　　　　　　图 6-21　单独钻孔和环室取压

(2)法兰取压:在特定法兰上单独钻孔取压。如图 6-22 所示。孔板参数范围:50 mm$\leqslant D \leqslant$1 000 mm,孔径 $d \geqslant$12.5 mm,0.1$\leqslant \beta \leqslant$0.75,$Re_D \geqslant$5 000,且 $Re_D \geqslant$170 $\beta^2 D$。对其上游管道粗糙度的要求参见国标 GB/T 2624.2—2006。

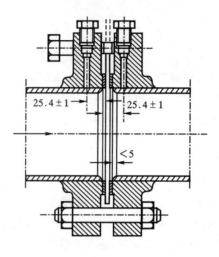

图 6-22 法兰取压(单位:mm)

2. 标准喷嘴(ISA1932)

标准喷嘴由具有两个圆弧曲面入口收缩部分和圆筒体组成,如图 6-23 所示。取压方式采取角接取压方式。标准喷嘴适用参数范围:50 mm$\leqslant D \leqslant$500 mm,0.3$\leqslant \beta \leqslant$0.8。当 0.3$\leqslant$ $\beta <$0.44时,7×$10^4 \leqslant Re_D \leqslant 10^7$。当 0.44$\leqslant \beta \leqslant$0.8 时,2×$10^4 \leqslant Re_D \leqslant 10^7$。此外,管道相对粗糙度参见国标 GB/T 2624.3—2006。

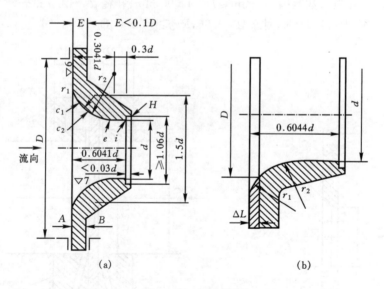

图 6-23 标准喷嘴

3. 标准孔板和标准喷嘴的比较

(1)孔板较喷嘴压损大,适合清洁流体。

(2)喷嘴比孔板流量系数稳定性好。

(3)喷嘴比孔板误差小,精度高,适用于污垢流体。

(4)孔板比喷嘴加工制造简单,价格便宜。

4. 标准节流装置适用条件

(1)只适用于测量内径 $D \geqslant 50$ mm 的圆形截面管道中单相均匀流体流量;流体应该充满管道并连续稳定流动,流速小于音速;流体流经节流件时无相变,流动应该为充分发展的紊流。

(2)节流件上、下游直管段长度有一定要求,若在节流件上游安装温度计套管,套管与节流件之间的距离也应满足相应的值。

(3)节流件上游 $10D$ 以内管道内壁相对粗糙度需查资料,确定管道加工工艺。

6.4.2　标准节流装置流量公式

流量公式就是差压和流量之间的关系式。目前还不能完全从理论上计算,因为关系式中的系数要靠实验确定。

1. 节流过程

孔板节流过程如图 6 - 24 所示。

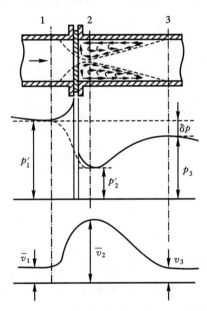

图 6 - 24　孔板节流过程

(1)稳流状态。

流体未受节流件影响,流体压力为 p'_1,平均流速为 $\bar{v}_1$,流体密度 ρ_1,开孔孔径 d 与管道直径 D 之比 $\beta = d/D$,称为直径比。

(2)节流作用。

流束向管心集中形成涡流产生压损 δp,流速 v 增加,管壁压力增加 $p = p_1$,管中心压力减小 $p = p_2$;流体由于惯性而流束收缩,当流体黏性力和惯性力平衡时,流束不再收缩,流束最小面积为 F',直径为 d',流体中心压力 $p_{\min} = p'_2$,流速为 $v_{\max} = \bar{v}_2$,定义 $\mu = (\dfrac{d'}{d})^2$,称为流速收缩系数。

(3)流体恢复。

流体通道扩大,流束膨胀,流束重新充满管道,管壁压力增加 $p = p_3$,管中心流速减小 $v = v_3$,产生压损 $\delta p = p'_1 - p_3$。

2. 流量公式

（1）不可压缩流体流量公式。

设流体在水平管道内流动，对横截面 1 和横截面 2 写出伯努利方程

$$\frac{p'_1}{\rho_1} + c_1 \frac{\overline{v_1^2}}{2} = \frac{p'_2}{\rho_2} + c_2 \frac{\overline{v_2^2}}{2} + \xi \frac{\overline{v_2^2}}{2} \tag{6-50}$$

式中：c_1、c_2 为流速修正系数；ξ 为节流件阻力系数。

再列出流动连续性方程

$$\rho_1 \frac{\pi}{4} D^2 \overline{v_1} = \rho_2 \frac{\pi}{4} d'^2 \overline{v_2} \tag{6-51}$$

求解上面两个方程，得到

$$\overline{v_2} = \frac{1}{\sqrt{c_2 - c_1 \mu^2 \beta^4 + \xi}} \sqrt{\frac{2}{\rho_1}(p'_1 - p'_2)} \tag{6-52}$$

由于 p'_1、p'_2 无法取压，则利用节流件和管壁处压力 p_1、p_2 代替，引入取压系数

$$\varphi = \frac{p'_1 - p'_2}{p_1 - p_2} = \frac{\Delta p'}{\Delta p} \tag{6-53}$$

$$\overline{v_2} = \frac{\sqrt{\varphi}}{\sqrt{c_2 - c_1 \mu^2 \beta^4 + \xi}} \sqrt{\frac{2}{\rho_1} \Delta p}$$

$$q_m = \frac{\pi}{4} d'^2 \overline{v_2} \rho_1 = \frac{\pi}{4} \mu d^2 \overline{v_2} \rho_1 = \frac{\mu \sqrt{\varphi} \cdot \rho_1}{\sqrt{c_2 - c_1 \mu^2 \beta^4 + \xi}} \frac{\pi}{4} d^2 \sqrt{\frac{2}{\rho_1} \Delta p} \tag{6-54}$$

定义流量系数

$$\alpha = \frac{\mu \sqrt{\varphi}}{\sqrt{c_2 - c_1 \mu^2 \beta^4 + \xi}}$$

流出系数

$$C = \alpha \sqrt{1 - \beta^4} = \frac{\alpha}{E}$$

速度渐近系数

$$E = \frac{1}{\sqrt{1 - \beta^4}}$$

式中：C 经实验确定，它与节流方式、取压方式、β、Re_D、管道粗糙度有关。在规定的管道粗糙度范围内，依据节流方式和取压方法的不同，国家标准中已经把 C 制成 β 和 Re_D 的函数数据表，见国标 GB/T 2624—2006。因此不可压缩流体流量公式为

$$q_m = \alpha \frac{\pi}{4} d^2 \sqrt{2\rho_1 \Delta p} = CE \frac{\pi}{4} d^2 \sqrt{2\rho_1 \Delta p} \tag{6-55}$$

$$q_V = \frac{q_m}{\rho_1} = \alpha \frac{\pi}{4} d^2 \sqrt{\frac{2}{\rho_1} \Delta p} = CE \frac{\pi}{4} d^2 \sqrt{\frac{2}{\rho_1} \Delta p} \tag{6-56}$$

流出系数 C 取决于雷诺数 Re，而雷诺数 Re 又取决于 q_m，在流量未确定之前，雷诺数是未知的。因此，C 必须利用迭代法才可以求得，过程如下

由于 $Re_D = \frac{v_1 D}{\nu_1} = \frac{4 q_m}{\pi \mu_1 D}$，代入方程（6-55）得 $\frac{Re_D}{C} = \frac{Ed^2}{\mu_1 D} \sqrt{2\rho_1 \Delta p}$，此为迭代方程。令 $A = \frac{Ed^2}{\mu_1 D} \sqrt{2\rho_1 \Delta p}$，则 A 为一已知的不变量。第一次迭代计算前，先假定 C 的初值，则由迭代方程计算得到 Re_D，再由式（6-59）或式（6-60）计算得到新的 C 值，或依据国家标准查表计算得到新的 C 值，再由迭代方程计算得到新的 Re_D，一般如此重复 2～3 次即可。也可由下面收敛准

则判断，即 $\left|\dfrac{Re_D/C-A}{A}\right| \leqslant 1 \times 10^{-n}$，一般 n 取 5。收敛后得到最终的 Re_D，并求得流量。

3. 可压缩性流体

将流体可压缩性影响用一个流束膨胀系数 ε 来考虑，则公式为

$$q_m = \frac{\pi}{4}\alpha\varepsilon d^2\sqrt{2\rho_1\Delta p} = \frac{\pi}{4}\varepsilon CE d^2\sqrt{2\rho_1\Delta p} \qquad (6-57)$$

$$q_V = \frac{q_m}{\rho_1} = \frac{\pi}{4}\alpha\varepsilon d^2\sqrt{\frac{2}{\rho_1}\Delta p} = \frac{\pi}{4}\varepsilon CE d^2\sqrt{\frac{2}{\rho_1}\Delta p} \qquad (6-58)$$

以上公式中各量及单位分别是：流量 q_m，kg/s；差压 Δp，Pa；密度 ρ_1，kg/m³；节流件尺寸 d、D，m。流束膨胀系数 ε 是 p_2/p_1，绝热指数 K 以及 β 的函数，对于标准喷嘴，已经制成数据表，见国标 GB/T 2624—2006。

由公式(6-57)导出的迭代方程为：$\dfrac{Re_D}{\varepsilon C} = \dfrac{Ed^2}{\mu_1 D}\sqrt{2\rho_1\Delta p}$，计算流量时，流束膨胀系数 ε 必须参与迭代，迭代过程同上。每次迭代中，由公式(6-61)和(6-63)计算 ε。

4. 标准孔板 C 值和不确定度

国家标准 GB/T 2624—2006 中，相对粗糙度 Ra/D 在 $0.3 \times 10^{-4} \sim 15 \times 10^{-4}$ 条件下，流出系数由 Reader-Harris/Gallagher(1998)公式计算：

$$\begin{aligned}
C = {} & 0.5961 + 0.0261\beta^2 - 0.216\beta^8 + 0.000521\beta^{2.5}\left(\frac{10^6\beta}{Re_D}\right)^{0.7} + \\
& (0.0188 + 0.0063A)\beta^{3.5}\left(\frac{10^6}{Re_D}\right)^{0.3} - 0.031(M'_2 - 0.8M'^{1.1}_2)\beta^{1.3} + \\
& (0.043 + 0.080\mathrm{e}^{-10L_1} - 0.123\mathrm{e}^{-7L_1})(1 - 0.11A)\beta^4(1 - \beta^4)^{-1}
\end{aligned} \qquad (6-59)$$

当 $D \leqslant 71.12$ mm 时，上式还应加上下面项：

$$+ 0.011(0.75 - \beta)\left(2.8 - \frac{D}{25.4}\right)$$

式中：$M'_2 = \dfrac{2L'_2}{1-\beta}$；$A = \left(\dfrac{19000\beta}{Re_D}\right)^{0.8}$。

对于角接取压，$L_1 = L'_2 = 0$，对于法兰取压，$L_1 = L'_2 = \dfrac{25.4}{D}$。

一般情况下，$C = 0.59 \sim 0.61$；$\overline{C} = 0.60$。

对于角接和法兰取压，假定 β、D、Re_D 和相对粗糙度已知且无误差，则 C 值不确定度为

$$\delta C/C = (0.7 - \beta)\%，\qquad 对于 0.1 \leqslant \beta < 0.2$$
$$\delta C/C = 0.5\%，\qquad\qquad 对于 0.2 \leqslant \beta \leqslant 0.6$$
$$\delta C/C = (1.667\beta - 0.5)\%，\quad 对于 0.6 < \beta \leqslant 0.75$$

如果 $D < 71.12$ mm，上式算术相加得下列相对不确定度为

$$0.9(0.75 - \beta)\left(2.8 - \frac{D}{25.4}\right)\%$$

若 $\beta > 0.5$ 和 $Re_D < 10000$，上式算术相加为 0.5%。

5. 标准喷嘴 C 值和不确定度

国家标准中，标准喷嘴的流出系数由下面公式计算

$$C = 0.9900 - 0.2262\beta^{4.1} - (0.00175\beta^2 - 0.0033\beta^{4.15})(\frac{10^6}{Re_D})^{1.15} \qquad (6-60)$$

一般情况：$C = 0.90 \sim 1.00$，$\overline{C} = 0.90$。

假定 β、D、Re_D 和相对粗糙度已知且无误差，C 值相对不确定度（置信概率 95%）为

对于 $\beta \leqslant 0.6$，$\delta C/C = 0.8\%$

对于 $0.6 < \beta$，$\delta C/C = (2\beta - 0.4)\%$

6. 流束膨胀系数 ε 值和不确定度

当标准节流件形式、取压方式确定后，ε 值与节流件上、下游侧取压点压力 p_1、p_2、β 值、被测流体等熵指数 k 有关。

(1)标准孔板的 ε 值由实验确定，可用下列经验公式计算

$$\varepsilon = 1 - (0.351 + 0.256\beta^4 + 0.93\beta^8)\left[1 - \left(\frac{p_2}{p_1}\right)^{1/k}\right] \qquad (6-61)$$

该式适用于 $p_2/p_1 \geqslant 0.75$ 的情况。

假定 β、$\Delta p/p_1$ 和 k 已知且无误差，则 ε 值的相对不确定度为

$$\delta\varepsilon/\varepsilon = 0.35\frac{\Delta p}{kp_1}\% \qquad (6-62)$$

(2)标准喷嘴的 ε 值按下式计算

$$\varepsilon = \sqrt{\left[\frac{k\,(1-\Delta p/p_1)^{2/k}}{k-1}\right]\left[\frac{1-\beta^4}{1-\beta^4\,(1-\Delta p/p_1)^{2/k}}\right]\left[\frac{1-(1-\Delta p/p_1)^{k-1/k}}{\Delta p/p_1}\right]} \qquad (6-63)$$

该式适用于 $p_2/p_1 \geqslant 0.75$ 的情况。

ε 值相对不确定度（置信概率 95%）为

$$\delta\varepsilon/\varepsilon = \frac{2\Delta P}{P_1}\% \qquad (6-64)$$

7. 标准节流装置压损 δp

标准孔板和标准喷嘴的压力损失可用下式计算

$$\delta p \approx \frac{\sqrt{1-\beta^4(1-C^2)} - C\beta^2}{\sqrt{1-\beta^4(1-C^2)} + C\beta^2}\Delta p \qquad (6-65)$$

标准孔板的压力损失还可用下式近似计算

$$\delta p \approx (1-\beta^{1.9})\Delta p$$

6.4.3　标准节流装置设计

1. 标准节流装置的设计

根据被测流体的性质、工作参数、被测管路布置情况、管道内径及大概的流量范围设计出标准节流测量系统：选择标准节流件型式、取压方式，确定节流件开孔直径，选择差压仪表的类型及其量程范围，确定直管段长度，给出流量测量不确定度。

下面介绍具体的过程。已知的原始数据有以下几种。

① 被测流体种类，正常运行参数 p_1、t_1，最大流量 $q_{m\,max}$，常用流量 q_{mcom}，最小流量 $q_{m\,min}$。

② 管道材料、粗糙度 Ra、管道内径 D_{20}（20℃实测值）。

③ 管道与局部阻力件敷设情况。

④ 允许压损 δp。

设计程序如下。

(1) 准备工作。

① 由流体种类,正常运行参数 p_1、t_1,查相关表确定密度 ρ_1、黏度 η、等熵指数 k。

② 由管道材料、工作温度,查相关表,得到材料线性膨胀系数 λ_D,求出工作温度下管道直径 $D_t = D_{20}[1 + \lambda_D(t - 20)]$。

③ 用常用流量 $q_{m\,com}$、最小流量 $q_{m\,min}$ 和计算公式 $Re_D = \dfrac{4q_m}{\pi D_t \eta}$ 计算 $Re_{D\,com}$、$Re_{D\,min}$,判断能否适用标准节流件。

④ 通过给出的最大流量 $q_{m\,max}$ 确定流量标尺上限值,上限值根据国家标准只能是一系列值:$(1.0,\ 1.2,\ 1.6,\ 2.0,\ 2.5,\ 3.0,\ 4.0,\ 5.0,\ 6.0,\ 8.0) \times 10^n$,$n$ 为整数。

(2) 选择节流形式、取压方式、差压仪表类型及量程 Δp_{max}。

选择要考虑经济性、准确性、压损大小等因数。选择较大量程,β 会较小,则测量精度高、测量范围宽、前后直管段短、对管道粗糙度要求低,但缺点是压损大,加工困难。

测量气体时,必须满足 $\dfrac{\Delta p_{max}}{p_1} < 0.25$,否则要减小 Δp_{max}。

选择量程 Δp_{max} 的常用方法如下。

① 只对压损 δp 有明确要求时:孔板 $\Delta p_{max} = 2\delta p \sim 2.5\delta p$;喷嘴 $\Delta p_{max} = 3\delta p \sim 3.5\delta p$。

② 对压损 δp、前后直管段、最小流量有规定时,按《节流装置手册速算图》确定。

③ 节流式流量计使用量较大,为了减少仪表品种及配件储备,可按下列经验选择:p_1 较大,δp 较大,$\Delta p_{max} = 40\ kPa$ 或 $60\ kPa$;p_1 适中,δp 适中,$\Delta p_{max} = 16\ kPa$ 或 $25\ kPa$;p_1 较小,δp 较小,$\Delta p_{max} = 6\ kPa$ 或 $10\ kPa$。

(3) 计算常用流量对应差压 Δp_{com} 和雷诺数 $Re_{D\,com}$。

(4) 用迭代法求 d_{20}。

为了保证常用流量情况下计量准确,计算时应用常用流量 $q_{m\,com}$ 下的 Re_{com} 和 Δp_{com} 来计算 C 和 ε。

已知流量公式为:$q_{m\,com} = \dfrac{\pi}{4} \dfrac{C\varepsilon\beta^2}{\sqrt{1 - \beta^4}} D_t^2 \sqrt{2\rho_1 \Delta p}$,将已知量和未知量分解到等式两边,得

$$\frac{C\varepsilon\beta^2}{\sqrt{1 - \beta^4}} = \frac{4q_{m\,com}}{\pi D_t^2 \sqrt{2\rho_1 \Delta p}} = A \qquad (6-66)$$

设 $X = \dfrac{\beta^2}{\sqrt{1 - \beta^4}}$,则上面方程为

$$X = \frac{A}{C\varepsilon} \qquad (6-67)$$

该方程中有三个变量,可以通过迭代方法求解。

设起始值为 $C_0 = 0.6$(孔板)或 0.95(喷嘴),$\varepsilon_0 = 1$(孔板)或 0.99(喷嘴),迭代次数为 $i = 1, 2, \cdots, n$,则有下列迭代过程:$X_i = \dfrac{A}{C_{i-1}\varepsilon_{i-1}}$,$\beta_i = (1 + \dfrac{1}{X_i^2})^{-0.25}$,通过式(6-59)或式(6-60)求出 C_i,通过式(6-61)或式(6-63)求得 ε_i,重复迭代直到满足下列条件

$$\left| \frac{A - X_i C_i \varepsilon_i}{A} \right| < 5 \times 10^{-5}$$

则 $\beta=\beta_i$，$C=C_i$，$\varepsilon=\varepsilon_i$。

若压力有明确规定时，进行压损验算，要求

$$\frac{\sqrt{1-\beta^4}-C\beta^2}{\sqrt{1-\beta^4}+C\beta^2}\Delta p_{\text{com}}\leqslant\delta p$$

如不能满足，必须调节 Δp_{com}，重新迭代计算 β，直到满足上式。

$$d_{20}=\frac{\beta D_t}{[1+\lambda_{dD}(t-20)]}$$

（5）根据管道敷设查相关表格确定节流件上、下直管段长度。

（6）计算设计流量计测量的不确定度。

由公式（6-57）得

$$q_m=\alpha\cdot\varepsilon\cdot\frac{\pi}{4}d^2\sqrt{2\rho_1\Delta p}=\varepsilon C\cdot\frac{\pi}{4}d^2\sqrt{\frac{2\rho_1\Delta p}{1-\beta^4}}$$

上式最右边各个量并不是彼此无关的，因此，直接从这些量来计算 q_m 的不确定度是不正确的。例如，C 是 d、D、v_1、v_1 和 ρ_1 的函数，ε 是 d、D、Δp、p_1 和 k 的函数。然而，在大多数实际应用中，假定 ε、C、d、Δp 和 ρ_1 的不确定度是相互无关的就足够了。考虑 C 对 β 的依存关系引入 D 值的不确定度，再忽略其它二阶性质的偏差，得到质量流量置信概率为 95% 的不确定度实际计算公式为

$$\frac{\delta q_m}{q_m}=\sqrt{\left(\frac{\delta C}{C}\right)^2+\left(\frac{\delta\varepsilon}{\varepsilon}\right)^2+\left(\frac{2\beta^4}{1-\beta}\right)^2\left(\frac{\delta D}{D}\right)^2+\left(\frac{2}{1-\beta^4}\right)^2\left(\frac{\delta d}{d}\right)^2+\frac{1}{4}\left(\frac{\delta(\Delta p)}{\Delta p}\right)^2+\frac{1}{4}\left(\frac{\delta\rho_1}{\rho_1}\right)^2}$$

$$(6-68)$$

式中：$\frac{\delta C}{C}$ 及 $\frac{\delta\varepsilon}{\varepsilon}$ 如前文所示；$\frac{\delta d}{d}$ 与量具、λ_d 和温度 t 误差有关，按标准制造、测量，误差可在 $\pm0.1\%$ 以内。$\frac{\delta D}{D}$ 与 $\frac{\delta d}{d}$ 影响相同，按标准制造，误差是 $\pm0.2\%$；D 为公称值，误差为 $\pm1\%$。$\frac{\delta\rho_1}{\rho_1}$ 比较复杂，要考虑密度、温度、压力测量误差，可通过查表获得。$\frac{\delta(\Delta p)}{\Delta p}$ 受传送管路、差压变送器、显示器影响，$\delta(\Delta p)=\frac{2}{3}\times$ 量程 $\times$ 精度等级 $\times100\%$；所有不确定度置信概率为 95%。

同一套节流装置和差压系统，在不同流量下，$\frac{\delta q_m}{q_m}$ 不同；差压与流量的平方成正比，在小流量下差压更小，对于既定的差压测量仪表，$\delta(\Delta p)$ 是一定的，测量小流量时，使流量测量不确定度增大。因此，同一套节流式流量计的量程比不应该过大，一般不大于 3∶1 或 4∶1。

2. 流体工作参数偏离设计值处理

$$q_m=\frac{\pi}{4}\alpha\varepsilon d^2\sqrt{2\rho_1\Delta p}$$

当工作参数 p_1、t_1 发生偏离时，变为 p_2、t_2，如果偏离不大，则 β、d_t 对读数影响可以忽略，只考虑 ρ_1、ε_1 分别偏离到 ρ_2、ε_2 的影响，可以对读数进行修正。设仪表读数为 q_{m1}，实际读数为 q_{m2}，则

$$q_{m2}=\frac{\varepsilon_2}{\varepsilon_1}\sqrt{\frac{\rho_2}{\rho_1}}q_{m1} \qquad (6-69)$$

6.5 流量计的标定

流量计在出厂前大多需要确定流量刻度标尺,即进行流量计的标定。使用中还要定期校验,检查仪表的基本误差是否超过仪表准确度等级所允许的误差范围,在测量准确度要求很高时,应该将成套流量计进行实验分度和校验。

在进行流量测量仪表的校验和分度时,瞬时流量的标准值是用标准砝码、标准容积和标准时间(频率)通过一套标准实验装置得到的。标准实验装置是能调节流量并使之高度稳定在不同数值上的一套液体或气体循环系统。若能保持系统中流量稳定不变,则可通过准确测量某一段时间 $\Delta\tau$ 和这段时间内通过系统的流体总容量 ΔV 或总质量 ΔM,由下式求得系统中的瞬时容积流量 q_V 或质量流量 q_m 的标准值:

$$q_V = \frac{\Delta V}{\Delta\tau} \text{或} q_m = \frac{\Delta M}{\Delta\tau}$$

将流量标准值与安装在系统中的被校仪表指示值对照,达到校验和分度被校仪表的目的。

图 6-25 为水流量标定系统示意图,该系统用高位水槽来产生压头,并用溢流的方法保持压头恒定,达到稳定流量目的;用与切换机构同步的计时器来测量流体流入量槽的时间 $\Delta\tau$;用标准容积计量槽(或称重设备)测定 ΔV(或 ΔM);被校流量计前后必须有足够长的直管段,流量调节由被校流量计后的阀门控制。系统所能达到的雷诺数受到高位水槽高度的限制,为了达到更高的雷诺数,有些实验装置用泵和多级稳压罐代替高位溢流槽作恒压水源。

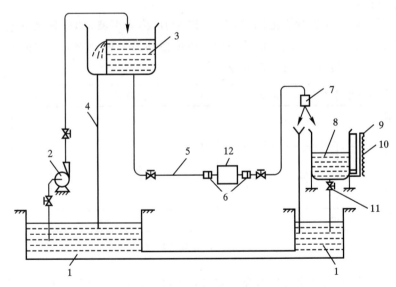

1—水池;2—循环泵;3—高位水位;4—溢流罐;5—直管段;6—活动接头;7—切换机构;
8—标准容积流量计;9—液体标尺;10—游标;11—底阀;12—被标定流量计
图 6-25 水流量标定系统

经过容积标定的基准体积管和高准确度的容积式流量计也经常作为流量测量仪表校验和分度标准。由于它们便于移动和能安装在生产工艺管道上,所以更适用于流量计的现场校验。

如图 6-26 所示,基准体积管是一段经过精密加工的管段,其中有一球在被测流体推动下在管内移动。管段两端装有检测器 A 和 B 用来检测球通过的时间 $\Delta\tau$。A 和 B 之间的管道容积 ΔV 预先经过精确标定。准确测定球经过 A 和 B 的时间间隔 $\Delta\tau$,用 AB 管段容积除以时间间隔可计算出通过被校准流量计的准确流量,因此可确定被校准流量计的刻度或误差。

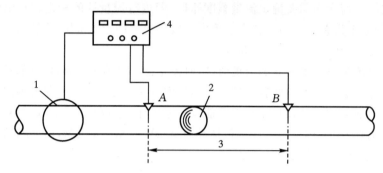

1—被校准流量计;2—球;3—基准体积管;4—计数器

图 6-26　基准体积管流量校准设备示意图

6.6　超声波测量

　　近几年来,随着电子技术、数字技术的发展,利用超声波脉冲测量流速和流量的技术发展很快,适用于不同场合的各种超声波流量计得到了广泛应用。如何认识超声波测量,怎样选择合适的类型,使用中应注意些什么问题等变得十分重要,本节以多普勒超声波测量流量计为例对这些问题进行探讨。

　　超声波是频率高于人类听觉范围(约 16~20 kHz,称为声波)的一种机械振动,低于人类听觉范围频率波为次声波。当超声波从一种介质传播到另一种介质时,一部分在介质分解面上形成反射,一部分被传输,还有一部分被吸收。

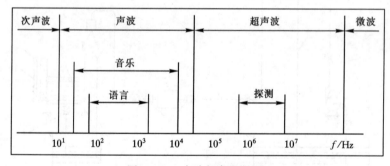

图 6-27　声波频率界限图

　　超声波的穿透能力使其能够以非介入方式工作,例如超声波测量流量计安装方便,可实现管道外测量,对流动无干扰,可用于单相或多相流体测量,因此超声波测量特别适用于防尘、防爆、放射性等场合,常常应用于目标探测、流量测量、液位测量、超声清洗、超声医疗等,其特点是被测物体不受影响,更容易安装和维护。

　　超声波流量计有多种形式,根据对信号的检测方式,大致可分为多普勒测量法、传播速度法(时差法、相差法、频差法)及相关法、波速偏移法等,其中多普勒测量法适合于多相流(含气体或固体的流体),而传播速度法适用于单相介质流体。

6.6.1　超声波多普勒流量计组成

超声波多普勒流量计的测量原理是以物理学中的多普勒效应为基础的。根据声学多普勒效应,当声源和观察者之间有相对运动时,观察者所感受到的声波频率将不同于声源所发出的频率。这种因相对运动而产生的频率变化与两物体的相对速度成正比。

在超声波多普勒流量测量方法中,超声波发射器为一固定声源,随流体一起运动的固体颗粒把入射到固体颗粒上的超声波反射回接收器。发射声波与接收声波之间的频率差,就是由于流体中固体颗粒运动而产生少量的声波多普勒频移。由于这个频率差正比于流体流速,所以测量频差可以求得流体的流速和流量。因此,超声波多普勒流量测量的一个必要的条件是:被测流体介质应是含有一定数量能反射声波的固体粒子或气泡等两相介质。这个工作条件实际上也是它的一大优点,这种流量测量方法适宜于对两相流的测量,这是其它流量计难以解决的问题。作为一种极有前途的多相流测量方法和流量计,超声波多普勒流量测量方法目前正日益得到应用。

超声波多普勒流量计根据其工作原理分为以下几个部分(见图 6-28):超声波发射及接收换能器(传感器)、发射和接收换能器的配套电路、信号处理电路及计算显示记录单元。超声波传感器大多数利用压电材料制成,逆压电效应将电振动转换成机械振动产生超声波,作为发射探头;正压电效应将超声波转换成电信号,作为接收探头。超声波发射及接收换能器安装于管道外部(见图 6-29),超声波发射及接收换能器发射与接收信息重叠的窗口称为信息窗,只有信息窗内的粒子才能接收、反射或散射超声波。信号处理电路负责所需信号的产生及处理,它的功能包括产生电信号并在转换器中把它转变成声信号,把返回的信号数字化,执行对速度的计算及在输出数据前进行数据处理。通过具体的混频、解调、低通滤波、放大、整形及频率检测获得多普勒频移信号。由于测试管道内流速分布不同,以及由于受到尺寸、重量的影响,粒子运动速度不同,因而产生不同的多普勒频移,信号处理电路处理的信号是具有统计意义的多普勒频移量的平均值,该值经过计算处理后可以转换为瞬时流量和累计流量。

图 6-28　超声波多普勒流量计工作原理示意图

6.6.2　超声波多普勒测量原理

1. 测量原理

假设被测管道直径为 D,超声波波束与流体运动速度的夹角为 θ,超声波传播速度为 c,流体中悬浮粒子运动速度与流体流速同为 v,现以超声波束在一颗固体粒子上的反射为例,导出声波多普勒频差与流速、流量的关系式。

如图 6-29 所示,当超声波束在管轴线上遇到一粒固体颗粒,该粒子以速度 v 沿管轴线运动。对超声波发射换能器 A(传感器)而言,该粒子以 $v\cos\theta$ 的速度离去,所以粒子收到的超声波频率 f_2 应低于发射换能器发射的超声波频率 f_1,降低的数值为

$$f_2 - f_1 = -\frac{v\cos\theta}{c}f_1 \qquad\qquad (6-70)$$

即粒子收到的超声波频率为

$$f_2 = f_1 - \frac{v\cos\theta}{c}f_1 \tag{6-71}$$

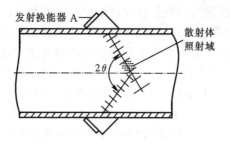

发射换能器 A

散射体
照射域

2θ

图 6-29　超声波多谱勒流量测量示意图

固体粒子又将超声波束散射给接收换能器(传感器 B),由于它以 $v\cos\theta$ 的速度离开接收器,所以接收器收到的超声波频率 f_3 又一次降低,类似于 f_2 的计算,f_3 可表示为

$$f_3 = f_2 - \frac{v\cos\theta}{c}f_2 \tag{6-72}$$

将 f_2 的表达式代入上式,可得

$$f_3 = f_1(1 - \frac{v\cos\theta}{c})^2 = f_1\left(1 - 2\frac{v\cos\theta}{c} + (\frac{v\cos\theta}{c})^2\right) \tag{6-73}$$

由于 $c \gg v$,故上式中平方项可以略去,由此可得

$$f_3 = f_1(1 - \frac{v\cos\theta}{c})^2 = f_1\left(1 - 2\frac{v\cos\theta}{c}\right) \tag{6-74}$$

接收器收到的超声波频率与发射超声波频率之差,即多普勒频移 Δf,可由下式计算

$$\Delta f = f_1 - f_3 = \frac{2v\cos\theta}{c}f_1 \tag{6-75}$$

由上式可得流体速度为

$$v = \frac{c\Delta f}{2f_1\cos\theta} \tag{6-76}$$

体积流量 q_V 可以写成

$$q_V = \frac{\pi}{4}D^2 v = \frac{\pi}{4}D^2\frac{c\Delta f}{2f_1\cos\theta} \tag{6-77}$$

式中:D 为被测管道流通直径。

从以上流量方程可知,当流量计、管道条件及被测介质确定以后,多普勒频移与体积流量成正比,测量频移 Δf 就可以得到流体流量 q_V。

2. 关于流量方程的几点讨论

(1)流体介质温度对测量的影响。

由流量方程(6-77)可见,流速测量结果受流体中的声速 c 的影响。一般来说,流体中声速与介质的温度、组分等有关,很难保持为常数。为了避免测量结果受介质温度、组分变化的影响,超声波多普勒流量计一般采用管外声楔结构,使超声波束先通过声楔及管壁再进入流体,如图 6-30 所示。设声楔材料中的声速为 c_0,流体中声速为 c,声波由声楔进入流体的入射角为 ϕ_0,由图 6-30 可知,$\cos\theta = \sin\phi$,根据折射定理可得:$\frac{c}{\sin\phi} = \frac{c_0}{\sin\phi_0}$,流量公式变为

$$q_v = \frac{\pi}{4}D^2 v = \frac{\pi}{4}D^2 \frac{c_0 \Delta f}{2f_1 \sin\phi_0} \tag{6-78}$$

采用声楔结构以后,流量与频移关系式中仅含有声楔材料中的声速 c_0,而与流体介质中的声速 c 无关。而声速 c_0 随温度变化要比流体中声速 c 随温度变化小一个数量级,且与流体组分无关。所以,采用适当材料制造声楔,可以大幅度提高流量测量的准确度。

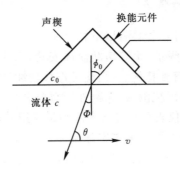

图 6-30　声楔中声波传播示意图

(2)信息窗与平均多普勒频移。

为了有效地接收多普勒频移信号,超声波多普勒流量计的换能器通常采用收发一体结构,换能器接收到的反射信号只能是发射晶片和接收晶片的两个指向性波束重叠区域内的粒子的反射波,这个重叠区域就是多普勒信号的信息窗。流量计接收换能器所收到的信号是信息窗中所有流动悬浮粒子的反射波叠加,即其信息窗内多普勒频移为反射波叠加的平均值。平均的多普勒频移 Δf 可以表示为

$$\Delta f = \frac{\sum N_i \Delta f_i}{\sum N_i} \tag{6-79}$$

式中:Δf 为信息窗内所有反射粒子的多普勒频移的平均值;$\sum N_i$ 为产生多普勒频移的粒子数;Δf_i 为一任一个悬浮粒子产生的多普勒频移。

从上述讨论可知,该流量计测得的多普勒频移信号仅反映了信息窗区域内的流体速度,所以要求信息窗应位于管内接近平均流速的区域上,才能使其测量值能反映管内流体的平均流速。但是管内平均流速区域的位置是与雷诺数有关的函数,当管内流动的雷诺数 Re 发生变化时,其平均流速区域位置也将改变。而一旦流量计安装完毕,其多普勒信息窗的位置就固定了,为使测得的多普勒频移信号 Δf 在不同雷诺数 Re 条件下均能正确地反映流量值,在流量计算公式中引入流速修正系数 K。流速修正系数 K 是雷诺数 Re 和信息窗的位置的函数,用它来对上述原因引起的测量误差进行修正。因此,超声波多普勒流量计的实际流量计算式可以写成

$$q_v = \frac{\pi}{4}D^2 v = \frac{\pi}{4}D^2 \frac{c_0 \Delta f}{2Kf_1 \sin\phi_0} \tag{6-80}$$

(3)悬浮颗粒含量及流速。

多普勒流量计可以测量连续混入气泡的液体,因此被测介质中必须含有一定数量的散射体,以保证固体粒子含量基本不变 $\pm(0.5\% \sim 3\%)$,否则仪表就不能正常工作;流体运行流速不能过低,过低的流速会使离散体分布不均匀,若测量管水平安装,气体会浮升在顶部,颗粒会沉淀于底部,最低流速通常为 $0.1 \sim 0.6$ m/s。

（4）散射体的影响。

实际上多普勒频移信号来自速度参差不一的散射体，而所测得各散射体速度和载体液体平均流速间的关系也有差别。其它参量如散射体粒度大小组合与流动时分布状况、散射体流速非轴向分量、声波被散射体衰减程度等均影响频移信号。

6.6.3　超声波流量计的特点

超声波流量计与其它流量计比较具有以下特点。

（1）使用方便：属于非接触测量，无需切断流体安装，只要在敷设管道外部安装换能器即可。这在工业用流量仪表中具有独特优点，因此可作移动性（即非定点固定安装）测量，适用于管网流动状况评估测定，无流动阻挠测量，无额外压力损失。

（2）测量范围宽：流量计的仪表系数可从实际测量管道及声道等几何尺寸计算求得，即可采用干法标定，除带测量管式外一般不需作实际流体校验，适用于大型圆形管道和矩形管道，且原理上不受管径限制。其造价基本上与管径无关，口径越大经济优势越显著，为大型管道测量带来方便，可认为在无法实现实际流体校验的情况下是优先考虑的选择方案。

（3）流体适应性强：多普勒法可测量固相含量较多或含有气泡的流体，可以对强腐蚀介质、有毒、易爆和放射性介质进行测量，不受流体压力、温度、黏度、密度的影响，可测量非导电性流体，在无阻挠流量测量方面是对电磁流量计的一种补充。

（4）特殊组合测量：易于和其它测试方法（如流速计的速度-面积法、示踪法等）相结合，可解决一些特殊测量问题，如速度分布严重畸变测量、非圆横截面管道测量等。由于附有测量声波传播时间的功能，可以测量液体声速以判断所测液休类别，例如油船泵送油品上岸，可核查所测量的是油品还是水。

（5）缺点和局限性：传播时间法只能用于清洁液体和气体，不能测量悬浮颗粒和气泡超过某一范围的液体；多普勒法只能用于测量含有一定异相的液体；不能用于衬里或结垢太厚的管道；不能用于衬里（或锈层）与内管壁剥离（若夹层夹有气体会严重衰减超声信号）或锈蚀严重（改变超声波传播路径）的管道。多普勒法多数情况下测量精度不高；国内生产现有品种不能用于管径 D_n 小于 25 mm 的管道。

6.7　激光多普勒测速技术

激光多普勒测速仪（Laser Doppler Velocimetry, LDV）是一种重要的流体流动速度测量仪器。本节主要介绍激光多普勒测速原理、测量方法、LDV 系统、流动方向模糊性判定和示踪粒子方面的内容。

6.7.1　激光多普勒测速原理

如果一个振源所发出的波在介质中传播，当振源相对于介质运动时，那么振源的振荡频率和它所发出的波在介质中的频率之间有一个差值。类似地，如果观察者（或接收波的探测器）相对于介质在运动，则介质中波的频率和观察者（或探测器）所记录到的频率之间也存在一个差值。这两种现象都称为多普勒效应。

考虑一个运动的振源 S 和一个运动的观察者 O（或探测器）。如图 6-31 所示，它们相对于介质的速度分别为 u_S 和 u_O，而波的传播方向为单位向量 r。如果让振源产生频率为 v 的振动,就有频率为 υ' 的波在介质中传播。而波在介质中的传播速度是 v,它是由介质的性质所决定的,与振源 S 无关。于是,波相对于振源的速度将为 $(v-u_S)$。假设介质是不动的,则在单位时间内运动振源所发出的向前传播的波的长度,即在介质中测量到的波列的长度,为 $(v-u_S) \cdot r$。在单位时间内振源振动了 υ 次,故一共发射了 υ 个波,当然,在介质中也就有 υ 个波。因此,介质中的波长为

$$\lambda' = \frac{(v-u_S) \cdot r}{\upsilon} \tag{6-81}$$

波在介质中的频率为

$$\upsilon' = \frac{u}{\lambda'} \tag{6-82}$$

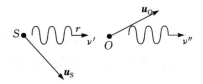

图 6-31　多普勒效应

另一方面,对观察者来说,波相对于观察者的速度为 $(v-u_O)$。于是,在单位时间内到达观察者的波列长度,或者说波列"越过"观察者的长度为 $(v-u_O) \cdot r$。这个长度是在介质中测量的,是波列在介质中的长度,而介质是不动的。在介质中这个波的波长为 λ',则其频率 υ'' 为

$$\upsilon'' = \frac{(v-u_O) \cdot r}{\lambda'} \tag{6-83}$$

将式(6-81)代入式(6-82),得观察者或探测器所接收到的频率 υ'' 与振源振动频率 υ 之间的关系式为

$$\upsilon'' = \upsilon \frac{(v-u_O) \cdot r}{(u-u_S) \cdot r} \tag{6-84}$$

这就是多普勒效应的一般表达式。

在流场中加入微粒充当随流体运动的示踪粒子,当激光入射到示踪粒子上时,会发生散射现象,可以用检测器接收散射光。散射光和入射光的频率差就是激光多普勒频移(或多普勒频率)υ_d,即

$$\upsilon_d = \upsilon_s - \upsilon_i \tag{6-85}$$

式中:υ_i 为入射光频率;υ_s 为散射光频率。

由式(6-84)和式(6-85)可得

$$\upsilon_d = \frac{c}{\lambda_i}\left(\frac{c-v \cdot r_i}{c-v \cdot r_s}-1\right) \tag{6-86}$$

式中:λ_i 为入射光波长;v 为微粒速度;r_i 为入射光方向单位矢量;r_s 为散射光接收方向单位矢量。当微粒运动速度远小于光速时,上式可简化为

$$\upsilon_d = \frac{v \cdot (r_s - r_i)}{\lambda_i} \tag{6-87}$$

或写为

$$\upsilon_d = \frac{n}{\lambda_0} v' \cdot (r_s - r_i) \qquad\qquad (6-88)$$

式中:λ_0 为入射光在真空中的波长;n 为介质折射率。测得多普勒频差 υ_d,就可以利用式 (6-88)得到微粒速度,这就是激光多普勒测速的基本原理。

6.7.2 激光多普勒系统

激光多普勒系统(LDV)主要由光学系统和信号分析系统构成。光学系统包括激光器、光学传输系统(光纤)、光学发射探头、光学收集探头、光电检测器和机械调节机构等组成。信号分析系统包括信号实时采集和处理装置等。

1. 光学系统

从前面的多普勒测速原理可知,要获得多普勒频移,光路系统必须具备两个功能:①把激光光束投射到运动的微粒上;②收集运动微粒的散射光。这里的运动微粒就是散播在流场中的示踪粒子。

以最常用的双光束系统为例介绍双光束双散射系统。如图 6-32 所示,由光源产生的一束激光经分光器分成两束平行光,经发射透镜,即聚焦透镜使两束光在各自光腰处相交,此相交点就是流场中的测量点,两束光被测量点处的微粒散射,散射光由接收透镜接收,传递给光电检测器,由光电检测器把光信号转变成电信号,再传递给信号分析系统。

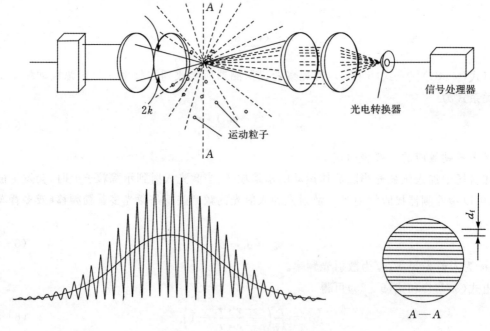

图 6-32　双光束双散射系统图
$$(d_g = \lambda/25 \ mk, u_x = f_d d_f)$$

双光束系统散射光的多普勒频移与光电检测器方位无关,受试验件结构限制少。由于可用大口径接收透镜收集粒子的散射光,因此该系统的信噪比高,允许用于微粒浓度较低的场合。

实际中,为了使用方便,发射透镜和接收透镜常布置成另一种形式,如图 6-33 所示,为 TSI 公司一维光纤探头结构形式。发射透镜和接收透镜安装在测量点的同一侧,这有利于适应不同结构的试验台位。这种布置形式稍微降低了信噪比,但是并不影响它的使用。这种探头可以使用较长光纤传输发射光束以及接收光束,由于光纤具有良好的光学性能和柔软特点,便于移动和调节。它与由透镜和反射镜组成的光学传输系统相比,既便宜又方便、省时,因此光纤 LDV 的发展是 LDV 发展的方向。

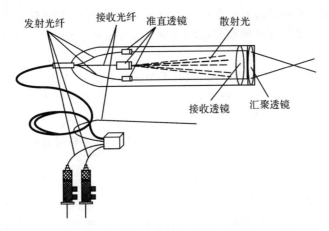

图 6-33　TSI 的一维光纤探头结构

2. 信号分析系统

光电检测器输出信号是既有幅值和频率调制,又有宽频噪音的信号。速度所对应的频率就包含在其中,去除噪音信号,提取多普勒频移信号,就是信号分析系统的任务。

(1)信号的特点。

光电检测器检测的 LDV 信号十分复杂,主要特点有:①信号具有随机性,因为穿越测量体的粒子,在数量、运动方向和相位上具有随机性;②当测量体中粒子多于一个时,其多普勒频移是一个有限的带宽;③时常有信号脱落现象发生,用脱落率表示,脱落率是无信号持续时间与总时间之比;④由于各种因素的干扰和影响,散射光信号又较弱,检测到的信号中有一系列噪音,信噪比较低;⑤信号振幅类似于调幅波,低频信号所包含的高频信号频率反映了运动粒子穿越测量体积时越过的干涉条纹数目,这个信号频率也正是信号分析所期望得到的。由于上述特点,LDV 对信号分析处理器的要求非常苛刻,提高 LDV 测量结果的可靠性和精度是 LDV 技术的重要内容之一。

(2)信号分析方法。

①频谱分析法。频谱分析法是信号分析中最常用的方法,其基本原理是傅里叶变换。利用频谱分析仪对光电检测器输出信号分析,得到其频率-功率关系特性曲线,进而得到速度等物理量。对测量体中的微粒进行检测,得到的多普勒频移会产生波动,光检测器输出信号的波动与测量体内微粒平均数的平方根成正比,与测量体内条纹数的平方根成反比,正比于多普勒频移的平方根。对许多粒子的多普勒信号群进行平均,可以减小波动,提高测量精度。

频谱分析法适用于低频湍流,以及可以添加高浓度微粒的流场测量。频谱分析仪的优点是,它的频率覆盖范围、扫描时间和积分时间常数易调节,适于各种不同场合的需要。扫描过程不受输入信号的控制,可以在低信噪比情况下工作。但是,频谱分析仪也有缺点,由于扫描速度低,不能进行实时处理,不适于瞬变流场测量。测量体中要求有足够多的微粒数目,这在某些条件下难于满足。

②频率跟踪法。频率跟踪法检测多普勒信号频率,是把瞬时频率转换成模拟直流电压,从而得到流体速度,模拟直流电压与多普勒频移成正比。频率跟踪器由压控振荡器、混频器、限幅器、放大器、频率鉴别器、积分器和脱落保护器等组成。光电检测器的输出信号经前置放大器放大,与压控振荡器的输出信号一起进入混频器,输出信号经中频放大器和限幅器后进入频率鉴别器,频率鉴别器输出信号经积分器转换成与多普勒频移成正比的直流电压信号,并反馈到压控振荡器调节其频率输出。

频率跟踪法有效地放大了有用信号,同时拟制了噪音信号,可用于低信噪比的场合。信号处理多由硬件完成,处理迅速,适于瞬态实时测量。模拟电压与多普勒频移成线性关系,而微粒速度又与多普勒频移成线性关系,所以微粒速度与模拟电压成线性关系。不足之处是需要足够大的微粒浓度,否则可能得不到结果。此外,这种方法必要时需要校准试验,会增加试验工作量。

③钳位自相关法。钳位自相关法是通过计算相关系数确定多普勒信号的频率,从而得到瞬时速度。该方法具有数字化速度快、运算简便迅速、实时性强、存储量大的特点。它克服了传统处理器实时性差、存储量小的缺点,是目前多普勒信号处理中的最好方法。

3. 流动方向模糊性判定

由于频率本身是没有方向的值,无论速度是正还是负,只要速度值相同,多普勒频移就相同,这样,就有可能混淆了速度方向,一般采用固定频移的方法解决方向模糊性问题。

产生固定频移的方法较多,常用方法为声光调制法。声光调制器包含一块石英晶体或其它材料,当一定波长的超声波在该晶体中传播时,由于超声波是纵向波,会使晶体的折射率随超声波波长而成正弦变化。这时,在该晶体中传播的光束会发生方向偏转和频移。频移大小与入射光频率、声波在晶体中的传播速度、偏转角的正弦值成正比。声光调制器产生的频移一般大于 10 MHz,适合于作为固定频率使用。此外,实际使用时,可以依据不同速度范围选择合适的固定频率量程。

4. 示踪粒子

对于示踪粒子,首先应当考虑跟随性和信噪比的问题。对于空气气流,使用 LDV 时,通常需要加入示踪粒子。对于水流,在前向接收散射光的情况下,不用加入示踪粒子,水中自然存在的杂质微粒就能产生连续的信号,这些微粒作为示踪粒子也能很好地跟踪流动。但是,对于后面接收散射光的情况,则须额外加入示踪粒子才可得到较好的信号。

最合适的粒子浓度是测量体中每次有一个粒子通过。此外,气流中的粒子应当足够大,以便产生质量高的信号,同时又应当足够小以便能很好地跟踪气流流动。

空气中施加示踪粒子的方法有:①在气流中散播干燥粉末状固体颗粒;②使溶液先蒸发,后冷凝,产生微小雾滴;③利用蒸发压力不同的材料混合物,如油和乙醇,或者利用水,加热时会产生悬浮颗粒等。

思考题与习题

6-1 水以 1.417 m/s 的流速流动,用皮托管和装有相对密度为 1.25 液体的 U 形管压力计来测量。皮托管的校正系数为 1.0,问压力计液体高度差。

6-2 空气流以 91.44 m/s 的速度流动,气流温度为 15 ℃,密度 $\rho=1.235$ kg/m³,静压为 100 kPa,利用皮托管测量。计算由空气不可压缩假设引起滞止点压力误差。

6-3 由皮托管-U 形管测量装置测得压差为 19.72 kPa,绝对静压为 100 kPa,空气流的温度为 15.1 ℃。设:①空气可压缩;②空气不可压缩。计算两种情况下的空气流速。

6-4 热线风速仪有哪些工作方式? 各自特点是什么?

6-5 用二元复合测压管测量管道内某一点空气流参数,测压管校正系数为:$k_0=0.970$,$k_0-k_1=0.735$,侧得:$h_2=900$ mmH₂O,$h_{2-1}=340$ mmH₂O;$p_a=740$ mmHg,$T_a=20$ ℃。计算流体参数 p_0、p、v。(注:1 mmH₂O=9.81 Pa,1 mmHg=133 Pa)

6-6 流量有哪些表示法? 气体流量通常用什么流量表示?

6-7 涡轮流量计由哪几部分组成? 适用于什么场合? 使用时要注意什么?

6-8 涡街流量计的工作原理是什么? 有何优缺点? 如何正确使用?

6-9 节流式流量计由哪些部分组成? 标准节流装置由哪些部分组成? 常用的标准节流件型式和取压方式有哪些? 标准孔板、喷嘴有哪些优缺点?

6-10 设计标准节流装置时,应根据什么工况来确定 C、α 及 ε?

6-11 对同一套节流式流量计所测的最大和最小流量比为多少? 为什么?

6-12 当流体工作参数偏离设计值时,怎样对仪表指示值进行修正?

6-13 一支皮托管放在直径为 0.15 m,内有高压气体流过的管道中心。当气流最大时,皮托管的差压是 250 kPa。根据下述已知数据:气体密度=5.0 kg/m³,气流黏度=5.0×10⁻⁴ Pa·s,试计算:(1)最大流速;(2)最大质量流量;(3)最大流量时的雷诺数。

6-14 用节流式流量计测量某管道过热蒸汽流量,仪表设计工况为 $p_1=2.5$ MPa,$t_1=350$ ℃,对应的 $\rho_1=8.93$ kg/m³,$\varepsilon_1=0.992$。若实际运行工况为 $p_2=2.2$ MPa,$t_2=330$ ℃,对应的 $\rho_2=7.93$ kg/m³,$\varepsilon_2=0.893$,此时流量计指示值为 2 500 kg/h,问过热蒸汽的实际流量为多少?(只考虑 ρ、ε 变化影响)

6-15 超声波多普勒测量工作原理是什么? 如何提高测量精度?

6-16 超声波多普勒流量计测量直径为 0.2 m 钢管内浆液的体积流量,管道外放置两个自振频率为 1 MHz 的压电晶体。超声波束和流动方向间夹角为 60°。求流量为 1130 m³/h 时接收和发送的超声波频率之间的差值。

第 7 章

振动与噪声测量

在机械工程领域中,振动与噪声是常见的物理现象。可以这样讲,机械设备一旦处于工作状态,便伴随着振动与噪声现象。一般来讲,振动与噪声是有害的,它们的不良影响,除了引起设备损坏、降低机械设备精度及效率外,还对人体、环境有危害。因而对振动与噪声的测试分析技术就有着十分重要的实际意义。

振动与噪声测量的内容主要分为两项。一项是它们的强度,对于振动主要测量位移、速度、加速度大小;对于噪声主要测量声压、声强、声功率及声级大小。另一项是振动与噪声的特征,即频谱特性、相位特性等。下面将分别叙述振动与噪声的测量技术。

7.1 振动测量传感器

振动测量指位移、速度和加速度的测量。当人们主要研究振动对机械加工精度的影响时,就必须测量位移幅值的大小;当研究振动引起的声辐射大小时,则需要测量振动的速度而不是位移;当需要考虑机械损伤时,由振动产生的力是重要因素,由于给定质量的加速度与作用在它上面的力成正比,此时主要测量加速度。

由于位移、速度、加速度这三个物理量之间存在着固定的导数关系,原则上讲,根据其中任何一个物理量都可以通过数学方法或电路处理方法获得其它物理量,即只要用一种传感器测出三个物理量中的一个,其它两个物理量便可通过微分或者积分获得。由于压电晶体加速度计特别轻、小,可供选择的规格、型号多,所以在实际工作中得到普遍使用。本节除了简单介绍位移及速度传感器外,重点对压电晶体式加速度计进行介绍,并介绍与它有关的安装原则及校准方法。

7.1.1 振动位移传感器

目前采用的振动位移的测量工具通常为电容式、电感式及涡流式传感器,其原理详见第 3 章。为了有效地对振动位移进行测量,往往对测量系统提出以下要求:

(1)较高的分辨率、测量精度和动态响应特性。

(2)可以实现非接触式测量,避免对被测系统运动的干扰。

(3)实现电测,以便使用计算机对数据进行采集和处理。

涡流式位移传感器具有线性范围大、灵敏度高、频率范围宽(从直流到数千赫兹)、抗干扰能力强、不受油污等介质影响以及非接触测量等优点,因而被广泛应用于工业现场。这种传感器由固定在聚四氟乙烯或陶瓷框架中的扁平线圈组成,结构简单,如图 7 - 1 所示。涡流传感器已成系列化发展,测量范围从 ±0.5 mm 到 ±10 mm,灵敏度约为测量范围的 0.1%。实验表明,传感器线圈的厚度越小,其灵敏度越高。例如,外径 8 mm 的传感器与工件安装间隙约 1 mm,在 ±0.5 mm 测量范围内有良好的线性,灵敏度为 8 mV/μm。这类传感器属于相对式传感器,能方便地测量运动部件与静止部件之间间隙变化,因而在汽轮机组、空气压缩机组等回转轴系的振动监测、故障诊断中应用甚广。

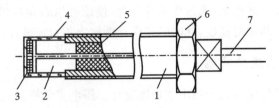

1—壳体；2—框架；3—线圈；4—保护套；5—填料；6—螺母；7—电缆

图 7 - 1　涡流传感器

7.1.2　振动速度传感器

振动速度的测量常用磁电式速度传感器来进行,有关该传感器的工作原理已在第 5 章中介绍过,在此不再赘述。一般来讲,振动速度传感器分为绝对速度传感器与相对速度传感器两类。

图 7 - 2 为磁电式绝对速度传感器结构图。磁铁与壳体形成磁回路,装在心轴上的线圈和阻尼环组成惯性系统的质量块并在磁场中运动。弹簧片径向刚度很大、周向刚度很小,使惯性系统既可得到可靠的径向支承,又保证有很低的周向固有频率。铜制的阻尼环一方面可增加惯性系统质量,降低固有频率,另一方面又利用闭合铜环在磁场中运动产生的磁阻尼力使振动系统具有合理的阻尼。作为质量块的线圈在磁场中运动,其输出电压与线圈切割磁力线的速度,即质量块相对于壳体的速度成正比。

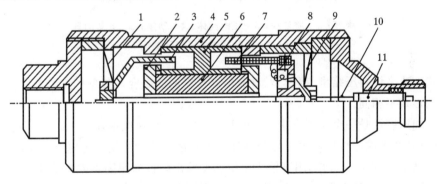

1—弹簧片；2—磁靴；3—阻尼环；4—外壳；5—铝架；6—磁钢；

7—线圈；8—线圈架；9—弹簧片；10—导线；11—接线座

图 7 - 2　磁电式绝对速度传感器

根据振动理论可知,为了扩展速度传感器的工作频率下限,应采用 0.5～0.7 的阻尼比。此时,在幅值误差不超过 5% 的情况下,工作频率下限可扩展到 $\omega/\omega_n = 1.7$。这样的阻尼比也有助于迅速衰减意外扰动所引起的瞬态振动,但是用这种传感器在低频范围内无法保证测量的相位精确度,测得的波形有相位失真。从使用要求来看,希望尽量降低绝对式速度计的固有频率,但是过大的质量块和过低的弹簧刚度不仅使速度计体积过大,而且使其在重力场中静变形很大。这不仅引起结构上的困难,而且易受交叉振动的干扰。因此其固有频率一般取 10～15 Hz,其可用频率范围一般为 15～1 000 Hz。

如果将壳体固定在一试件上,通过压缩弹簧片,使顶杆以力顶住另一试件,则线圈在磁场中运动速度就是两试件的相对速度,此时的速度计就称为相对速度计。

7.1.3　振动加速度传感器

目前采用的加速度传感器均为压电式加速度计。压电式变换器的原理详见第 2 章。

1. 加速度计结构及工作原理

所有加速度计都利用质量-弹簧系统,它的底座或与它相当的部位被固定在需要测量振动的点上,压电晶体元件接收由质量块与底座的相对运动产生的加速度。压电晶体片经受机械应变时便会产生电荷,利用此特性,在片上放一质量块,顶部用一弹簧系统将其压住,整个系统装在具有厚底的金属壳中,如图 7-3 所示。当加速度计接收振动时,质量块在压电片上产生一交变力,由于质量 M 是常数,如果应变变化处在压电片线性范围以内,则作用于压电片的力所产生的电荷与加速度成正比,通过测量电荷大小便可得到加速度大小。

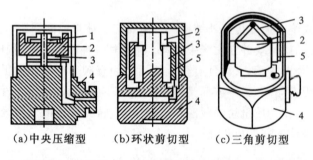

(a)中央压缩型　　(b)环状剪切型　　(c)三角剪切型

1—弹簧;2—质量块;3—压电晶体;4—基座;5—预紧力环

图 7-3　压电晶体加速度计结构

压电式加速度计有压缩型、剪切型、弯曲型以及它们的组合。各型的主要差别是压电晶体承受应力的形式不相同。

压电式加速度计是一个电荷发生器,所发生的电荷与加速度成比例,因此它不能测量零频率振动,并且其低频响应特性取决于加速度计电缆和耦合放大器组合等电子设备,正如前面第 2 章指出,为改善低频响应特性,用高输入阻抗和低输出阻抗的跟随器或电荷放大器。

压电式加速度计的特点是:尺寸小、重量轻、坚固性好,测量频率范围一般可达 1 Hz～22 kHz,测振动时加速度范围为 0～2 000g,温度范围为 -150～+260 ℃,输出电平为 5～72 mV/g。因此在振动测量中,压电加速度计得到广泛应用。其缺点是低频性能差、阻抗高、测量噪声大,特别是用它测量位移时经过两次积分后会使信号减弱,噪声和干扰的影响相当大。

2. 加速度计的安装

在不同情况下测量振动,必须准确选择合适的加速度计安装方法,因为它们对于测量准确度的影响很大。

图 7-4 所示为常用的六种附着安装方法。具体步骤是:(a)将加速度计直接用螺栓安装在振动表面上;(b)将加速度计与振动面通过绝缘螺栓或者云母片绝缘相连;(c)用蜡膜黏附;

(d)手持探棒与振动表面接触；(e)通过磁铁与具有铁磁性质的振动表面磁性相连；(f)～(g)用黏结剂连接。

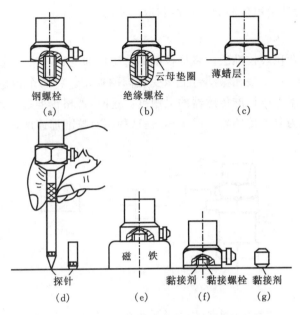

钢螺栓　　　　　绝缘螺栓　　　　薄蜡层

云母垫圈

(a)　　　　　　(b)　　　　　　(c)

磁　铁　　探针　黏接剂　黏接螺栓　黏接剂

(d)　　　(e)　　　(f)　　　(g)

图 7-4　加速度计安装方法

上述安装方法(a)可测量强振和高频率振动，是安装加速度计理想的方法；方法(b)与方法(a)相同，只是在需要绝缘时使用。但是这两种方法需要在被测物体表面穿孔套丝，较为复杂，有时因条件不允许而常常受到限制。在精度要求不高的振动测量中常使用其它几种方法，但由于加速度计与振动不是刚性连接，会导致加速度计安装系统的共振频率低于加速度自身固有振动频率。方法(e)是常用的方法，方便可靠，但只能测量加速度较小的振动；方法(d)只适合测量低于 1 000 Hz 的振动，且往往由于手颤的影响，误差较大。

7.1.4　振动传感器的校准

为了保证振动测量与实验结果的可靠性与精确度，在振动测试中对传感器和测试系统的校准显得很重要。这是因为传感器使用一段时间后灵敏度会有所改变，如压电材料的老化会使灵敏度每年降低 2%～5%，所以，振动传感器应定期校准。另一方面，测试仪器修理后必须按它的技术指标进行全面严格的定标和校准，进行重大测试工作之前常常需要做现场校准或某些特性校准，以保证获得满意的结果。

由于传感器在振动测量中非常重要，此处重点介绍一下传感器的校准。对于传感器要校准的项目很多，但是绝大多数使用者最关心的是传感器灵敏度的校准。实际测量中常用的灵敏度校准方法有绝对法与相对法。

1. 绝对法

将被校准的传感器固定在校准振动台上，用激光干涉测振仪直接测量振动台的振幅，再和被校准传感器的输出比较，以确定被校准传感器的灵敏度，这便是用激光干涉仪的绝对校准法，其校准误差是 0.5%～1%。此法同时也可测量传感器的频率响应特性。例如用我国的

BZD-1中频校准振动台配上 GDZ-1 光电激光干涉仪,在 10~1 000 Hz 之间有 0.5%~1%的校准误差,1~4 kHz 之间有 0.5%~1.5%的校准误差。此法的不足之处是设备复杂,操作和环境要求高,只适合计量单位和测振仪器制造厂使用。

2. 相对法

此法又称为背靠背比较校准法。将待校准的传感器和经过国家计量等部门严格校准过的传感器背靠背(或并排)地安装在振动台上承受相同的振动。将两个传感器的输出进行比较,就可以计算出在该频率点待校准传感器的灵敏度。这时,严格校准过的传感器起着"振动标准传递"的作用,通常称为参考传感器。图 7-5 是这种相对校准加速度计的一个简图。

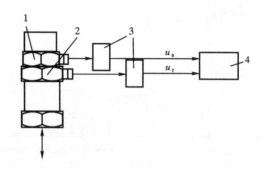

1—被校准传感器;2—参考传感器;3—放大器;4—电压表
图 7-5　相对校准加速度计简图

设 u_a、u_r分别为被校准传感器和参考传感器的输出,这时被校准传感器的灵敏度 S_a 为

$$S_a = S_r \frac{u_a}{u_r} \tag{7-1}$$

式中: S_r 为参考传感器的灵敏度。

任何外界干扰,包括地基的振动都会影响校准工作并带来误差,故高精度的校准工作应在隔振的基座上进行。

7.2　常用振动测量仪器

7.2.1　测振仪

在振动测量中,振动加速度、速度或位移信号的峰值、平均值及有效值是振动分析中重要的物理量。在工程中常采用各种台式、袖珍式、数字式和单通道、多通道等各种规格测振仪来完成这些物理量的测量。这种测振仪配有积分微分电路进行被测量的转换,其输出通过面板表头,因而可以直接读出位移、速度、加速度等振动量的峰值、峰-峰值、平均值或均方根值。

测振仪的核心部分由配有不同形式检波电路的交流电压测量电路组成,它可以分别检测振动信号的峰值、平均值或有效值。在峰值检波测量电路图 7-6 中,交流输入信号 U_i 经放大、阻抗变换后进入全波整流器变为正脉冲信号 U,并向电容器 C 充电,只要放电时间常数 $\tau=RC$ 足够大,电容器端电压就接近等于脉冲信号 U 的峰值 U_P,即有动圈式电压表指示电压值 $U_o \propto U_P$。在上述峰值测量电路中,如果将电容器 C 从点 A 断开,就成为平均值检波测量电路。这是由于动圈式电流表的指针系统转动惯量大,固有频率在几赫兹以下,无法跟随频率较高的交变电流,它起到了滤波器的作用,因此仪表所指示出的是被测电流的直流成分。在电路中各电阻值固定的条件下,电流的直流成分即是电压 U 的直流分量 U_e,这表明电压表的指示电压 U_o 与被测电压的平均值成正比,即 $U_o \propto U_e$。

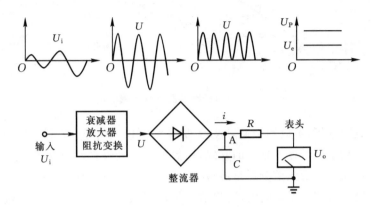

图 7 - 6　峰值及平均值检波电路

同振动信号的峰值及平均值相比,振幅的有效值更为重要,因为这个指标同机械能有关。国际标准(ISO)中就规定了以振动速度的有效值作为标准来评价振动强度。在有效值检波电路中,要求表头端的输出电压值 U_o 正比于输入的交流电压 U_i 的有效值,即

$$U_o = \sqrt{\frac{1}{T}\int_0^T U_i^2(t)\,\mathrm{d}t} \tag{7-2}$$

这种功能的实现是通过一个可进行对数运算的非线性运算放大器固体组件来完成的,这种组件精度高、频率范围宽,在用于除简谐波外的正弦合成波、矩形波、三角波时仍能保持很高的精度。

在使用便携式测振仪做振幅测量时要注意,由于仪表的指示刻度值是以简谐波为基准而确定的,对于非简谐波(如矩形波、三角波)来说,得到的读数就需加以修正,具体修正数据及修正方法可参考仪器使用手册。

7.2.2　频谱分析仪

工程中的振动问题十分复杂,经常遇到多种频率叠加的振动波,它们会同时被振动传感器检测到。靠上述测振仪无法从中确定各个频率成分及其幅值,这时就要使用专门对信号频率分布作处理的频谱分析仪。

一个经传感器转换成电信号的振动波形信号在电子示波器(或其它类型的记录仪)上被显示出来时,通常是以时间作为横轴,振动幅值作为纵轴,这时我们是站在时域的角度来观看该波形的,并称之为信号的时域分析。在振动的测量与分析中,我们十分关心一个复杂的振动信号究竟是由哪几种频率的振动叠加而成的,其振动幅值各是多大,以便判断振动产生的原因,而时域分析无法提供上述所需的信息。若要把一个信号的频率成分分析出来,就必须用频域分析法。图 7 - 7 的三维坐标图可以形象地显示出一个波形的时域分析与频域分析的关系,它是同一客观物理现象从不同角度观察的结果。

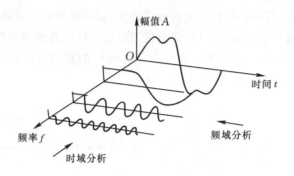

图 7 - 7　信号的时域测量与频域测量

　　振动信号的频谱分析,可以用带通滤波器、频率分析仪或信号处理设备完成。随着计算机技术的发展和各种数字信号处理软件的开发,用数字方法处理振动测量的信号日益广泛地被采用,因而,许多振动信号的频谱分析是通过 A/D 接口和软件在通用计算机上进行的。

　　图 7 - 8 是电机工作时,振动的测量、频谱分析仪器组合框图。从频谱分析仪上可以读出振动的幅值。若让频谱分析仪在一定频率范围内扫频,并使电平记录仪同步走纸,便可得到图 7 - 9 所示的频谱图。从频谱图上可以找到最大振幅的频率,为分析振源提供了参考信息。

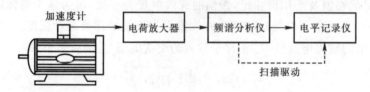

图 7 - 8　振动测量、频谱分析仪组合框图

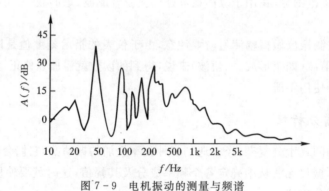

图 7 - 9　电机振动的测量与频谱

7.3　动态特性测量系统

　　上面描述的是一般的振动测量系统。在许多场合下,人们需要测量与研究被测系统的动态特性,而在现场或在正常工作状况下测得的振动信号很难全面反映出被测系统的动态特性。此时要获得完整准确的动态特性,就需要人为地给系统施加一定的振动激励,然后同时测量出激励和响应信号,分析两信号之间的相对大小及相位关系,即可获得系统的动态特性。

在结构动态特性的测试中,首先要激励被测对象,让它按测试的要求做受迫振动或自由振动。激励方式通常可分为稳态正弦激励、随机激励和瞬态激励。瞬态激励往往是利用专用的脉冲锤产生激励力,而稳态正弦激励与随机激励则需要信号发生器发出所需的信号,经过功率放大器放大后推动专用的激振器产生力信号。脉冲激励与激振器激励各有特点,下面分别作介绍。

7.3.1 脉冲激励

如前所述,脉冲激励的激励力只需要一个脉冲锤,激励系统简单,使用方便,因而广泛应用于小型机械系统的动态特性测量。由于脉冲锤的激励能量相对较小,激励力信噪比低,对于大型结构动态特性的测量有一定的局限性。

脉冲锤如图 7-10(a)所示。它看上去像一个小榔头,由手柄 4、锤体 3、力传感器 2 及锤头垫 1 组成。锤体质量与力的大小有关,改变锤头的质量(通常靠增减锤头配重来实现)和敲击的力度可调节激励力的大小。锤头垫的材料决定了与被激励物体的接触时间,如图 7-10(b)所示,从而决定作用力的频率特性,如图 7-10(c)所示。由图 7-10 可以看出,锤头垫材料刚度越高,激励的脉宽就越窄,频带也就越宽,能量分布在较宽的频域上,对于需要测量较宽频带动态特性的系统,选择较硬的锤头垫,可激起系统较宽的频率特性。反之,锤头垫材料刚度越低,激励的脉宽就越宽,频带也就越窄,能量集中在较低的频域上,对于仅需测量低频动态特性的系统,选择较软的锤头垫,可获得较好的信噪比。

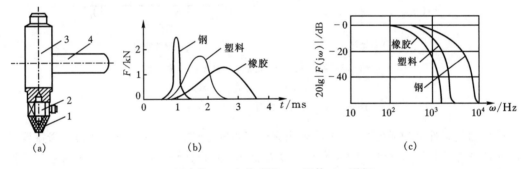

1—锤头垫;2—力传感器;3—锤体;4—手柄

图 7-10 脉冲锤结构及特性

7.3.2 稳态正弦激励与随机激励

稳态正弦激励是对被测对象施加一个幅值稳定的单一频率的正弦激振力。它的优点是激振功率大、信噪比高,能保证测试精确度。它的主要缺点是需要很长的测试周期。测试周期很长是因为需要用多个频率逐一进行试验以得到整套测试数据。除此之外,为了使系统进入稳态也需要有足够的时间。

随机激励是一种宽带激励的方法,一般用白噪声(功率在整个频率范围内均匀分布的噪声)或随机信号发生器作为信号源。当白噪声信号通过功放控制激振器时,由于功放和激振器的通频带都是有限宽的,所得激振力频谱只有在一定宽度的频段范围中保持常数,才可以激起被测对象在一定频率范围内的随机振动。随机激励测试系统虽有可实现快速甚至实时测试的优点,但它所用的设备(主要是信号发生器)要复杂得多,价格也较昂贵。

　　稳态正弦激励与随机激励均需要激振器产生激励力。常用的激振器有电动式、电磁式和电液式三种,其中最常用的是电动式,因而本节对电动式激振器做简单介绍。

　　图7-11(a)是电动式激振器结构及特性曲线。励磁线圈6(也可用永久磁铁)通直流电后,在磁路(铁心8→外壳7→磁极4→动线圈3→铁芯8)中产生固定磁场。这时如果在动线圈中通以交流电,则动线圈上就感应一个交流电磁力,此力通过顶杆1作用于激振对象之上,顶杆和动线圈通过特制的平板弹簧固定到壳体上,此时弹簧的力和位移之间的关系如图7-11(b)所示。在顶杆位移即弹簧压缩量小于a之前,位移和力之间有线性关系,过了a点以后力和位移之间的关系近于水平,这意味着此时弹簧刚度很小,或实际上弹簧近于不存在。一般总是使弹簧工作于$a \sim b$范围的中央部分。这样既可以保证有一定的预加载荷,又可以减小弹簧对激振力的影响。平板弹簧可以用弹簧钢片上、下黏贴内阻尼很大的黏弹橡胶制成,也可以用酚醛树脂夹布胶木板制成。普通的金属弹簧材料不能胜任。

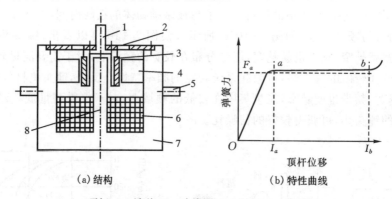

(a) 结构　　　　　　　　　　(b) 特性曲线

1—顶杆;2—端盖;3—动线圈;4—磁极;5—支撑杆;
6—励磁线圈;7—外壳;8—铁芯
图7-11　电动式激振器结构及特性曲线

　　顶杆加到试件上的激振力,并不等于线圈所产生的电动力,而是等于电动力和激振器运动部件的弹簧力、阻尼力、惯性力的矢量差。传力比(电动力与激振力之比)与激振器运动部件和试件本身的质量、刚度、阻尼等有关,并且是频率的函数。只有当激振器运动部分质量与试件相比可略去不计,且激振器与试件连接刚度好,顶杆系统刚性也良好的情况下,才可认为电动力等于激振力。一般最好使顶杆通过一只力传感器去激励试件,以便精确测出激振力的大小和相位。

　　电动激振器主要用来对试件做绝对激振,因而在激振时最好让激振器壳体在空间中基本保持静止,使激振器的能量尽量用于试件上。在进行较高频率的激励时,激振器都用软弹簧或橡皮绳悬挂起来,并可加上必要的配重,以尽量降低悬挂系统的固有频率,至少使它低于激振频率的1/3。水平绝对激振时,为降低悬挂系统的固有频率,应有足够的悬挂长度和配重。为了产生一定的预加载荷,需要斜挂一定角度。

　　低频激振时要维持上述条件的悬挂是办不到的,因而都将激振器刚性地安装在地面或刚性很好的架子上,让安装的固有频率比激振频率高3倍以上。

　　激振器和试件间往往用一根在激振力方向刚度很大而横向刚度很小的柔性杆连接,它既能保证激振力的传递,又可大大减小对试件回转的约束。

7.4　噪声测量基础

在日常生活中充满着各种各样的声音,有谈话声、广播声、风声、各种车辆的鸣笛声和运动声、工厂中的机械声等,人们的一切活动离不开声音。空气中的各种声音,不管它们具有何种形式都是由物体的振动所引起的。物体的振动是产生声音的根源,而声源发出的声音必须通过中间媒质(如空气、液体和固体等)才能传播出去。

从物理学角度讲,声音可分为乐音和噪声两种。当物体以某一固定频率振动时,耳朵听到的是具有单一音调的声音,这种以单一频率振动的声音称为纯音。但是,实际物体产生的振动是很复杂的,它由各种不同频率的许多简谐振动所组成,把其中最低的频率称为基音,比基音高的各种频率称为泛音。如果各次泛音的频率是基音频率的整数倍,那么这种泛音称为谐音。基音和各次谐音组成的复合声音听起来很和谐悦耳,这种声音称为音乐。钢琴、提琴等各种乐器演奏时发出的声音就有这种特点。所以凡是有规律振动产生的声音就叫乐音。如果物体复杂的振动由许许多多频率组成,而各频率之间彼此不成简单的整数比,这样的声音听起来既不悦耳也不和谐,还会使人产生烦躁。这种频率、相位和强度各异的声音复合而成的杂乱无序的声音就称为噪声。由于噪声的频率和强度各异且杂乱无序,也称为白噪声。从环境和生理角度来讲,凡使人厌烦、不愉快和不需要的声音都统称为噪声,它是一种与人体有害的声音。随着工业的发展,噪声已成为一种公害,因而噪声的测量是分析噪声产生的原因及降低或消除噪声必不可少的手段。图 7-12 是乐音与噪声的波形及其频率。

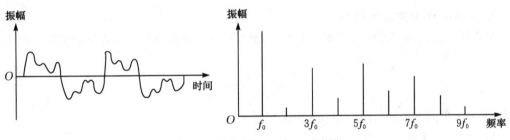

(a)乐音(单簧管)的波形及其频谱

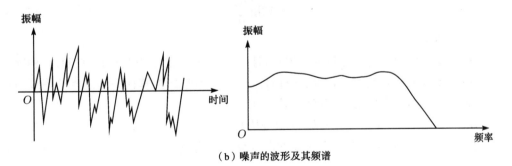

(b)噪声的波形及其频谱

图 7-12　乐音与噪声的波形及其频谱

7.4.1　噪声测量的主要物理参数

噪声测量的物理参数主要有以下几种。

1. 声压 P 及声压级 L_P

声波作用于物体上的压力称之为声压 P，其单位是帕（Pa），以正常人耳的听觉为例，可听到的最弱声压为 $2 \times 10^{-5}\,\text{Pa}$，称之为听阈声压，人耳感觉疼痛的声压为 $20\,\text{Pa}$，称之为痛阈声压。由于听阈声压与痛阈声压数量级相差甚远，表示起来很不方便，为此，人们往往用声压的对数——声压级 L_P 来衡量声音的强弱，其单位是分贝（dB），定义为

$$L_P = 20\lg\frac{P}{P_0} \tag{7-3}$$

式中：P 表示声压；P_0 表示基准声压，我们取其值为听阈声压 $2 \times 10^{-5}\,\text{Pa}$。这样，由听阈声压到痛阈声压的声音强弱便可由 $0 \sim 120\,\text{dB}$ 的声压级来表示了。

2. 声强 I 及声强级 L_I

如果说声压与声压级是一种与压力相关的量，那么声强与声强级则是一种与能量相关的量。声强是单位时间内垂直于声波传播方向上单位面积内所通过的能量，表示为 I，其单位是 W/m^2，相应的声强级定义为

$$L_I = 10\lg\frac{I}{I_0} \tag{7-4}$$

式中：I 表示声强；I_0 表示基准声强，取为 $10^{-12}\,\text{W/m}^2$。

3. 声功率 W 及声功率级 L_W

将声强 I 在包围声源的封闭面积上积分，便可得到声源在单位时间内发射出的总能量，称之为声功率，单位为 W。式如

$$W = \int_S I\,\mathrm{d}S \tag{7-5}$$

式中：S 表示包围声源的封闭面积；$\mathrm{d}S$ 为面积微元。

相应的声功率级定义为

$$L_W = 10\lg\frac{W}{W_0} \tag{7-6}$$

式中：W_0 表示基准声功率，取为 $10^{-12}\,\text{W}$。

声功率级是反映声源发射总能量的物理量，且与测量位置无关，因此它是声源特性的重要指标之一。声功率级无法直接测量，只能通过对声压级的测量经换算而得到。声功率级与声压级的换算关系依声场状况而定，在自由声场中有

$$L_W = \overline{L}_P + 20\lg R + 11 \;(\text{dB}) \tag{7-7}$$

式中：$\overline{L}_P$ 是在半径为 R 的球面上所测的多点声压级的平均值。设有 n 个测点，$\overline{L}_P$ 的求法如下：

$$\overline{P} = \left[\frac{\sum P_i^2}{n}\right]^{1/2} \tag{7-8}$$

$$\overline{L}_P = 20\lg\frac{\overline{P}}{P_0} \tag{7-9}$$

若声波仅在半球方向上传播,这种情况相当于开阔地面上声源的声发射过程。声功率级与声压级之间换算公式为

$$L_W = \overline{L}_P + 20\lg R + 8 \text{ (dB)} \tag{7-10}$$

7.4.2　噪声级的合成

当噪声源为两个时,其总噪声的声压级不可以直接进行初等数学运算,总声压级应该是两个噪声源声压能量的迭加,即

$$P_{合} = \sqrt{P_1^2 + P_2^2} \tag{7-11}$$

式中:$P_{合}$、P_1 及 P_2 分别表示合成声压、声压1及声压2。根据上述有关定义和公式,可得出在 n 个声源同时发射互不相关的声波时,声场中某处的总声压级 $L_{P\text{ tot}}$ 和总声功率级 $L_{W\text{ tot}}$ 分别为:

$$L_{P\text{ tot}} = 10\lg\Big[\sum_{i=1}^{n} 10^{L_{Pi}/10}\Big] \tag{7-12}$$

$$L_{W\text{ tot}} = 10\lg\Big[\sum_{i=1}^{n} 10^{L_{Wi}/10}\Big] \tag{7-13}$$

在工程实践中,往往用简便方法,即利用两个声压级之间的差值来求得总声压级值,即

$$L = L_1 + \Delta L \tag{7-14}$$

式中:L 为总声压级;L_1 为噪声源中较大的一个声压级;ΔL 为附加增值,它可根据两个噪声源声压级之差由表 7-1 查出。当两个声源不相同时,先求出其分贝差值,从表中找出对应的附加分贝值 ΔL,再加到分贝数高的声压级 L_1 上即可得总声压级。

表 7-1　声级合成时级差关系表　　　　　　　　　　　　　　　　dB

两个噪声级算术差	0	1	2	3	4	5	6	7	8	9	10
附加增值 ΔL	3.0	2.5	2.1	1.8	1.5	1.2	1.0	0.8	0.6	0.5	0.4

对于两个以上的声源相迭加时也采用同样的方法。

例 7-1　同时存在三个噪声源,其声压级分别为 $L_1 = 100$ dB, $L_2 = 95$ dB, $L_3 = 98$ dB,求其总声压级。

解:根据以上讲的加法规则首先决定较大的两个声源 L_1 和 L_3 同时存在的总声压级 $L_{1,3}$,因 $\Delta L = L_1 - L_3 = 2$ dB,由表 7-1 查得 $\Delta L_{1,3} = 2.1$ dB,所以 $L_{1,3} = 102.1$ dB。

再求 $L_{1,3}$ 和 L_2 的迭加,因 $\Delta L_{123} = L_{1,3} - L_2 = 102.1 - 95 = 7.1$ dB,由表查得其相应的附加值 ΔL_{123} 约为 0.8 dB,因而三个噪声源的总声压级 $L = 102.1 + 0.8 = 102.9$ dB。

从以上的计算可以看出,如果两个噪声源的声压级相差 6~8 dB 或更大时,则较弱声源的声压级可以不考虑,因为此时的分贝数小于1。由此可见,为了显著降低机组的总噪声级,首先必须对最强烈的噪声源进行处理。

7.4.3　背景噪声的扣除

在噪声测量时,即使所测量的声源停止发声,环境也存在着一定的噪声,称此噪声为环境噪声或背景噪声。背景噪声必然影响噪声测量结果。换言之,测量结果实质上是所考察的噪声和背景噪声的合成结果。只有从此结果中扣除背景噪声后,才能得到所考察噪声的正确声压级值。根据级的合成公式,表 7-2 是对应于两声压级之间的算术差,是应该在总声压级中扣除的声级值。

表 7-2　背景噪声级影响的扣除值　　　　　　　　　　　　　　　dB

两声压级算术差	3	4	5	6	7	8	9	10
扣除值 ΔL	3.00	2.30	1.70	1.25	0.95	0.75	0.60	0.45

由表 7-2 可以看出,若被测噪声源的声压级以及各频带的声压级分别高于背景噪声的声压级和各频带的声压级 10 dB,则可忽略本底噪声的影响;若测得的噪声与本底噪声相差 3～10 dB,则应按表 7-2 的数据进行修正;若两者相差小于 3 dB,则测量结果无效。

7.4.4　噪声的频谱测量

在用声级计进行噪声测量时,我们得到的噪声级是由各种频率组合成的噪声的总噪声级。在实际工作中,为了找出噪声产生的原因,必须知道噪声的频率分布特性。声音的频谱能清楚地表明声能按频率分布的状况,表明声音中含有哪些频率成分、各频率成分的强弱、有哪些频率成分占主导地位,进而可以查明这些主导频率成分的产生原因。因此,测量噪声的频谱往往是噪声测量的重要部分。

对噪声频谱的测量,当然可以采用前面振动分析中所用的频谱分析仪进行。除此之外,噪声频谱测量中,人们也往往按一定宽度的频率来进行测量,即测量各个频带的声压级。在某一频带中,声音的声压级称为该频带声压级,讨论频带声压级时应该指明频带的宽度。在噪声测量中,最常用的频带宽度是倍频程和 1/3 倍频程。表 7-3 和表 7-4 列出二者的中心频率和频率范围。

表 7-3　倍频程的中心频率和频率范围

中心频率/Hz	频率范围/Hz	中心频率/Hz	频率范围/Hz
31.5	22.4～45	1 000	710～1 400
63	45～90	2 000	1 400～2 800
125	90～180	4 000	2 800～5 600
250	180～355	8 000	5 600～11 200
500	355～710	16 000	1 1200～22 400

表 7 - 4　1/3 倍频程的中心频率和频率范围

中心频率/Hz	频率范围/Hz	中心频率/Hz	频率范围/Hz
25	22.4～28	800	710～900
31.5	28～35.5	1 000	900～1 120
40	35.5～45	1 250	1 120～1 400
50	45～56	1 600	1 400～1 800
63	56～71	2 000	1 800～2 240
80	71～60	2 500	2 240～2 800
100	90～112	3 150	2 800～3 550
125	112～140	4 000	3 550～4 500
160	140～180	5 000	4 500～5 600
200	180～224	6 300	5 600～7 100
250	224～280	8 000	7 100～9 000
310	280～355	10 000	9 000～11 200
400	355～450	12 500	11 200～14 000
500	450～560	16 000	14 000～18 000
630	560～710		

7.4.5　噪声的主观评价

人耳对声音所感觉的强度不仅同声压有关,并且同声音的频率特征有关。人耳听觉所能接受的声音频率范围很宽,一般在 20～20 000 Hz 之间,但对 1 000～4 000 Hz 的频率范围反映最灵敏。另外声音微弱时,人耳对相同声压不同频率的声音会感觉出较大的差别,随着声音增大,这种感觉会变得迟钝。正因为人耳的这种特性,需要引入一个把频率和声压级统一起来的可以反映主观感觉的量,即响度或响度级。

响度是人耳判别声音强度大小的量,它用 S 来表示,单位是宋(sone)。1 sone 的定义是:频率为 1 000 Hz、声压级为 40 dB 的平面行波的强度。

响度级 L_N 的单位是方(phon),选 1 000 Hz 纯音作为基准音,若某种频率的噪声对人耳来说同声压级为 90 dB 的基准声音一样,则认为该噪声的响度级为 90 phon。根据这个原则,人们通过对人耳听觉的大量实验做出了人耳可闻频率域内纯音的响度级曲线,并称之为等响度曲线,如图 7 - 13 所示。

从等响度曲线出发,在声测量仪器中添加一种特殊的滤波器——频率计权网络,用它模仿人耳对不同频率声音的灵敏性进行不同程度的衰减,使得仪器的输出能近似地表达人耳对声音响度的感觉。显然,这样的仪器测得的声压级不是声音原本的声压级,不是客观的物理量,

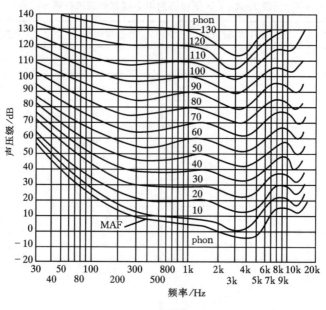

图 7-13　等响度曲线

而是人为的、表达主观评价的量。这种声压级称为计权声压级,简称为声级。通常设置 A、B、
C 三种计权网络,由它们测得的声级分别记为 dB(A)、dB(B)、dB(C)。实际上这三种计权网
络的频率特性曲线分别近似模拟 40 phon、70 phon、100 phon 三条等响度曲线的倒置。各个
频率计权前后的响应的衰减量(以分贝计)如图 7-14 所示。A 计权较好地模仿了人耳对低频
段(500 Hz 以下)不敏感,对 1 000~5 000 Hz 敏感的特点;B 计权已逐渐淘汰;C 计权在整个
听频范围内有近乎平直的特点,因此,C 计权网络代表总声压级。在噪声测量中,使用最广泛
的是 A 计权,国际上已把 A 计权作为评价噪声的主要指标。在实际测量时,若对两个计权网
络都进行读数,那么,从这些读数,可以大致知道噪声中频率的分布情况。例如:如果每一个网

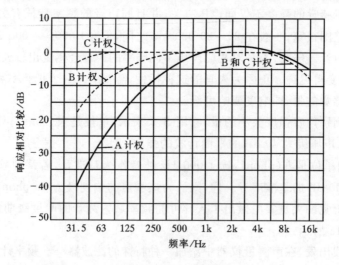

图 7-14　A、B、C 计权网络的频率特性曲线

络读出声级的数值都相同,这就表明频率在 500 Hz 以上的声能量可能占主要部分;如果用 A 网络得到的读数较小,这说明频率在 150～1 000 Hz 之间的声能量占优势。

7.5　噪声测量仪器

常用的噪声测量仪器是以声级计为核心的噪声测量系统。它的主要组成设备为传声器、声级计、频谱分析仪、校准仪等。

7.5.1　传声器

传声器是将声信号转换为相应的电信号的传感器,即电声换能器。由于所用换能原理或元件不同,有许多类型的传声器,如电容、压电、电动、驻极体等。一个理想的声学测量用的传声器应有如下特性:自由场电压灵敏度高、频率响应特性宽、动态范围大、体积小,而且不随温度、气压、湿度等环境条件变化。

常用的传声器是电容传声器。它由一个非常薄的金属膜和与它相距很近的一个后极板组成,膜片和后极板相互绝缘构成一个电容器。电容传声器需要较高的直流极化电压,这样当一个声音信号传至膜片上时,膜片振动引起电容量的变化,便在极板两端输出一个与声压变化成比例的电信号。一般电容传声器的电容量不超过 100 pF,输出阻抗较高,需要配接前置放大器。电容传声器的灵敏度与膜片半径的平方成正比,与膜片张力和极间距离成反比。膜片愈大,灵敏度愈高,但相应的共振频率愈低,能够承受的最大声压愈小。减小膜片张力,减少极间距离或增大极化电压,固然能提高电容传声器的灵敏度,但是必须以降低可测量最大声压以及由于极板漏电致使传声器固有噪声增大为代价。由此可见,电容传声器的灵敏度与可测声压范围相互制约,应根据需要选用合适的传声器。

与其它种类传声器比较,电容传声器具有灵敏度高,频率响应平直,固有噪声低,受电磁场和外界振动影响较小等优点,常用来进行精密声学测量。但是在较大湿度下,电容传声器两极板间容易放电并产生电噪声,严重时甚至无法使用。另外,电容传声器需要前置放大器和极化电压,结构复杂、成本高;膜片又薄又脆,容易破损。尽管如此,它仍是目前性能最好,应用最广泛的传声器。

7.5.2　声级计

噪声测量中使用最广泛、最普遍的是声级计。声级计不仅能测量声级,还能与多种辅助仪器配合进行频谱分析、噪声时间特性的记录等。现在通用的晶体管声级计具有体积小、重量轻、操作简单等特点,适用于现场测量。

1. 声级计的组成

声级计包括接收设备、中间设备和读出设备,三种设备形成了一个完整的测量系统。具体地讲,它由电容传声器、放大器、衰减器、计权网络、检波器、指示电表、电源等部分组成。

传声器的作用前面已介绍过。放大器就是电子放大电路。一般要求声级计中的放大器在声频范围响应平直、动态范围宽、稳定性高、固有噪声低。衰减器的作用是使放大器处于正常工作状态,将过强的输入信号衰减到合适的程度再输入放大器,从而扩大声级计的量程。计权网络是模拟人耳对不同声音的反应而设计的滤波电路,如前所述,它可以有 A、B、C 计权。此外,有的声级计已配有倍频带和1/3倍频带滤波器,可直接进行频谱分析。检波器是把来自放大器的交变信号变换成与信号幅值保持一定关系的直流信号,以推动电表指针偏转。普通级精密声级计必须具备有效值检波器。电表用来读出有效值。

2. 声级计的分类

声级计的型式很多,以测量精度区分有四种类型:O型声级计作为实验室标准;Ⅰ型声级计作为精密型声级计;Ⅱ型作为普通声级计;Ⅲ型则为一般调查用。按测量信号的性质区分,有一般声级计、脉冲声级计和积分声级计等。一般声级计测量平稳噪声。脉冲声级计测量脉冲噪声,脉冲声压级可以用有效值脉冲声压级、峰值声压级或A计权脉冲声压级表示,对于枪炮声、冲压机械的冲压声和锤打声等,应使用脉冲声级计测量。积分声级计能测量在一定时间内的等效连续声级,时间间隔可以从几秒到二十几个小时内任意调节。

3. 声级计的校准

前面已经指出,传声器性能受环境条件影响较大,因此正确使用声级计的方法是每次测量之前,要对声级计进行校准,必要时测量完成后再校准一次。常用的校准方法有两种:活塞发声器法和声级校准器法。

(1)活塞发声器法。

活塞发声器是一种标准声源,它能产生频率为250 Hz±2%,声压级为124 dB的声音,声压级精度为±0.2%。校准时,计权开关置C,量程旋钮至120 dB,然后将活塞发声器用特制的配合器紧密套在声级计传声器上,推开发声器开关,活塞发声器发声,观察声级计读数是否为124 dB,如不是,可用螺丝刀调节校准用电位器,使读数为124 dB。

(2)声级校准器法。

声级校准器也是一种标准声源,但精度较活塞发声器低,它能产生频率为1 000 Hz±2%,声压级为94 dB的声音,声压级精度为±0.3 dB。校准时,计权开关可以是A,也可以是C或B,这是因为它产生的是1 000 Hz的声音,A、B、C三种计权网络在该频率处都不衰减。量程开关置90 dB处,其它步骤同前。

7.6 声功率与声强测量技术

前面已经指出,噪声测量的物理量有声压或声压级、声功率或声功率级、声强或声强级,但是长时间以来人们对噪声的测量都是以测量噪声的声压或声压级为基础的。这种测量方法的最大缺点是测量结果深受环境的影响和限制,因而,20世纪80年代起,国际上倾向于用声功率来描述声源,此外还出现了噪声测量的新方法——声强测量法。

7.6.1 声功率测量技术

噪声源声功率的测量方法有自由场法、混响室法和现场测量法。精密的测量要在消声室或混响室内进行,工程级测量可以在现场或大房间内进行。下面简单讨论噪声源的几种声功率测量方法。

要求工业上的一般测试都在消声室中进行是有困难的,在企业车间提供一个大的自由空间也是不容易的,因此,现场测试具有一定的现实意义。

现场测试可分为绝对法与比较法两种。

1. 绝对法

绝对法又称为包络法,包络法是在假想的测量表面上的若干个传声器位置上,根据需要测得 A 声级,再计算得到 A 声功率级。根据被测声源的大小和形状有两种包络面,即半球测量表面和矩形六面体测量表面。

以半球测量表面为例,将产品置于反射的地板上,周围环境的其它表面不反射,产品外壳不吸收声能。在这样的条件下,测量声功率是在以产品为中心的一个假想半球面(半径 r 大于产品大小的 2 倍)上的若干点测出声压级,便可求得声功率级 L_W,即

$$L_W = \overline{L}_P + 10 \lg \frac{2\pi r^2}{S_0} - K_W \tag{7-15}$$

式中:S_0 为参考面积,取为 1 m^2;r 为测量球面半经;K_W 为环境修正系数,它和声源指向性、测量所在房间吸声量和测量表面积有关;$\overline{L}_P$ 为测量表面各测点的平均声压级(dB)。

2. 比较法

现场测量的声功率比较法,是把被测声源和标准声源相比较,即标准声源是已校准的声源,是一台具有稳定的声功率输出、无指向性和宽带频谱的声源,其声功率级 L_W 预先在声学实验室中测好。测量产品的噪声时,在以产品为中心,半径为 r 的半球面上测出噪声的平均声压级 $\overline{L}_P$。关掉该噪声源后,将标准声源置于该噪声源的位置上,在同样的测点上测出标准声源在此位置的平均声压级 $\overline{L}_{PS}$。这样,被测产品的声功率级 L_W 可由下式求得

$$L_W = L_{WS} + \overline{L}_P - \overline{L}_{PS} \tag{7-16}$$

上面这种试验条件也不是经常能够得到保证的,特别当产品附近有许多反射面,背景噪声有时不能忽略时,这种方法也就不合适。这时只能采取近场声级测量法来近似估算声功率级。

7.6.2　声强测量技术

声强的定义:单位时间内通过与指定方向垂直的单位面积的声能量的平均值,数值上等于单位面积的声功率。换言之,声强是个矢量,是反映噪声特性的一个非常重要的物理量。但对声强的测量比较困难,近年来由于声强测量分析仪的研究成功,如丹麦 B&K 公司的 4433 型声强分析仪、2032 和 2034 型双通道信号分析仪等,使声强测量运用变得比较普遍。

声强测量的基本公式为

$$I = \lim \frac{1}{T} \int_{-\frac{T}{2}}^{\frac{T}{2}} P(t) \cdot v(t) \, \mathrm{d}t \tag{7-17}$$

式中:$P(t)$ 是测量点的瞬时声压值;$v(t)$ 是声音传播方向上瞬时质点振动速度的投影值;T 为声波周期。

由式(7-17)可知,声强是传播方向上的声压和质点振动速度乘积的平均值。因此声强测量的基本原理是同时测量空间同一点的声压和质点振动速度,然后求两者乘积的平均值就得到这一点的声强。声压是很容易测量的,但质点振动速度的直接测量就困难了。但我们知道,质点的速度与传播方向上的声压梯度的积分成正比,所以质点速度实际上是可以通过用两个相距较近的传声器上的声压来测量的。对来自两个相距很近的传声器中的声压信号,采用双通道 FFT 分析,就可计算出声强。计算所得的声强是声强矢量在两个传声器的声学中心连线

方向上的声强分量。

因此,声强测量仪都带有一个专用的声强探头,在探头上,面对面地装有两个特性一致的传声器,两传声器之间的距离由定距柱确定,从而获得较好的声学间隔。其结构如图 7 - 15 所示。

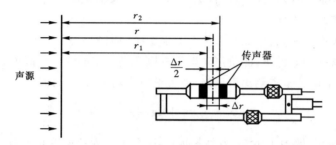

图 7 - 15   声强探头的结构示意图

图 7 - 15 中为两个相同的传声器,设为 A、B,二者中心间距为 Δr ,在 r 位置处测得的声强 I_r 由下式给出

$$I_r = -\frac{1}{\omega \rho \Delta r} I_m \{G_{AB}(f)\} \tag{7-18}$$

式中: $I_m\{G_{AB}(f)\}$ 是两个声压信号 $P_A(t)$ 和 $P_B(t)$ 之间的单边互功率谱的虚部; ρ 为空气密度; ω 为源频率。

测量声强的用处是很多的,由于声强是一个矢量,因此声强的测量可用来鉴别声源和判定它的方位,可以画出声源附近声能流动的路线,更为重要的是可利用它在有背景噪声的情况下测量声源的声功率。测量时,只要将包围声源的包络面上的声强矢量作积分,就能求出声源的声功率,如图 7 - 16 所示。当声源置于测量面之内时,可通过测量声强求其声功率;当声源置于测量面之外或者干扰声源在测量面之外时,由于声强的矢量性,最后结果将不包括测量面之外的声功率。这一特点特别适应于在现场进行测试工作,它可以大大简化解决问题的途径。

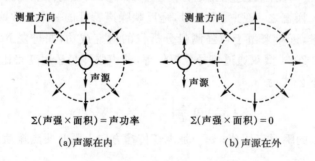

图 7 - 16   声强测量声功率方法

通常情况下,用声强求声功率时要求较多的测试点,但随着微机处理技术的发展,应用实时分析系统,这方面已不成为问题,因而,声强测量的应用会越来越广泛。

思考题与习题

7－1　比较振动测量中,电涡流传感器、磁电式速度传感器、压电加速度传感器的工作频率范围及特点。

7－2　加速度传感器有几种安装方法? 各有什么优、缺点?

7－3　设计一个振动频率特性测量系统框图。

7－4　设计一个系统动态特性测量系统框图。

7－5　振动传感器分为几种类型,它们是以何种方式工作的?

7－6　为什么说位移传感器可以当作测振传感器来使用? 在什么条件下应采用位移传感器来测量物体的振动?

7－7　便携式测振仪可用来完成哪些振动参量的测量? 频谱分析仪的作用及功能是什么?

7－8　脉冲激励与正弦激励各有什么特点?

7－9　叙述下面各物理量的定义:声压、声压级、声强、声强级、声功率、声功率级、响度、响度级。

7－10　什么叫频率计权网络? A 声级、B 声级、C 声级各代表什么含义? 用于何种场合?

7－11　什么叫频程? 倍频程与 1/3 倍频程的区别何在?

7－12　某工作地点周围有 5 台机器,它们在该地点造成的声压级分别为 95dB、90dB、92dB、88dB 和 82dB。(1)求 5 台机器在该地点产生的总声压级;(2)试比较第 1 号机停机与第 2、3 号机同时停机对降低该点总声压级的效果。

7－13　若用线性声级计与 A 计权声级计测量同一声源得到的噪声声级基本相同,说明频率在什么范围内的声能量占主要部分?

7－14　工业现场常采用声功率级而不采用声压级对一台机器噪声水平进行衡量,为什么?

7－15　声强测量有什么用途?

7－16　在露天环境及试车间内对一台汽车发动机的噪声进行现场测量时应注意哪些问题?

7－17　试说明在噪声的测量中为什么要引入响度、响度级以及等响度曲线的概念? 它们是如何定义的?

第 8 章

成分与微粒测量

化学成分与微粒测量发展的重点是微型化、智能化、多功能化,广泛应用在人类生存环境监测、人工气候模拟系统、安全保障、节约能源等领域。在环境监测中需要对大气层中 CO_2 含量进行监测,以预防地球的温室效应,在这方面需要大量的 NO_x、SO_x、CO_x、O_x 等化学成分的测量;我国粗放式农业已逐渐转向集约型农业,其中最重要的就是建立人工气候模拟系统以调节植物生长所需的温度、湿度、CO_2 含量、光照等最佳条件,这也需要大量的温度、湿度、CO_2 等各类测量技术;NO_x、SO_x、CO_x、O_x 等化学成分的测量技术还大量应用于燃烧控制与汽车尾气监测中,一方面可大大节约能源,同时也有效地改善环境。化学成分测量在改善人类生态环境、造福人类事业中发挥着越来越重要的作用。微粒是指悬浮于空气中细小的固体或液体颗粒,微粒很容易吸附有毒、有害物质,如可携带重金属、硫酸盐、有机物、病毒等,并使病毒具有更高的反应和溶解速度。微粒物中所吸附的金属成分还具有催化作用,进而形成二次污染,使污染物毒性加剧。非常细小的微粒很容易进入人的肺部引起疼痛和肺部病变,破坏呼吸系统和免疫系统,甚至导致癌症、神经系统紊乱和器官功能失调,更有甚者会影响胎儿、婴幼儿的生长发育。因此,近年来有关微粒的研究和测量发展很快。由于微粒的尺寸、表面积、数量和浓度比其质量对人类的健康影响更大,在国际上对微粒的研究重心已经从微粒的质量转移到尺寸和浓度上来。本章主要对化学成分与微粒测量的基本方法和原理以及在工业上的应用予以介绍。

8.1　热磁式氧量计

燃煤锅炉燃烧质量的好坏,直接关系到电厂燃料消耗率的高低,锅炉烟气中氧量分析就是为了监督燃烧质量,以便及时控制燃料和空气的比例,使燃烧保持在较好的状态下进行。为了使燃料达到完全燃烧,同时又不过多地增加排烟量和降低燃烧温度,首先需要控制燃料与空气的比例,使过剩空气系数 α 保持在一定范围内。从锅炉运行的安全性来看,炉内过剩空气系数过大,会使燃料中的碳不能完全燃烧,造成烟气中含有较多的一氧化碳(CO)气体。由于灰分在还原性气体 CO 中,气熔点降低,易引起炉内结渣不良的结果。同时由于飞灰对受热面的磨损与烟气流速的三次方成正比,因此随着过剩空气系数的增大,将使煤粉炉受热面的管子和引风机叶片磨损加剧,影响到设备的使用寿命。过剩空气系数增大,使燃料中的硫分易形成三氧化硫(SO_3),露点温度也相应提高,从而使尾部烟道的空气预热器也易于腐蚀,对于燃用高硫煤的锅炉尤为显著。目前燃煤锅炉中大都采用热磁式氧量计测量。

1. 工作原理

热磁式氧量计是利用氧的磁导率特别高这一物理特性制成的。实验证明,混合气体的容积磁化率 k_o 与各成分容积磁化率之间关系如下式

$$k_c = \sum k_i \varphi_i = k\varphi + (1-\varphi)k' \tag{8-1}$$

式中：k_i 为各成分的容积磁化率；k 为氧的容积磁化率；k' 为非氧成分的容积磁化率；φ_i 为各成分的体积分数，%；φ 为氧的体积分数，%。

由于炉烟中各非氧成分（N_2、CO_2、CO、H_2、H_2O、CH_4）的容积磁化率均在 20 ℃时小于氧的 1%，并有正有负、可相互抵消，因此上式中后边一项可忽略，所以混合气体的容积磁化率主要取决于氧成分的含量，于是可根据混合气体的容积磁化率大小来测量其中氧的含量。

直接测量混合气体容积磁化率的大小是困难的。但是，通过对顺磁性气体作进一步研究，发现顺磁性气体容积磁化率 k 随温度升高而迅速降低，其关系由居里定律表述如下

$$k = \frac{CMp}{RT^2} \tag{8-2}$$

式中：C 为居里常数；M 为气体的分子量；p 为气体的压力；R 为气体常数；T 为气体热力学温度。

由此可见，顺磁性气体容积磁化率与压力成正比，而与热力学温度的平方成反比。当压力一定时，温度低的顺磁性气体在不均匀磁场中所受的吸引力比温度高的气体要大得多。因此，如果有一个不均匀磁场放在顺磁性气流附近（见图 8-1），顺磁性气体受磁场吸引力而进入水平通道。如在进入不均匀磁场的同时，对气体加热，气体温度升高，受磁场的吸引力减小，而受后边磁化率高的冷气体推挤，排出磁场，于是在水平通道中不断有顺磁性气体流过，这种现象称为热磁对流或称为磁风。

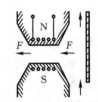

图 8-1　氧在不均匀磁场中的受力情况

由物理学可知，单位容积的气样在磁场强度为 H、场强梯度为 dH/dx 的不均匀磁场中，所受 x 方向的力 F 可由下式表示

$$F = k_c H \frac{dH}{dx} \approx \varphi k H \frac{dH}{dx} \tag{8-3}$$

式中：φ 为气体中氧的百分含量；k 为氧的容积磁化率。

设气样进入水平通道前的温度为 T_1，相应氧的容积磁化率为 k_1，进入通道后被加热到温度 T_2，相应氧的磁化率为 k_2，并考虑到容积磁化率与压力和热力学温度的关系，则可得单位容积气样所受到的磁风力为

$$F = \varphi(k_1 - k_2)H\frac{dH}{dx} = \varphi\frac{CMp}{R}\left(\frac{1}{T_1^2} - \frac{1}{T_2^2}\right)H\frac{dH}{dx} \tag{8-4}$$

由上式可知，磁风力大小与磁场强度、场强梯度、工作温度和压力有关。当这些因素确定以后，可根据磁风力大小来确定气样中氧的含量，这就是热磁式氧量计的基本工作原理。

2. 氧化锆氧量计

氧化锆氧量计以氧化锆作固体电解质，高温下的电解质两侧氧浓度不同时形成浓差电池，浓差电池产生的电势与两侧氧浓度有关，如一侧氧浓度固定，可通过测量输出电势来测量另一侧的氧含量。氧化锆氧量计的发送器就是一根氧化锆管，它是氧化锆（ZrO_2）中掺入一定量（12%～15%）的氧化钙（CaO）或氧化钇（Y_2O_4）高温焙烧制成，在管子外壁附上金、银或铂的多孔性电极和引线。

经过掺杂和焙烧而成的氧化锆材料，其晶型为稳定的萤石型立方晶系，晶格中部分四价的

锆离子被二价的钙离子或三价的钇离子所取代而在晶格中形成氧离子空穴。在氧化锆管两侧氧浓度不等的情况下,浓度大的一侧的氧分子在该侧氧化锆管表面电极上结合两个电子形成氧离子,然后通过氧化锆材料晶格中的氧离子空穴向氧浓度低的一侧泳动,当到达低浓度一侧时在该侧电极上释放两个电子形成氧分子放出,于是在电极上造成电荷积累,两电极之间产生电势,此电势阻碍这种迁移的进一步进行,直至达到动平衡状态,这就形成了浓差电池,它所产生的与两侧氧浓度有关的电势,称为浓差电势,如图 8-2 所示。

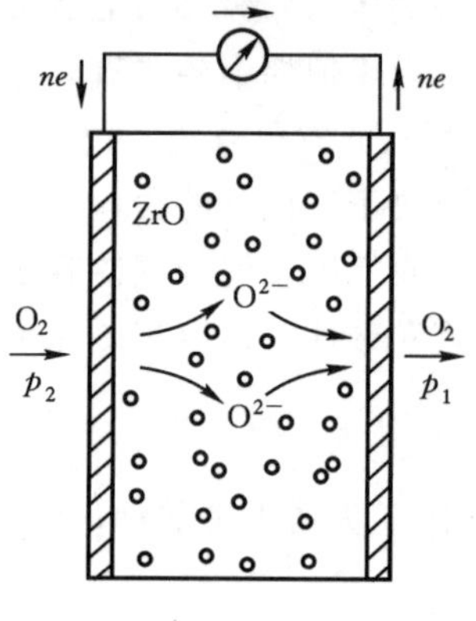

氧化锆传感器组成:氧化锆传感器由带有过滤器的探头、安装法兰和接线盒组成。插入烟道的探头顶部是一个过滤器,烟气经过过滤后才进入探头的检测器。

电池两端产生的电势 E 可由能斯特方程计算

$$E = \frac{RT}{nF} \ln \frac{p_2}{p_1} \qquad (8-5)$$

图 8-2　ZrO_2 浓差电池原理图

式中:R 为气体常数,8.315 J/(mol·K);F 为法拉第常数,96500 C/mol;;T 为热力学温度,K;n 为反应时所输送的电子数,对氧 $n=4$;p_1、p_2 为被测气体与参比气体中的氧分压。测氧电池结构如图 8-3 所示。

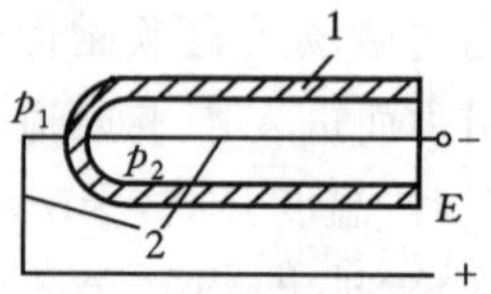

若被分析气体的总压力 p 与参比气体的总压力相同,则上式可改写为

$$E = \frac{RT}{nF} \ln \frac{p_2}{p_1} = \frac{RT}{nF} \ln \frac{\varphi_2}{\varphi_1} = 0.0496 T \lg \frac{\varphi_2}{\varphi_1} \quad (\text{mV})$$
$$(8-6)$$

1—氧化锆管;2—测量电极

图 8-3　测氧电池结构图

式中:φ_2 为参比气体中氧的容积成分,$\varphi_2 = p_2/p$;φ_1 为被测气体中氧的容积成分,$\varphi_1 = p_1/p$。

在分析炉烟中的氧含量时,常用空气作参比端气体,即 $\varphi_2 = 20.8\%$ 为定值,代入式(8-6)可得

$$E = -T(0.0338 + 0.496\lg\varphi_1) \quad (\text{mV}) \qquad (8-7)$$

因此,如果工作温度一定,则氧浓差电势与被测气体中的氧含量的对数成反比。为了准确测量气体中的氧含量(氧的容积成分),使用时必须注意以下几点。

(1)氧浓差电势与氧化锆管工作的热力学温度成正比,因此测量时必须同时测取工作温度予以补偿,通常在仪表线路中附加温度补偿热电偶。当工作温度过低时,氧化锆管内阻很高,要求氧化锆管工作的温度在 600 ℃,但不得超过 1 200 ℃,因为温度过高时烟气中的可燃物质就会与氧化锆形成燃料电池,使输出增大,目前常用的工作温度是 800 ℃左右。

(2)氧化锆材料的致密性要好,否则氧分子将直接通过氧化锆,而降低输出电势;另外氧化锆材料的纯度要高,如存在杂质,特别是铁元素,会使电子直接通过氧化锆本身短路,所以电极材料中铁元素应控制在千分之几的数量级。

(3)应保持被测气体和参比端气体压力相等,这样,两种气体中氧分压比才能代表两种气体中氧的体积分数(氧浓度)。例如,空气中氧浓度为 20.8% 是定值,但空气中氧分压值是随空气压力变化的。

（4）由于氧浓差电池有使两侧氧浓度趋于一致倾向，因此必须保证被测气体和参比端都有一定的流速，以便不断更新。

（5）氧化锆材料的阻抗很高，并且随工作温度降低按指数曲线上升，为了正确测量输出电势，显示仪表必须具有很高的输入阻抗。

（6）氧化锆传感器存在的问题：在高温下膨胀而容易出现裂纹或使铂电极脱落；另外，在氧化锆管表面有尘粒等污染时测量误差较大，甚至使铂电极中毒，所以使用过程中要经常清理。

8.2　气体成分分析仪

8.2.1　热导式二氧化碳分析仪

热导式二氧化碳分析仪是根据混合气体的热导率随各成分的含量而变化的原理制成的。从热导率来看，烟气在为保护仪表不受腐蚀而除去二氧化硫后，相当于双成分（CO_2 和其余成分）的混合气体，其热导率与这两成分的比例有关，故可通过测量烟气的热导率来测量 CO_2 的含量。

在热导式分析仪中，气体热导率的测量是通过测量置于电桥臂室中铂丝的电阻来进行的。被测气体以扩散和对流方式进入桥臂室，但流速较小。铂丝主要通过周围气体层以热传导的方式向外散热，对于直线形铂丝，其单位时间内的散热量 Q_1 为

$$Q_1 = \frac{\lambda 2\pi L(t_n - t_c)}{\ln(r_c/r_n)} \tag{8-8}$$

式中：λ 为平均温度下气体的热导率，平均温度：$t_{av} = \frac{1}{2}(t_n + t_c)$；$L$ 为铂丝长度；t_n 为热平衡时的铂丝温度；t_c 为桥臂室的壁温；r_c 为桥臂室半径；r_n 为铂丝半径。

设在铂丝中通过恒定的电流 I，则铂丝在单位时间内的发热量为

$$Q_2 = 0.24 I^2 R$$

式中：R 为 t_n 温度下铂丝的电阻值。

当铂丝达到热平衡时，$Q_1 = Q_2$，则可以得到

$$t_n = t_c + \frac{0.24\ln(r_c/r_n)}{\lambda 2\pi L} I^2 R \tag{8-9}$$

考虑到铂丝的电阻值与温度的关系：

$$R = R_0(1 + \alpha t_n)$$

式中：R_0 为 0 ℃时铂丝的电阻值；α 为铂丝的电阻温度系数。

令仪表常数为 K，则

$$K = \frac{2\pi L}{0.24\ln(r_c/r_n)}$$

可以得到

$$R = R_0\left[1 + \alpha\left(t_c + \frac{I^2 R}{K\lambda}\right)\right] \approx R_0\left[1 + \alpha t_c + \frac{\alpha I^2 R_0}{K\lambda}\right] \tag{8-10}$$

由于 α 很小，当 R_0、α、I 和 t_c 为常数时，铂丝在热平衡状态下的电阻值与混合气体的热导率之间存在单值函数关系。

热导式气体分析仪由四个处于桥臂室中的铂丝组成四臂，当被测烟气中 CO_2 含量变化

时,烟气热导率变化,改变了测量桥室中铂丝的散热条件,铂丝温度变化,电阻值变化,引起电桥电压变化,最后用以 CO_2 百分含量分度的毫伏表或电子电位差计测量输出,指示 CO_2 的含量。

8.2.2　红外线气体分析仪

波长在 $0.75\sim1\,000\ \mu m$(工业上多用 $2\sim15\ \mu m$)之间的电磁波称为红外线,这个光谱区间称为红外光区。习惯将红外光区按波长不同分为 3 个区域,即近红外区 $0.75\sim2.5\ \mu m$、中红外区 $2.5\sim25\ \mu m$ 和远红外区 $25\sim1\,000\ \mu m$,如图8-4所示。由于红外区的电磁波能量较低,不足以使分子产生能级的跃迁,只能引起分子的振动和转动,因此红外吸收光谱是分子的振动和转动光谱。红外探测器可以用于非接触式的温度测量、气体成分分析、无损探伤、热像检测、红外遥感以及军事目标的侦察、搜索、跟踪和通信等。

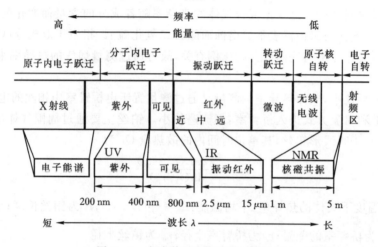

图8-4　光波谱区及能量跃迁相关图

1. 测量原理

一般来说,除单原子气体(如 He、Ne、Ar 等)和具有对称结构的无极性双原子气体(如 O_2、N_2、H_2 等)在红外区不具有特征吸收带外,多数气体都具有吸收特定波长红外线的能力,如CO 能吸收 $4.5\sim5\ \mu m$ 的红外线,CH_4 能吸收 $2.3\ \mu m$、$3.4\ \mu m$ 和 $7.6\ \mu m$ 的红外线,NO 能吸收 $5.3\ \mu m$ 的红外线,而 CO_2 对 $2.7\ \mu m$、$4.33\ \mu m$ 和 $14.5\ \mu m$ 红外光的吸收相当强烈,并且具有相当宽的吸收谱。因此,目前工业上常用的吸收式红外线气体分析仪就是利用这些气体分子对红外光谱范围内,某一个或某一组特定波段辐射的选择性吸收来测量气体成分的。

当波长为 λ 的红外线透过气样时,其透射强度与气样中特征波长为 λ 的待测组分浓度之间的关系,可由贝尔定律给出

$$I = I_0 \exp(-K_\lambda cL) \tag{8-11}$$

式中:I、I_0 为透射和入射的红外辐射强度;K_λ 是待测组分对波长为 λ 的红外辐射的吸收系数;c 是待测组分的浓度;L 是红外辐射穿过待测组分的路程长度(气样厚度)。

由此可见,当入射红外辐射强度 I_0 和透过的气样厚度 L 一定时,由于对某一种待测组分是常数,因此通过测量透射红外辐射强度 I 就可确定待测组分的浓度。

图 8-5 为工业上常用的红外线气体分析仪的工作原理图。测量时,使待测气体连续流过样品室(测量气室 4),而参比气室 8 中则充以对红外线不吸收的气体(如 N_2)并密封,红外测量光源 2 和参比光源 10 的辐射线分别经干扰滤光室 3、测量气室 4 和参比气室 8,最后到达装有可变电容的检出器 5。当气样室中被测气样浓度变化时,两个接收室接收红外辐射能力的差别也随之变化,使得检出器里的温度升高不同,动片薄膜两边所受的压力不同,从而产生一个电容检测器的电信号,这样,就可间接测量出待分析组分的浓度。

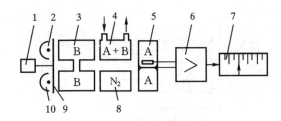

1—同步电动机;2—红外光源;3—干扰滤光室;4—测量气室;5—检出器;
6—放大器;7—指示记录仪;8—参比气室;9—切光片;10—参比光源
图 8-5　红外线气体分析仪的工作原理

2. 特点

(1)操作简便,分析速度快。

(2)固态、液态、气态样品均可进行红外测定,样品用量少,且不破坏样品,不用试剂,不污染环境。

(3)可用于样品的定性,也可得到精度很高的定量结果。

(4)可测量分析多种气体成分,如 CO、CO_2、CH_4、C_6H_{14}、SO_2 等。

(5)投资及操作费用低。

(6)对复杂的未知物结构鉴定时,需要与其它仪器配合才能得到完整的鉴定结果。

8.2.3　气相色谱分析仪

气相色谱法是一种应用范围很广泛的定性、定量分析方法,主要的应用领域有:石油工业如汽油馏分分析,环境监测如大气与水质分析,环境质量评估以及有机与无机污染物的分析,临床化学如血与尿等体液的分析,药物与农药如药物的组成与质量,微量元素的测定,食品如酒类、果汁、油脂、糖蜜及食品添加剂、残留毒物的分析,燃烧如锅炉与发动机的燃烧组分分析、监测,等等。

1. 工作原理

当一定量的气样在纯净载气(称为流动相)的携带下通过具有吸附性能的固体表面,或通过具有溶解性能的液体表面(这些固体和液体称为固定相)时,由于固定相对流动相所携带气样的各成分的吸附能力或溶解度不同,气样中各成分在流动相和固定相中的分配情况是不同的,可以用分配系数 K_i 表示,即

$$K_i = \varphi_s / \varphi_m \tag{8-12}$$

式中:φ_s 为成分 i 在固定相中的浓度;φ_m 为成分 i 在流动相中的浓度。

　　各成分由于分配系数的不同,在固定相中停滞的时间也不一样。固定相填充在一定长度的色谱柱中,流动相与固定相之间作相对运动。气样中各成分在两相中的分配在沿色谱柱长度上反复进行多次,使得即使分配系数只有微小差别的成分也能产生很大的分离效果,也就是能使不同成分完全分离。分离后的各成分按时间上的先后次序由流动相带出色谱柱,进入检测器检出,如图 8-6 所示,并用记录仪记录下该成分的峰形。各成分的峰形在时间上的分布图称为色谱图。

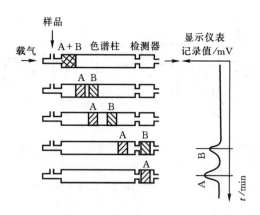

图 8-6　组分在色谱柱中的分离过程

　　从进样时刻到某成分在检出器上出现峰值的这段时间称为该成分的保留时间 t_R。所谓分离就是使被分析各成分的保留时间不同,各成分的保留时间除了与各成分性质有关外,还取决于色谱柱长度,固定相的特性,以及色谱柱的工作温度、压力和载气的性质、流量等。例如,提高色谱柱工作温度会使保留时间缩短,从而可以缩短分析周期,但保留时间太短则会引起成分的峰形相互重叠,不利于分离,常用分辨率 R 来衡量分离的好坏,如图 8-7 所示。

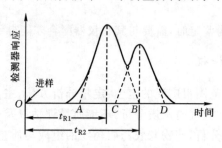

图 8-7　计算分辨率用图

$$R = \frac{2(t_{R2} - t_{R1})}{(l_{AB}) + (l_{CD})} \qquad (8-13)$$

式中:t_{R1}、t_{R2} 分别为成分 1 和成分 2 的保留时间。l_{AB}、l_{CD} 分别为成分 1 和成分 2 的峰宽(沿色谱峰两侧拐点所作的切线与峰底相交两点之间的距离)。

　　各成分的保留时间差别大、峰宽狭,则分辨率高,也就是所谓色谱柱分离效能高。载气通过色谱柱的流速对色谱柱的分离效能影响较大,流速过高或过低都会使色谱柱分离效能降低。载气流量由气体转子流量计监视,并由流量控制阀将载气流速控制在最佳流速。

　　当色谱柱和操作条件确定后,各成分的保留时间是恒定的,因此可根据保留时间来区分各成分。在进行量较小和恰当选择固定相的情况下,每一成分的流出曲线是对称的,可用正态分布函数来表示,因此在全部被分析成分都出峰及色谱柱和操作条件一定的情况下,就可用色谱峰的面积或高度来表示成分的浓度。如果事先在同样条件下,用浓度与被测成分浓度相近的标准气样分度检测器,确定各种成分的单位峰面积或峰高所代表的成分浓度,求出检测器对各成分的灵敏度,则可根据记录下的色谱图定量分析各成分含量,即

$$\varphi(\%) = \frac{A/s}{\sum A_i/s_i} \times 100 \tag{8-14}$$

式中:φ、A、s 分别为所分析的某成分含量、峰面积和灵敏度;A_i、s_i 为气样中各成分的峰面积与灵敏度。

2. 分析流程

根据被分析气样成分的复杂程度,可采用多种分析流程。当用一根色谱柱不能使全部成分分离时,可用两根色谱柱,分别充以不同的吸附物质或固定液,分别进行部分成分的分离。

图 8-8 是气相色谱基本组成,主要包括以下几部分。

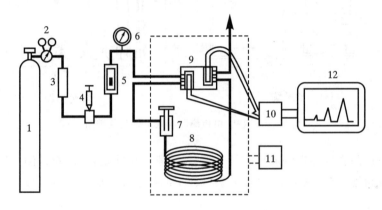

1—载气钢瓶;2—减压阀;3—净化干燥管;4—针形阀;5—流量计;
6—压力表;7—进样器和气化室;8—色谱柱;9—热导检测器;
10—放大器及数据处理器;11—温度控制器;12—记录仪
图 8-8　气相色谱基本组成图

(1) 载气系统:载气系统为气相色谱仪提供稳定的流动相。常用的载气系统有氮气、氢气及氩气等。储存载气的钢瓶内压高达 15 MPa,需经减压阀降到 $50\sim400$ kPa。市售的气体含有微量水分等杂质,应经过净化干燥管除去。载气系统工作流程为:钢瓶、减压阀→净化干燥管→针形阀→流量计→压力表。

(2) 进样系统:进样系统包括进样器与气化室,试样通过进样器进入色谱仪。

(3) 分离系统:试样经过分离系统后,各组分分离。分离系统包括色谱柱、色谱箱。色谱柱置于色谱箱中,色谱箱由温控装置控制恒定的温度,以防止试样在色谱柱中冷凝成液体而无法分离。

(4) 检测和记录系统:包括放大器、数据处理器以及记录仪。

(5) 温度控制系统:温度控制系统是气相色谱仪的重要组成部分,温度影响色谱柱的选择性和分离效果,也影响检测器的灵敏度和稳定性。所以色谱柱、检测器和气化室都要进行温度控制。

　　图 8-9 为双柱、单检测器串联系统及色谱图。图 8-9(a)中色谱柱 1 的长度为 0.76 m,充填六甲基磷酰胺(HMPA);色谱柱 2 长 2 m,充填活化分子筛(如 13X)。在气样进入之前,载气氮通过热导式检测器的两个参比桥臂室 T_1、T_2,色谱柱 1,桥臂室 T_3,色谱柱 2,经桥臂室 T_4 排出。由于四个桥臂室中电阻的冷却效应相等,该四个电阻组成的不平衡电桥输出为零,这时在记录仪上记下一水平线称作基线。当定量管中的一定容积的烟气气样进入色谱柱后,其中 CO_2 被色谱柱 1 所阻滞,其它成分一起流出色谱柱 1,到达桥臂室 T_3,这时电桥失去平衡,在记录仪上出现一合成峰,这合成峰过后不久,CO_2 从色谱柱 1 中流出,通过桥臂室 T_3,这时在记录仪上画出 CO_2 峰,同时 H_2S、O_2、N_2、CH_4 和 CO 都在色谱柱 2 中被分离,并以一定的时间间隔,顺序通过桥臂室 T_4,这时在记录仪上按相应顺序画出各成分的峰。所得的色谱图如图 8-9(b)所示。

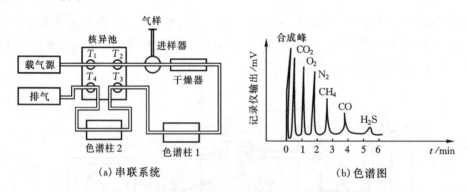

(a) 串联系统　　　　　　　　　　(b) 色谱图

图 8-9　双柱、单检测器串联系统及色谱图

　　该仪器的特点:将气样中各成分进行分离后,分别加以测定,故能对被测气样进行全分析;分离效能高,分析速度快,灵敏度高;能分析气样中的痕量元素(10^{-6}~10^{-9})。

8.3　碳烟测量

　　碳烟浓度测量方法主要有三种:第一种是通过滤纸吸收一定量的排烟,再利用此滤纸的光反射作用进行测定,按此法工作的仪表叫滤纸式烟度计;第二种是让排烟的部分或全部连续不断地与光接触,用透光计或消光度来测定排烟浓度,按此法工作的仪表叫透光式烟度计;第三种是测定排气流量和滤下的碳粒重量,用单位容积排气中所含碳粒重量来表示烟度,依此法工作的仪表叫重量式烟度计。下面介绍几种有代表性的烟度计。

1. 波许(Bosch)式烟度计

　　波许式烟度计是典型的滤纸式烟度计,现为许多国家所采用。它包括采样泵和检测仪两部分。采样泵从排气中抽取固定容积为 315~345 mL 的气样,被抽气样通过夹装在泵上的一张圆片滤纸,气样中碳粒便沉积在滤纸上。滤纸被染黑的程度与气样中的碳粒浓度有关。检测仪又称滤纸反射率计,由反射光检测器及指示器构成。

　　我国汽车行业规定,滤纸式烟度计为测量柴油机排烟的标准仪器。滤纸式烟度计结构如图 8-10 所示,由采样器和检测器两部分组成。采样器为一个弹簧泵,前端带有采样探头,插入排气管中央吸取一定容积的尾气,使其通过一张一定面积的洁白滤纸,排气中的碳

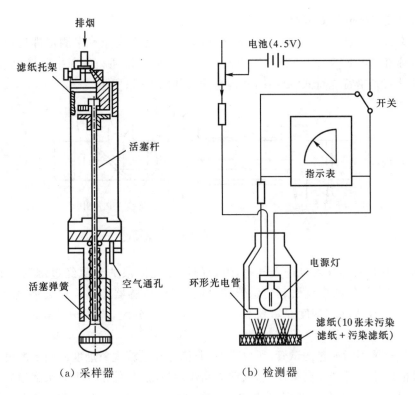

图 8-10　滤纸式烟度计结构

烟积聚在滤纸表面,使滤纸污染。用检测器测定滤纸的污染度,该污染度即定义为滤纸烟度,单位为 FSN。规定全白滤纸的 FSN 值为 0,全黑滤纸的 FSN 值为 10,并从 0～10 均匀分度。

检测指示部分由光电传感器、指示仪表等组成。光电传感器由光源(白炽灯泡)、光电元件(环形硒光电池)和电位器等组成。这部分将已经收取到黑烟的滤纸对着检测部分的光电传感器,从灯泡发出的光被滤纸反射,用环状的光电元件接收其反射光,产生电流并使指示针动作,当滤纸的污染较重时,反射的光量就少,指针向满刻度"10"偏移;滤纸的污染度较低时,指针就向"0"偏移。指示器用来调节电源以控制光源亮度,并将光电管输出的光电流用电流表指示。刻度标尺为 0～10,依光电流线性刻度,0 是全白滤纸色度,10 是全黑滤纸色度。测量时,在已经取样的滤纸下面,垫上 4 张未被污染的全白滤纸,以消除工作台的背景误差。仪表刻度应定期采用全白、全黑或其它标准色度的滤纸进行校正。

滤纸式烟度计具有校正染黑度(满刻度一半,为 5 左右)用的标准纸,当将校正用标准纸正对着检测部分,再用指示调整旋钮根据校正用标准纸的染黑度调节指示值时,就能方便地实施指示部分的校正,从而维持测定的精密度,使测定值保持正确。

滤纸式烟度计结构简单、调整方便、测定值可靠性高、价格低廉,滤纸试样直观性好,便于保存,适宜于稳态工况的测定。但缺点是只能测排气中黑色的碳烟,当柴油机在急速及低负荷运转时,因排温低及其它原因排出的油雾及水蒸气形成的蓝烟和白烟不能测出。

2. 哈特立奇（Hartridge）式烟度计

哈特立奇式烟度计是典型的透光式烟度计，它利用透光衰减率来测定排气烟度。我国根据新的国家标准，2001 年 1 月 1 日起对内燃机和汽车型式认证和生产一致性检查中，采用的透射式烟度计就是哈特立奇式烟度计，其构造简图如图 8 - 11 所示。

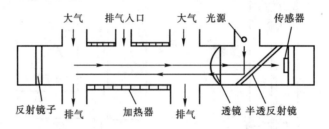

图 8 - 11　透射式烟度计构造简图

汽车排气不断从排气入口进入气室，恒定的可见光波段的光源经过烟气后到达光电检测传感器，气室中烟气的变化引起传感器信号的变化，传感器经过采样处理，实时反映出气室中烟对光的吸收状况。烟度显示仪表从 0～100 均匀分度，光线全通过时为 0，全遮挡时为 100。

由于排气连续不断通过测试管，所以稳态、非稳态和过渡现象烟度的测定都很方便。但由于光学系统的污染容易产生测量误差，因此必须注意清洗；另外排气中的水滴和油滴也可作为烟度显示；当抽样检验的排烟温度超过 500 ℃时，必须采用其它冷却装置冷却以确保其检测精度。

3. 冯布兰德（Von Brand）式烟度计

冯布兰德式烟度计也是一种滤纸式烟度计，其测量原理基于光电效应。其结构如图 8 - 12 所示，将滤纸做成卷带状，可由滤纸传送装置连续传送，以实现烟浓度的连续测量。调节纸带传送速度和改变排气流量的喷嘴尺寸，可以调整仪表的灵敏度。滤纸的污染程度也由光电元件测出，其分度以全白为 0，全黑为 100。

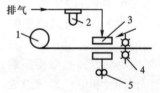

1—滤纸卷带；2—过滤器；3—过滤器头；
4—滤纸传输轮；5—真空泵
图 8 - 12　冯布兰德式烟度计结构简图

4. 林格曼（Ringelmann）比色法

林格曼比色法是最初测定排气烟气所采用的一种目测方法，目前仍广泛地用来测量铁路机车和停港船舶的黑烟排放。它通过一套显示浓度的标准色纸用肉眼比较，以确定排烟浓度。纸的标准浓度分为 6 度。0 度为全白，1 度相当于 20% 黑色，2 度相当于 40% 黑色，3 度相当于 60% 黑色，4 度相当于 80% 黑色，5 度为全黑。此法测量误差较大。

5. PHS 式烟度计

美国使用的 PHS 式烟度计是将柴油机排气全部导入检测部分进行烟度测量的透光式烟度计，也是基于光电转换原理，用透光度来测定排烟浓度。用 PHS 式烟度计测量排气烟度如图 8 - 13 所示，其检测部分的光源和光电变换装置直接放在离发动机排气口有一定距离的排气通道上，以减少排气散热的影响。该烟度计无专设的校正管，使用时应注意消除光源以外的光线的干扰。PHS式烟度计的测定值受到排气管直径的影响,在排气量和排气管直径都大时,即使排烟浓度很低,由于通过检测部分的烟层厚,所得测定值仍然是高的。为此,通常规定发动机标定功率在 73.5 kW(即 100 马力)以下时用 50.8 mm 管,在 73.5~147 kW 时用 76.2 mm 管,在 147~220.5 kW 时用 101.6 mm 管,220.5 kW 以上时用 127 mm 管。

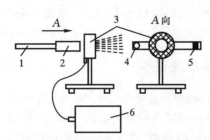

1—排气管道;2—排气导入管;3—检测通道;4—光源;
5—光电检测单元;6—烟度显示记录仪

图 8-13　用 PHS 式烟度计测量排气烟度

6. 重量式烟度计

重量式烟度计通过真空泵的作用,使全部排气都通过过滤式收集器,测出收集器重量增加值,同时用流量计测出排气容积流量,然后算出单位容积排气中所含碳粒颗粒的重量。

8.4　微粒测量

颗粒物(particulate matter,PM)指悬浮于空气中的细小的固体或液体颗粒,其粒度约在 0.0002(分子级)~500 μm 之间。根据空气动力学对直径(AD)的不同的分类,一般颗粒物可分为,总悬浮颗粒物(TSP)——空气动力学直径小于或等于 100 μm,可吸入颗粒物(PM$_{10}$)——空气动力学直径小于或等于 10 μm,而可吸入颗粒物又可细分为粗颗粒——空气动力学直径在 2.5~10 μm 之间,细颗粒物 PM$_{2.5}$——空气动力学直径小于 2.5 μm 以及超细颗粒物——空气动力学直径小于 0.1 μm。

微粒测量在如下诸多领域均有重要应用。

(1)基础气溶胶研究,如气溶胶传输,运动气溶胶,颗粒物粒径、浓度,粒子形成及长大,毒性等。

(2)环境研究,如大气科学、云物理学、气候变化、大气化学、环境空气监测等。

(3)生物气溶胶检测,如细菌、病毒等生物气溶胶检测。

(4)生命科学研究,如呼吸毒性、微粒对健康的影响等。

(5)制药研究,如粉末特性、药品输送,以及用于测试药品喷雾计等。

(6)健康与吸入毒理学研究,如气溶胶-药物释放研究、流行病研究、测量粒子呼吸毒性研究,检测测试用气溶胶的粒径及质量谱分布等。

(7)过滤材料的测试,如滤膜检测、滤材效率、呼吸面罩等。

(8)仪器标定,如校正粒子仪器气溶胶的特性研究,基于空气动力学粒径测量仪器性能评价。

(9)室内空气质量监测,如室内空气质量品质、洁净空气及气体监测。

(10)工业排放及卫生学研究,如工业加工过程质量控制,颗粒物质,指纹鉴定及来源解析,污染物浓度、毒性研究等。

(11)材料科学研究,如气体与颗粒转化研究、材料合成、纳米技术等。

(12)能源与燃烧研究,如含碳颗粒(如炭黑)、飞灰颗粒、燃烧效率、排放和污染等。

(13)柴油及汽油车排放测试,如微粒大小、尺寸、浓度及分布等。

对颗粒物的研究还处于刚刚起步阶段,以下简单介绍几种最新的测量仪器。

8.4.1　扫描电迁移率粒度谱仪

扫描电迁移率粒度谱仪(Scanning Mobility Particle Sizers,SMPS)被公认是亚微米粒子的标准测量仪器,可对粒径的分布以及粒径的瞬时分布进行测量,并且测量粒径范围较宽,一般用于 1 μm 以下细颗粒物粒径的测量,其最小测量的粒径可达 2.5 nm。

1. 测量原理

该测量的基本原理主要基于荷电粒子在电场中的电迁移特性。荷电是指带电离子或电子和中性粒子相碰撞并使其带电的过程。有两种作用机制可以使粒子荷电:电场荷电,即离子在电场作用下沿电力线做有规则运动,与粒子碰撞使粒子荷电;扩散荷电,即由于离子的不规则热运动而与粒子碰撞以致粒子荷电。当荷电粒子在电场的作用下运动时,其活动能力(电迁移率)Z_P 为

$$Z_P = \frac{粒子速度}{电场强度} = \frac{V}{E} = \frac{n_p eC}{3\pi\mu D_P} \tag{8-15}$$

式中:n_P 为荷电的粒子数量与粒子总数量的比;e 为电子电量;μ 为气体黏度;D_P 为粒子的粒径;C 为坎宁安滑动校正系数。

由公式可知,荷电后粒子的活动能力与气体性质、荷电的粒子数、电场强度以及粒子的粒径有关。当气体和电场强度一定时,其电迁移性与粒子的粒径成反比,粒径大的粒子电迁移性低,而粒径小的粒子电迁移性高,如图 8-14 所示。因此,电荷采集板在不同的区域对其粒子进行采集即可获得不同粒径的分布。

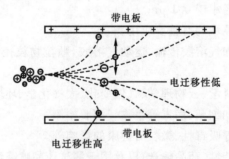

图 8-14　粒径大小与电迁移性示意图

图 8-15、图 8-16 分别是发动机废气排放颗粒物粒径谱仪工作原理示意图以及数据处理原理示意图。带悬浮微粒的气体(气溶胶)在进样口用旋风除尘器去除大粒径的颗粒,其余的样气在通过扩散荷电器时产生离子并使粒子荷电,气溶胶以及干燥洁净的鞘气在中心极杆和外部圆柱之间从上向下流动,并在加有高压电场中心极杆的作用下驱使荷电的粒子从中心极

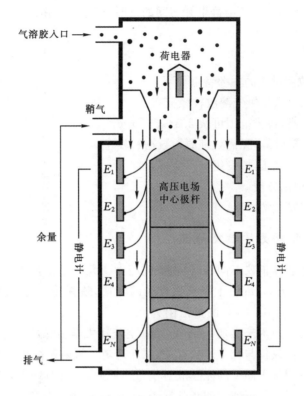

图 8-15　颗粒物粒径谱仪工作原理示意图

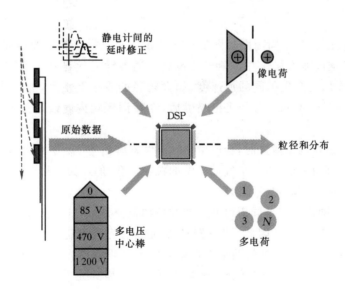

图 8-16　颗粒物粒径谱仪数据处理示意图

杆向外运动(荷电粒子被中心极杆排斥),由于粒子的粒径不同时其电迁移性的高低不同,因此不同粒径的粒子所落的区域也不同,这些落在不同区域的荷电气溶胶被外柱体上的多级静电计同时检测,而静电计的电流数据由仪器内置的一个高性能数字信号处理芯片(DSP)进行实时处理,同时该芯片还对多电荷与静电计之间的延时进行修正,由此可以快速准确地测量粒径分布。

2. 主要特点

扫描电迁移率粒度谱仪的主要特点如下。

(1)能快速检测亚微米级气溶胶粒径分布。

(2)粒径分辨率高,粒径范围可从 2.5～560 nm。

(3)自动进行全部计算,无需处理原始数据和校正。

(4)工作压力为大气压,挥发组分不会挥发。

(5)操作简单,使用方便。

(6)静电器不需要经常调零。

8.4.2　颗粒物空气动力学粒径谱仪

与扫描电迁移率粒度谱仪不同,颗粒物空气动力学粒径谱仪虽然也用于粒径尺寸及浓度分布的测量,但主要用于 1 μm 以上颗粒物粒径的测量,随着技术的不断发展更新,目前该测量的下限可以下延到1 μm 以下,其测量范围为 0.37～20 μm。该仪器具有两个基本属性,一是通过精密的飞行时间技术来实现0.5～20 μm 空气动力学粒径的测量。由于基于飞行时间的空气动力学粒径计数仅仅与粒子形状有关,从而避免了折射系数和激光散射的干扰,因此该仪器对粒径的测量性能优于同类的光学散射仪器。此外,飞行时间测量粒径具有的单调对应曲线确保了在整个粒径测量范围内的高分辨率。二是通过光学散射强度技术使其测量粒径的下限进一步下移,可达到 0.37 μm。

1. 测量原理

该仪器的测量原理及结构简图如图 8 - 17 所示。总采样气溶胶经过等动力学分流成为鞘气和样气,样气经过喷嘴加速并在鞘气的包裹下通过激光检测器。不同粒径的粒子经过喷嘴时由于惯性作用会产生不同的加速度,如大粒径的粒子惯性大,加速慢,从而导致在通过检测器时速度和时间不同。粒子飞出喷嘴后,在检测区域内直线通过两束相互重叠的平行激光。

当单个粒子通过这两束激光时,会产生单独连续双峰信号(见图 8 - 18),两峰之间的距离称为飞行时间,该时间提供了粒子空气动力学的粒径信息,通过测量粒子在两束激光之间的飞行时间以及标定曲线即可确定粒子的粒径。

另外,当测定不同形状和不同折射系数的颗粒物粒径分布时,由于将光学散射强度转换为粒子的几何尺寸会产生偏差,因此,该仪器还需对散射光强度进行测量。其测量原理如图 8 - 17和图 8 - 18 所示,当粒子通过两束平行激光时会产生散射光,一面椭圆镜放置在激光轴的 90°方向,选择光信号并聚焦到雪崩式光电监测器,雪崩式光电监测器将光脉冲转化成电脉冲。

所以,当离子通过激光束时,需要同时测量每个粒子的飞行时间和侧向光散射强度,通过对关联信号模式的测量提高了粒子检测性能,最大程度地减小了光学散射强度测量中米式(MIN)散射振荡的干扰,还可以定性区分粒子不同的光学性质,提供气溶胶组成的信息。

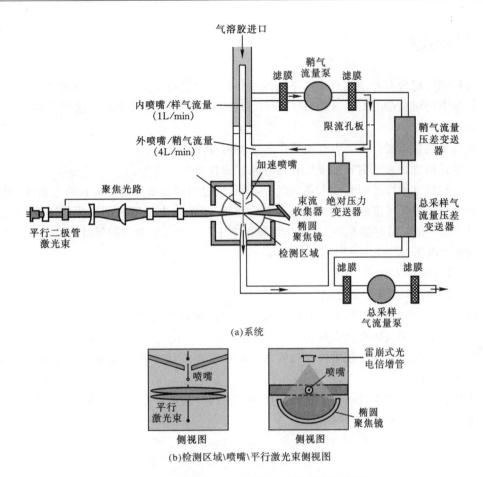

（a）系统

（b）检测区域\喷嘴\平行激光束侧视图

图 8-17　颗粒物空气动力学粒径谱仪测量示意图

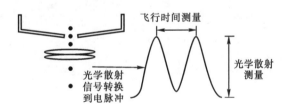

图 8-18　粒子飞行时间和光学散射强度测量示意图

2. 主要特点

颗粒物空气动力学粒径谱仪的主要特点如下。

（1）高精度实时分析气溶胶颗粒的空气动力学粒径及分布。

（2）能同时提供两种粒径数据：①0.5～20 μm 空气动力学粒径；②0.37～20 μm 光散射直径。

（3）输出多种浓度分布结果，包括粒数浓度、表面积浓度、体积浓度、质量浓度。

（4）准确度和重现性高。

思考题与习题

8-1　分析烟气成分有何现实意义？举例说明分析氧含量对于锅炉燃烧的重要性。

8-2　炉烟中的组分（N_2、CO_2、CO、H_2、CH_4、O_2）可以用什么仪器测量？这些仪器的工作原理是什么？

8-3　根据氧化锆氧量计的特点在使用中有哪些需要注意之处？

8-4　滤纸式烟度计和透射式烟度计有何异同？为什么？

8-5　氧气和氮气的样品同时注入氦载气中，样品经过装有分子筛的 1 m 长的色谱柱，用对氧和氮有同等灵敏度的热导式的检测器检测组分，输出电压随时间变化如图 8-7 所示，其中氧气的保留时间 $t_{R1}=116$ s，电桥输出电压 $U_1=3$ mV，氮气的保留时间 $t_{R2}=126$ s，电桥输出电压 $U_2=7.8$ mV；$t_{AB}=6$ s，$t_{CD}=7$ s。

(1)求分辨率 R。

(2)计算样本组成百分比 φ。

8-6　颗粒物、总悬浮颗粒物、可吸入颗粒物、粗颗粒、细颗粒以及超细颗粒物是如何定义的？分别对大气和人体有什么危害？

8-7　颗粒物空气动力学粒径谱仪与扫描电迁移率粒度谱仪在测量原理上有何不同，其测量范围一样吗？

8-8　为什么在颗粒物空气动力学粒径谱仪中需要同时测量每个粒子的飞行时间和侧向光散射强度？有何意义？

第 9 章

最新测量技术及其进展

9.1 计算机测试系统

随着计算机技术的飞速发展,以及它在测试技术中的广泛应用,测试系统本身也发生着巨大的变化。传统的信号处理、显示与记录设备等组成部分逐步地被具有信号调理与处理功能的扩展电路板或计算机所取代。由此而产生的计算机测试系统,及由它进一步发展而来的智能仪表和虚拟仪器等现代测试技术得到了迅猛发展,目前已成为测试技术中的主要趋势。

9.1.1 计算机测试系统的应用

"计算机测试"是将温度、压力、流量、位移等模拟量采集、转换成数字量后,再由计算机进行存储、处理、显示或打印的过程。相应的系统称为计算机测试系统。

计算机测试系统的任务就是采集传感器输出的模拟信号并转换成计算机能识别的数字信号,然后送入计算机,根据不同的需要由计算机进行相应的计算和处理,得出所需的数据。与此同时,将计算机得到的数据进行显示或打印,以便实现对某些物理量的监视,其中一部分数据还将用来控制某些物理量。

由于计算机对信号采集和处理具有速度快、信息量大、储存方便等传统测试方法不可比拟的优点,计算机测试系统迅速地得到发展与应用。在生产过程中,应用这一系统可对生产现场的工艺参数进行采集、监视和记录,还可为提高产品质量、降低成本提供信息和手段。在科学研究中,应用计算机测试系统可获得大量的动态信息,是研究瞬间物理过程的有用工具,也是获取科学奥秘的重要手段之一。总之,不论在哪个应用领域中,计算机测试与处理越及时,工作效率越高,取得的经济效益就越大。

在热能与动力工程测试技术领域,微型计算机技术的应用几乎随处可见,从最为常见的热力参数如温度、压力与流量的自动测量,到火力发电厂大型关键设备的监控,从普通的家用电器到航空航天技术的各个领域,无不体现出微型计算机应用带来的经济与社会效益。总结起来,微机技术在热能与动力机械测试技术领域中的应用主要有以下几个方面。

(1)将常规的测量方法加以智能化,使得热工参数的测量精度大大提高,也为计算机技术的进一步应用打下了基础。如带有非线性修正补偿的热电偶及流量计,具有多点自动测试及记录功能的温度自动测试仪等。

(2)计算机辅助测试技术(CAT)使得复杂的热能与动力工程测试任务变得简单、可靠。一个典型的应用是,在热能与动力机械设备的耐久性试验中,由于采用了计算机辅助测试系统,试验人员的工作量大大减少,试验成本下降,效率及可靠性得到了显著的提高。

(3)数据采集及监控系统在热能与动力工程中应用最为广泛,小到家用电冰箱温度的自动控制,大到核电站、大型船用柴油机在不停机条件下工作状态的故障诊断。其中后者在以前是相当粗糙的,而现在微机技术使得我们可以及时地了解到各个关键部位、各种参数的实时技术状态,并通过自动执行机构,完成诸如调节、记录、报警等相应的动作。

9.1.2 计算机测试系统的组成

尽管计算机测试系统有不同类型,但就其共性来说,一般包括硬件及软件两大部分。其中,硬件主要由两部分构成,一是传感器及其信号的放大装置,即通常所说的一次仪表和二次仪表;二是微型计算机,二者通过一定的接口进行连接。其典型的组成如图9-1所示。各种形式的非电量信号,都要经过传感器转变为电量信号,再经放大器放大后,送到采样/保持器(S/H)。S/H根据系统的要求相应完成信号采样及采样值保持两种功能,多路开关从S/H输出的数据中根据要求选择一路送到模/数(A/D)转换器进行模拟-数字信号转换。转换后的数字量经输入/输出(I/O)接口送到计算机。

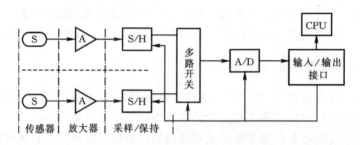

图9-1　微型计算机构成数据检测系统的典型组成

以下将对上述各部分的作用分别作一简单说明。

1. 传感器

传感器的作用是将被测参数如温度、压力、流量、速度、液位、成分等各种非电量转换成电量,以便利用计算机进行测量。热能与动力工程测试技术中常见的各种传感器,在前面几章中已经作过详细的介绍,在用于自动测试时,应当注意以下几个问题。

(1)理想的传感器不应当从被测系统中获取能量。实际设计时,传感器要求从外界获取的能量越少越好,但相应的输出信号也就相当微弱,比如低到 10^{-9} V。

(2)抗干扰能力强。由于传感器输出信号较弱,容易受到环境条件的变化而产生干扰电平,最大可达几毫伏甚至几伏,因此必须采取适当的抗干扰措施。

(3)对于非电流或电压信号输出的传感器,如电容、电阻或电感量等,测量时应当考虑消除引线及机械结构所造成的寄生参数的影响。

(4)需要外加激励电源的传感器,要注意该外加激励电源的精度和稳定性,因为它们对输入信号的精度和稳定性有直接影响。

(5)理想的要求是传感器的输入、输出信号特性呈线性关系,但通常情况难于做到,所以对输入量要加以适当的补偿。

总之,传感器的精度直接影响到整个自动测试系统的精度,应当慎重设计。

2. 放大器

放大器的主要作用是把传感器输出的微弱电信号加以放大,以便与计算机的模拟输入通道进行对接,同时也可对检测信号进行滤波,以达到降低噪声、控制增益以及变换阻抗等目的。

由于传感器的种类繁多、输出各异,所以放大器的形式也不尽相同。因此,要根据各种传感器的要求加以选择。目前,多采用集成运算放大器和仪器专用放大器,有关内容将在本章后面加以介绍。

选择放大器的基本原则是:

(1)低噪声,零点漂移小,以保证输出信号的稳定可靠;

(2)精度高,满足测量要求;

(3)输出阻抗高,这样可以有效地抑制干扰信号;

(4)频带宽,以适应测量信号大幅度频率变化的需求。

3. A/D 转换器

A/D 转换器的主要作用就是把被测参数的模拟量转换成微型计算机所能接收的数字量。A/D 转换器的精度随位数的增加而增加,目前广泛采用的有 8 位、10 位、12 位和 16 位 A/D 转换器。它们大多以集成电路块的形式提供给用户,或制成模板式供选用。对 A/D 转换器的要求是:

(1)精度高,因为 A/D 转换器的精度与最终测试结果的准确性直接相关;

(2)速度快,特别是对于有特殊要求的高速采集过程,尤为重要。

4. 采样/保持器

在多路采集系统中,由于计算机是分时工作的,且 A/D 转换需要一定的时间,因此,必须保证在 A/D 转换过程中采集的参数值不变,否则转换过程要发生混乱。采样/保持器(S/H)正是为满足这一需要而设计的。它有两种工作方式,即采样方式和保持方式。采样时,其输出跟踪模拟输入电压变化;保持时,则使输出值保持在命令发出时刻的输入值。采样/保持器基本的工作原理是一个电容的充放电过程,目前常用的采样/保持器由一块集成电路芯片和一个存储电容构成。

对采样/保持器的要求是:

(1)采样时,存储电容必须尽可能很快地充电,以便跟随输入参量的变化;

(2)保持时,存储电容的漏电流必须接近于零,使其在一定的时间内输出值保持不变。

5. 多路开关

由于 A/D 转换器的价格较高,所以在多路系统中,通常几个模拟量通道共用一个 A/D 转换器。多路开关的作用就是分时地将各被测参数接通,以便进行A/D转换,它相当于一个模拟开关。常用的多路开关有 8 路(如 CD 4015)和 16 路(如 CD 7506)等。

对多路开关的要求主要是:

(1)导通电阻小,以保证准确接通;

(2)开路电阻大,以保证断开快速,滞后小;

(3)转换速度快,寿命长,无机械磨损。

6. 微处理器(CPU)

微处理器是自动测试系统的核心,它的主要作用是通过软件对采样数据进行计算及各种处理,如数字滤波、标度变换、非线性补偿等。然后,把计算结果进行显示、打印或编制文件。此外,CPU 还提供许多逻辑判断、自动化操作以及自诊断功能等。

CPU 的选择决定了与之相关的辅助电路,一般有 intel 8080 系列(8 位、16 位及 32 位)、

Z80、MCS-51 及 MCS-96 系列等可供选择。

7. 输入/输出接口

输入/输出接口是计算机与外部设备打交道的纽带与桥梁。该接口的主要作用首先是将采到的数据送到计算机 CPU 进行处理，另外，计算机通过输出接口发出指令实现采样、保持和切换，以及显示、打印等。

一般所指的接口是指通用接口，如并行接口、串行接口、通信接口等。另外各种微型计算机都有专门的接口电路，如 Z80 中的 PIO（可编程通用并行接口）、intel 8080 系列的 8255、8251 等。

接口具有以下功能：①输入数据；②输出数据；③产生同步脉冲信号，以便解决慢速的外设与快速 CPU 之间的通信问题；④中断管理。

随着大规模集成电路的发展，现在已经生产出各种各样的通用接口和专用接口，在一般的情况下，设计者的任务只是根据需要加以选择。

8. 软件设计

自动测试系统中的软件是有别于常规测试系统的一个重要部分，它是 CPU 进行计算、数据处理、逻辑判断、自动化操作的基础。从软件内容来看，可以分为系统软件与应用软件，其中系统软件是一个工作平台，由生产者提供；应用软件则是面向用户的程序，由设计者根据测试系统功能的需要进行编写。这也是测试仪器或系统开发工作中的主要任务，需要设计者花费大量的时间和精力来反复进行调试。

9.1.3　计算机数据采集技术

1. 数据采集装置的功能

在热能与动力工程中，为了对多个被测参量进行自动连续扫描、集中监视、记录和显示等，经常用到多路自动巡回检测或数据采集系统。它是微型计算机应用于工业过程的一个重要分支，也是现代化生产所必需的。这种数据采集系统也被广泛地应用在各类智能仪表中，构成其硬件基础。

测量通道布置方案有多种形式，典型的数据采集系统由多路开关、测量放大器、A/D 转换器以及 CPU 单元所构成，如图 9-2 所示。

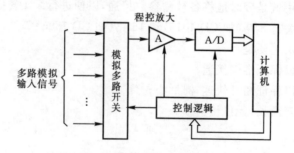

图 9-2　不带采样/保持器的数据采集系统

如果各个通道的参数需要同一时间采集，而 A/D 转换速度不能满足上述要求，则必须加上采样/保持器,带采样/保持器的电路方案有以下几种。

(1)多路通道共享采样/保持器。

图 9-3 为多路模拟通道共享采样/保持器的典型电路原理结构。该系统采用分时转换工作方式。模拟开关在计算机控制下,分时选通各个通路信号,送采样/保持器和 A/D 转换器,经过 A/D 转换器转换后送微机处理。为了使得传感器的输出变成适合计算机测试系统的标准输入信号,并有效地抑制串模和共模以及高频干扰,一般需要有信号放大电路和低通滤波器。由于各路信号的幅值可能有很大差异,常在系统中放置程控放大器,使加到 A/D 输入端的模拟电压信号幅值处于 $1/2 \sim 1$ 量程范围,以便充分利用 A/D 转换器的满量程分辨率。

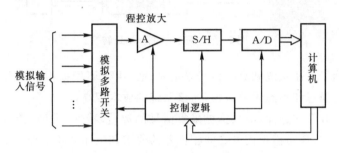

图 9-3 多路通道共享采样/保持器

(2)多通道共享 A/D 转换器。

图 9-4 所示为多通道共享 A/D 转换器的系统框图。这种系统的每一模拟通道都有一个采样/保持器,且由同一状态指令控制,这样,系统可同时采集多路模拟信号同一瞬时的数值,然后经模拟多路开关分时切换输入到 A/D 转换器,分别进行 A/D 转换和输入计算机。这种系统可以用来研究多路信号之间的相位关系或信号的函数图形等,在高频系统或瞬态过程测量系统中特别有用,广泛用于振动分析、机械故障诊断等数据采集。系统所用的采样/保持器,既要有短的捕捉时间,又要有很小的衰变率。前者保证记录瞬态信号的准确性,后者决定通道的数目。

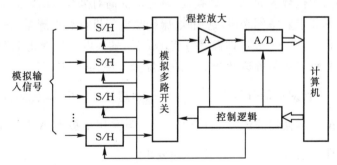

图 9-4 多通道共享 A/D 转换器

(3)多通道并行 A/D 转换。

图 9-5 所示为多通道并行 A/D 转换的系统框图。该类型系统的每一个通道中都有各自的采样/保持器和 A/D 转换器,它们只对本通道的模拟信号进行采样/保持和 A/D 转换,A/D 转换器输出的数字量送至计算机。

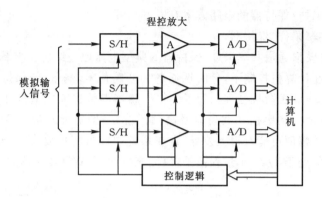

图 9-5　多通道并行 A/D 转换

这种形式常用于高速系统和高频信号采集系统。由于不用模拟多路开关,故可避免模拟多路开关所引起的静态和动态误差。但是,该系统的成本较高。

上述各种通道方案的选择,应根据被采集信号的数量、特性(类型、带宽、动态范围等)、精度和转换速度的要求,各路模拟信号之间相位差的要求和工作环境的要求等实际情况而定,使之既在系统性能上达到或超过预期的指标,又价格低廉。

2. 数据采集装置的技术指标

表征数据采集装置的基本参数有通道数目、分辨率与精度以及采样速度。通道数目根据需要选定后,重点是后二项指标。

(1)分辨率与精度(位数)。

数据采集装置常常要求高分辨率与高精度。在组成采集装置的各功能元件中,A/D 转换器在价格上通常是最贵的,因此其它功能元件的误差通常应比 A/D 转换器小得多,以保证总的误差与 A/D 转换器的误差相差无几。对于一个 8 位 A/D 转换器,其量化误差(即最小有效位)为 0.4%(即 $1/2^8$),而一个 12 位的 A/D 转换器的量化误差为 0.024 4%($1/2^{12}$)。可见,为了提高测量精度而采用位数多的 A/D 转换器,将相应提高对采样/保持器、前置放大器以及多路模拟开关等的技术要求。举例来说,选用铁-康铜热电偶进行温度测量,在 0~450 ℃的温度范围内输出的电压值是 0~25 mV,即温度每变化 1 ℃,输出电压的变化小于 55 μV 的测量精度。如果所设计的数据采集装置达到 0.1 ℃的测温分辨率,必须具备 5.5 μV 的测量精度。根据此要求,测量 0.1 ℃所对应的分辨率为 $\dfrac{0.1}{450}=\dfrac{1}{4\ 500}$,超过了一个 12 位 A/D 转换器所具有的分辨率指标,所以 A/D 转换器的位数至少为 13 位。设采用单极性 A/D 转换器,此时最小有效位等于 $\dfrac{0.025}{2^{13}}$V,即近似为 3.05 μV,可以满足要求。

(2)采样速度(频率)。

采样速度是重要的技术指标之一。一般来说,数据采集装置的速度主要由功能元件的延时决定,但 A/D 转换器的转换时间起着最主要的作用。下面通过具体例子来说明。

假设有 16 个模拟输入信号,每个输入信号要求检测 1 000 次/s,则相应的采样间隔时间 $T=\dfrac{1}{f}=\dfrac{1}{16\times1\ 000}=0.063$ ms。为保证此速度,采样装置的各种功能元件的选择都要与它相匹配,特别是放大器的带宽和 A/D 转换器的转换时间。总的原则是各功能元件的动作时间总和应小于要求的采样间隔时间。至于哪些功能元件的动作时间需要考虑,哪些不用考虑,与采集装置的结构配制有关,要结合具体方案来讨论。

对于数据采集装置,当采样一个新的模拟输入信号时,多路开关的动作时间、放大器的延时、S/H 的动作时间、A/D 转换器的启动和转换时间等均要考虑,通常前几项的时间较固定,且数值一般不大,为保证要求的 16 000 次/s 的采集速度,应该选择 A/D 的转换时间来满足。按照采样间隔时间为 63 μs 的要求,选择逐次逼近式 A/D 转换器才能满足。

3. 数据采集装置的技术发展

上面对数据采集装置的结构和技术性能作了简单介绍。实际上数据采集技术既是测量和控制的技术工具,又是发展计算机技术与通信技术不可缺少的手段。科学技术的发展,已在速度、分辨率、精度、接口能力、抗干扰性能及系统结构等方面对数据采集装置的设计提出了越来越高的要求。同时,微电子技术已经进入了超大规模集成电路的时代,必将对数据采集系统的发展产生深刻影响。

而事实上,新型快速、高分辨率的数据转换部件的不断涌现,大大提高了数据采集系统的性能,对其组成也产生了深刻的影响。为满足智能仪表的需要,可用单体器件来组成数据采集装置,也可用单片系统、混合电路、采集模块或板级产品来组成数据采集系统。

这方面的产品,尤以 PC 总线的板级产品最为丰富,应用也最为广泛。包括通用模拟通道板、数字通道板、定时/计数板以及输入/输出板等,使用时直接插在 PC 机的扩展槽上,可利用高级语言进行编程,很方便地组成分散型数据采集及控制系统。特点是简单、经济而实用,在热能与动力工程的研究、制造技术乃至产品中均获得了十分广泛的应用。

9.2　智能仪表

智能仪表是计算机与测量仪器相结合的产物,是含有微型计算机或微处理器的测量仪器。由于它具有一定的智能作用,能够实现对数据的存储、运算、逻辑判断以及自动化操作等功能,因而被称做智能仪表。

9.2.1　智能仪表的基本特征

相对于传统的纯硬件仪器,智能仪表具有以下基本特征。

1. 测量过程软件控制

虽然数字化仪表的自动化程度已经很高,可以实现自动放大、自动极性判断、量程自动切换、过载自动保护等,但随着功能的增加,硬件结构越来越复杂,因而导致测量仪器体积增大、成本上升、可靠性降低。引入计算机技术后,测量是在软件控制下进行的,仪器在 CPU 指挥下,按软件流程不断取值、寻址,进行各种转换、逻辑判断、驱动某一执行元件完成某一动作,使仪器工作按一定顺序进行下去。在这里基本操作是以软件形式完成的逻辑转换,因此具有较强的灵活性。当需要改变仪器的功能时,只要改变程序即可,而不需要更改硬件结构。但软件控制的工作速度相对硬件要慢一些,这一点限制了它在一些实时控制方面的使用。

2. 数据处理能力强

能够对测量数据进行存储和运算是智能仪表最突出的优点。它的主要用途如下。

(1) 提高测量精度。要想提高测量精度,就需要尽可能地消除或减小测量误差。传统方法是用手工方法对测量数据进行事后处理,工作量繁重而且受主观因素的影响成分极大,使处理结果不理想。在智能仪表中,可以充分利用软件实现各种算法对测量结果的在线修正,使测量精度大为提高。

(2) 对测量结果再加工,以提取更高质量的信息。例如一些智能性信号分析仪,不仅可以做到信号的采集和复现,还可以对采集的信号进行数字滤波,滤除干扰信号,以及时域、频域分析,从测量结果中提取更丰富的信息。

(3) 智能仪表具有丰富的处理数据功能,可以实现:①求取测量值的平均值、标准偏差、均方根值;②随机量的统计分析;③曲线拟合与非线性修正、自动补偿;④逻辑运算功能;⑤微积分运算等。

3. 多功能化

由于智能仪表具有测量过程软件控制和数据处理功能,使一机多用成为可能。例如在电力系统中使用的智能电力需求分析仪就同时具备测量电源的各种功率、功率因数、电能、各相电压、电流和频率的功能,并且可以统计电能的利用峰值、峰时,谷值、谷时以及各项超界时间;还可以预置电量需求计划,并兼有自动测量、打印、报警等多项功能。智能仪表还可实现自动零位校准、自诊断、自动量程切换、自动定时功能从而达到自动测试的目的。

9.2.2　智能仪表的结构类型

智能仪表一般有微机内置式和微机扩展式两种基本结构类型。随着计算机测试技术的发展,它们也得到了飞速发展,其产品类型多式多样。下面仅对其共性做简要介绍。

微机内置式智能仪表是将单片或多片微机芯片与测量仪器有机地结合形成的单机,也常常被称为智能仪表,其结构如图 9-6 所示。在智能仪表中,CPU 是核心,并通过总线和接口电路与输入通道、输出通道及外部设备相连,对整个仪表起控制和数据处理作用。智能仪表由于具有多功能、小型化、低成本和适应性强的特点,广泛地应用于工业状态检测与控制、科学实验和家用电器等方面,成为计算机测试技术发展中最活跃的部分。本书将在下节做详细介绍。

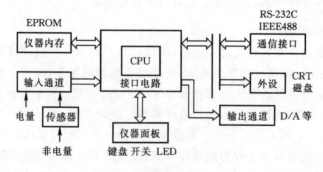

图 9-6　智能仪表结构图

微机扩展式智能仪表是以 PC 机为核心的扩展型测量仪器,也常常被称为 PC 机仪器,简写为 PCI,其结构如图 9-7 所示。PCI 的特点是可以充分利用 PC 机的资源,如磁盘、打印机、绘图仪等硬件资源,以及已有的各种软件包和强大的数据处理模块等软件资源,以完成复杂的高性能的测量信息处理任务。这方面的发展以便携式诊断分析仪为代表,在机械设备状态检测与故障诊断领域得到了广泛应用。

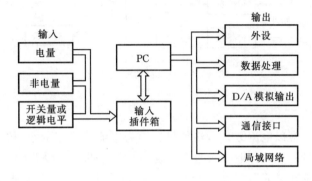

图 9-7　PCI 结构图

9.2.3　智能仪表的组成

智能仪表的硬件由数据采集装置与微型计算机(包括键盘、显示器、接口电路、存储器等)两部分组成,二者有机地结合为一个整体。智能仪表与传统的仪表有着本质的区别,它们用微处理器和存储器(RAM 及 ROM)来代替过去以电子线路为主体的结构,用软件功能来代替电子线路的硬件功能。微处理器是智能仪表的核心,它作为控制单元,控制数据采集系统进行采样,并对采样数据进行计算和数据处理,然后进行显示和打印。

在实际使用时,智能仪表常常被组成为一级自动检测系统,成为自动测试系统的基本组成部分,如图 9-8 所示。有时也采用图 9-9 所示的两级自动测试系统,以满足多参数巡回检测的目的。

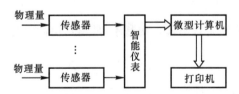

图 9-8　以智能仪表为核心的一级自动测试系统

智能仪表为了实现其工业控制功能,往往也具有相应的输出通道。由于根据不同输出对象的要求,其输出信号可能有模拟量、开关量和数字量等三类形式。为此,智能仪表的输出通道一般包括 D/A 转换器、V/I 转换电路和开关量输出电路等。

另外,智能仪表还应该具有良好的人机界面,即包括输入键盘和输出显示器等电路部分。由于输入通道所有组成部分已在前面章节介绍过,这里仅介绍 V/I 转换电路、开关量输出电路以及人机界面部分。

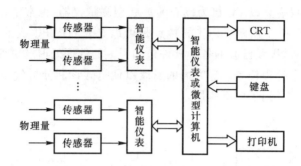

图 9-9　两级自动测试系统

1. V/I 转换电路

工业测控系统中,常以电流方式传输信号。因为电流信号衰减小,抗干扰能力强,适合长距离传输。因此,大量的常规工业仪表是以电流方式配接的。一般 D/A 输出信号有电压也有电流,但电流幅值大都在微安数量级,所以 D/A 转换器输出端常常需要配接 V/I 转换电路。常用的 V/I 转换电路如图 9-10 所示,有两种接法:(a)负载共电源方式;(b)负载共地方式。

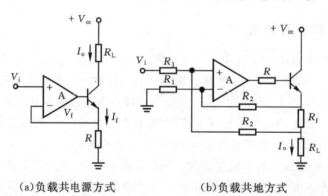

(a)负载共电源方式　　　　　　　　(b)负载共地方式

图 9-10　V/I 转换电路

在图 9-10(a)中,运算放大器两输入端基本等电位,由此可得:

$$I_o = I_f = \frac{V_f}{R_f} = \frac{V_i}{R_f} \tag{9-1}$$

即 V/I 转换器的输出量为电流,且输出电流与输入电压成正比。

在图 9-10(b)中,因为运算放大器输入阻抗很高,流入放大器的电流可以忽略不计,当 $R_2 \gg R_f$ 时,流过 R_2 的电流与 I_o 相比也可忽略,由于运放输入端近似等电位,可得

$$V_i + (I_o R_L - V_i)\frac{R_1}{R_1 + R_2} = I_o(R_f + R_L)\frac{R_1}{R_1 + R_2} \tag{9-2}$$

简化后为

$$I_o = \frac{R_2 V_i}{R + R_1} \tag{9-3}$$

在使用负载共地方式时应注意以下几点。

(1)电路中各电阻应选用精密电阻,以保证足够的 V/I 转换精度。

(2)V/I 转换电路的零位调节可由运算放大器的调零端实现。

(3)正电源的电压必须满足：$+V_{cc} > (R_f + R_L)I_{o\max}$，其中 $I_{o\max}$ 为 I_o 最大值。

2. 开关量输出电路

对于只有两种工作状态的执行机构或器件，可以用智能仪表输出的开关量控制。但由于执行机构所要求的控制电压和电流千差万别，因此必须根据具体对象采用合适的电气接口。开关量输出一般结构如图 9 - 11 所示。图中地址译码电路用于产生开关量输出口地址的锁存命令信号，锁存器用于锁存多位开关信号。由于工业现场的恶劣环境中存在多种干扰源，锁存器输出的开关信号往往需要隔离和驱动才能与执行机构相连。常用的隔离器件有光电耦合器和继电器；常用的驱动电路有 74LS 系列 TTL 电路，用于驱动光电耦合器件和 LED 等；还有 OC 门电路，用于驱动微型继电器和 LED 等；如果驱动大功率执行元件还可用固态继电器驱动。

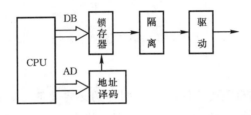

图 9 - 11　开关量输出电路结构

3. 人机界面

智能仪表的人机界面主要包括输入的键盘电路和输出的显示电路两大部分。

(1)键盘。

键盘可分为非编码键盘和编码键盘两种。

非编码键盘处理程序的任务：首先确定有无键按下；然后当有键按下时对键进行译码，确定按下键的类型及编码，若无键按下则返回；最后转去执行闭合键的服务程序。尽管其键的功能繁多，但就其处理方法来讲前两项任务是公共的，第三项任务则需要根据各个键的实际功能分别处理，若查到的是数字键，把该键值直接送到显示缓冲区进行显示；若为功能键，就必须找到该功能键处理程序的入口地址，并转去执行该键所规定命令。实际使用中，只要能满足控制功能要求，可根据需要组织键矩阵。智能仪表中多用 4×4、3×8、2×8 等形式的键盘，无论采用何种编码表示键值，都必须反映闭合键所处行和列，以便确定键位置及功能。因此，它也被称为行列式键盘。

编码键盘工作时不需反映闭合键所处的行和列，只要通过列输出的电平编码就可确定闭合键的键值。为此，这种键盘形式在智能仪表的设计中常常被采用。一般来讲，编码键盘由若干个按键开关和大量的开关二极管形成的电路网络组成，如图 9 - 12 所示。其中开关二极管的一端与列线相连，另一端与行线相连，按键开关的一端与开关二极管相连，另一端与 +24 V 电源的地相连。当没有键被按下时，行线和列线均不导通，列线输出均位高电平，即 a、b、c、d、e 点的电平均为"1"；当任一键被按下时，按键所在行线上有开关二极管与之相连的列线导通，此列线输出低电平，未导通的列线仍输出高电平。举例来说，当上边的第一个按键被按下时，所有的行线和列线均导通，列线输出均为低，即 a、b、c、d、e 的电平为"00000"，当第二个按键被按下时,第一列因为没有二极管把行线和列线连起来所以输出仍为高,而其它的列因为有二极管相连而导通,其输出为低,即 a、b、c、d、e 的电平为"10000",依此类推,可以确定其它的键被按下时列线的输出编码,从 00000～11111 编码,可以识别的键的数量是 32 个。

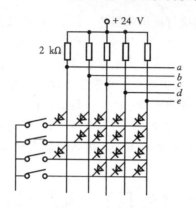

图 9-12　编码式键盘原理图

（2）显示。

显示在智能仪表中占有重要地位,是人机对话的必要设备。常用的显示设备有显示和记录仪表、显示终端和数字显示电路等,其中显示记录仪表广泛应用在工业过程控制中,它以模拟方式显示;CRT 是比较大型的显示设备,它可以显示图形和字符,一般用在中央控制室。在智能仪表中广泛应用着数字显示器件。数字显示器件包括荧光、辉光、等离子数码管、液晶显示、阴极射线管显示及发光二极管显示等。

发光二极管显示器具有工作电压低、响应速度快、寿命长、工作稳定、可靠性高、体积小、重量轻等优点,故在智能仪表中得到广泛应用。实际使用中,常用七个发光二极管组成一个可显示数码字符的七段显示器,即俗称的数码管（简称 LED）。它不但能显示数字,而且可显示字母和符号。应用这种显示器件,程序设计简单,不占用计算机的时间,实时性较强,但电路结构复杂,造价高。因此在智能仪表设计中,只要 CPU 的时间允许,多采用软件的办法进行显示。

液晶显示器是一种极低功耗的显示器件,它具有在明亮环境下正常使用,显示清晰度不随环境光的增强而减弱以及在太阳光下也能正常显示等优点,因此它作为智能仪表的显示器件在各个领域正得到越来越广泛的应用。

9.3　虚拟仪器

9.3.1　概述

虚拟仪器是在电子仪器与计算机技术更深层次结合的基础上产生的一种新的仪器模式。虚拟仪器是指在通用计算机上添加一层软件和/或必要的仪器硬件模块,使用户操作这台通用计算机就像操作一台自己专门设计的传统电子仪器一样。虚拟仪器技术强调软件的作用,提出了"软件就是仪器"的概念,这个概念克服了传统仪器的功能在制造时就被限定而不能变动的缺陷,摆脱了由传统硬件构成一件仪器再连成系统的模式,而变为由用户根据自己的需要通过编制不同的测试软件来组合构成各种虚拟仪器,其中许多功能直接由软件来实现,打破了仪器功能只能由厂家定义,用户无法改变的模式。虚拟仪器还可以很快地跟上计算机的发展,升级重建自己的功能。

虚拟仪器不强调每一个仪器功能模块就是一台仪器,而是强调选配一个或几个带共性的基本仪器硬件来组成一个通用硬件平台,通过调用不同的软件来扩展或组成各种功能的仪器或系统。

考察任何一台智能仪表,都可以将其分解成以下三个部分。

(1) 数据的采集。将输入的模拟信号波形进行调理,并经 A/D 转换成数字信号以待处理。

(2)数据的分析与处理。由微处理器按照功能要求对采集的数据作必要的分析和处理。

(3)存储、显示或输出。将处理后的数据存储、显示或经 D/A 转换成模拟信号输出。

一般智能仪表是由厂家将上述三种功能的部件根据仪器功能按固定的方式组建,一般一种仪器只有一种功能或数种功能。而虚拟仪器是将上述一种或多种功能的通用模块组合起来,通过编制不同的测试软件来构成任何一种仪器,而不是某几种仪器。例如激励信号可先由微机产生数字信号,再经 D/A 变换产生所需的各种模拟信号,这相当于一台任意波形发生器。大量的测试功能都可通过对被测信号的采样、A/D 变换成数字信号,再经过处理,即可直接用数字显示而形成数字电压表,或用图形显示而形成示波器,或者再对数据进一步分析即可形成频谱分析仪。其中,数据分析与处理以及显示等功能可以直接由软件完成。这样就摆脱了由传统硬件构成一件件仪器然后再连成系统的模式,而变为由计算机、A/D 及 D/A 等带共性的硬件资源和应用软件共同组成的虚拟仪器系统的新的概念。许多厂家目前已研制出了多种用于构建虚拟仪器的数据采集(DAQ)卡。一块 DAQ 卡可以完成 A/D 转换、D/A 转换、数字输入输出、计数器/定时器等多种功能,再配以相应的信号调理电路组件,即可构成能生成各种虚拟仪器的硬件平台。目前,由于受器件和工艺水平等方面的限制,这种通用的硬件平台还只能生成一些速度或精度不太高的仪器,现阶段的虚拟仪器硬件系统还广泛使用原有的能与计算机通信的各类仪器,例如 GP-IB 仪器、VXI 总线仪器、PC 总线仪器以及带有 RS-232 接口的仪器或仪器卡。图 9-13 示出了现阶段虚拟仪器系统硬件结构的基本框图。

基本硬件确定之后,要使虚拟仪器能按用户要求自行定义,必须有功能强大的宜用软件。然而相应的软件开发环境长期以来并不理想,用户花在编制测试软件上的工时与费用相当高,即使使用 C、C++ 等高级语言,也会感到与高速测试及缩短开发周期的要求极不适应。因此,世界各大公司都在改进编程及人机交互方面做了大量的工作,其中基于图形的用户接口和开发环境是软件工作中最流行的发展趋势。典型的软件产品有 NI 公司的 LabVIEW 和 Lab-Windows,HP 公司的 HP VEE 和 HP TIG,Tektronix 公司的 Ez-Test 和 Tek-TNS 等。

图 9-14 是 NI 公司开发的图形开发软件 LabVIEW 和 LabWindows 的软件系统体系结构。其中仪器驱动软件主要是完成仪器硬件接口功能的控制程序,NI 公司提供了各制造厂家数百种 GP-IB、DAQ、VXI 和 RS-232 等仪器的驱动程序。有了仪器驱动程序,用户就不必精通这些仪器的硬件接口,而只要把这些仪器的用户接口代码及数据处理与分析软件组合在一起,就可以迅速而方便地构建一台新的虚拟仪器。

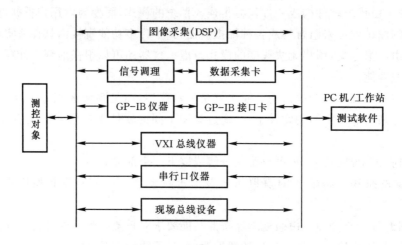

图 9 - 13　虚拟仪器硬件结构

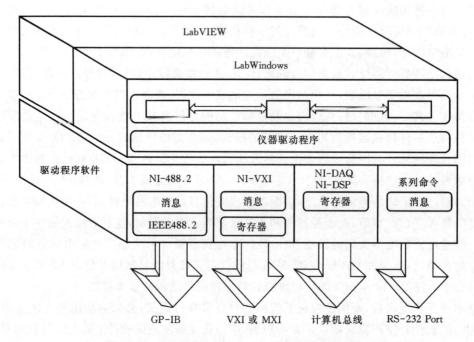

图 9 - 14　LabVIEW 和 LabWindows 软件体系结构

9.3.2　LabVIEW 虚拟仪器开发系统

LabVIEW(Laboratory Virtual Instrument Engineering Workbench)是美国 NI 公司研制的一个功能强大的仪器系统开发平台,经过多年的发展,LabVIEW 已经成为一个具有直观界面,便于开发,易于学习且具有多种仪器驱动程序和工具的大型仪器系统开发工具。

LabVIEW 是一种图形程序设计语言,它采用了工程人员所熟悉的术语、图标等图形化符号来代替常规基于文字的程序语言,把复杂、繁琐、费时语言编程简化成简单、直观、易学的图形编程,同传统的程序语言相比,可以节省约 80% 的程序开发时间。这一特点也为那些不熟悉 C、C＋＋等计算机语言的开发者带来很大的方便。LabVIEW 还提供了调用库函数及代码接口节点等功能，方便了用户直接调用由其它语言编制成的可执行程序，使得 LabVIEW 编程环境具有一定的开放性。

　　LabVIEW 的基本程序单位是虚拟仪器（Virtual Instrument，VI）。LabVIEW 可以通过图形编程的方法，建立一系列的 VI，来完成用户指定的测试任务。对于简单的测试任务，可由一个 VI 完成。对于一项复杂的测试任务，则可按照模块设计的概念，把测试任务分解为一系列的任务，每一项任务还可以分解成多项小任务，直至把一项复杂的测试任务变成一系列的子任务，最后建成的顶层虚拟仪器就成为一个包括所有功能子虚拟仪器的集合。LabVIEW 可以让用户把自己创建的 VI 程序当做一个 VI 子程序节点，以创建更复杂的程序，且这种调用是无限制的。LabVIEW 中各 VI 之间的层次调用结构如图 9 - 15 所示，由图可见，LabVIEW 中的每一个 VI 相当于常规程序中的一个程序模块。

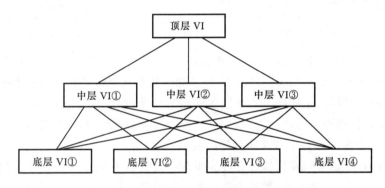

图 9 - 15　VI 之间的层次调用结构

　　LabVIEW 中的每一个 VI 均有两个工作界面：一个称之为前面板（Front Panel），另一个称之为框图程序（Block Diagram）。

　　前面板是用户进行测试工作时的输入输出界面，诸如仪器面板等。用户通过控制（Controls）模板，可以选择多种输入控制部件和指示器部件来构成前面板，其中控制部件用来接收用户的输入数据到程序；指示器部件用于显示程序产生的各种类型的输出。控制模板包括 9 个子模板，图 9 - 16 表示从图形（Graph）子模板中选取了波形图表（Waveform Chart）这个指示器部件。当构建一个虚拟仪器前面板时，只需从控制模板中选取所需的控制部件和指示部件（包括数字显示、表头、LED、图标、温度计等），其中控制部件还需要输入或修改数值。当 VI 全部设计完成之后，就能使用前面板，通过点击一个开关、移动一个滑动旋钮或从键盘输入一个数据，来控制系统。前面板为用户建立了直观形象，使用户感到如同在传统仪器面前一样。

　　框图程序是用户用图形编程语言编写程序的界面，用户可以根据制定的测试方案通过功能（Functions）模板的选项，选择不同的图形化节点（Node），然后用连线的方法把这些节点连接起来，即可以构成所需的框图程序。功能模板共有 13 个模板，每个模板又含有多个选项。这里的功能选项不仅包含一般语言的基本要素，还包括大量与文件输入输出、数据采集、GP - IB 及串口控制有关的专用程序块。图 9 - 17 表示从数据采集（Data Acquisition）子模块下的模拟输入（Analog Input）子模块中，选取了 AI Sample Channel 虚拟仪器功能框，该功能方框的功能是测量指定通道上信号的一个采样点，并返回测量值。

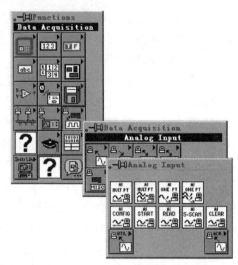

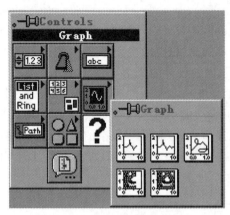

图 9-16 Controls 模板的使用   图 9-17 Functions 模板的使用

　　节点类似于文本语言程序的语句、函数或者子程序。LabVIEW 共有 4 种节点类型：功能函数、子程序、结构和代码接口节点（CINS）。功能函数节点用于进行一些基本操作，例如数值相加、字符串格式代码等；子程序节点是以前创建的程序，然后在其它程序中以子程序方式调用；结构节点用于控制程序的执行方式，如 For 循环控制、While 循环控制等；代码接口节点是为框图程序与用户提供的 C 语言文本程序的接口。

　　使用传统的程序语言开发仪器存在许多困难。开发者不但要关心程序流程方面的问题，还必须考虑用户界面、数据同步、数据表达等复杂的问题。在 LabVIEW 中这些问题都迎刃而解。一旦程序开发完成，用户就可以通过前面板控制并观察测试过程。LabVIEW 还给出了多种调试方法，从而将系统的开发与运行环境有机统一起来。

　　为了便于开发，LabVIEW 还提供了多种基本的 VI 库。其中有包含 450 种以上的四十多个厂家控制的仪器驱动程序库，而且仪器驱动程序的数目还在不断增长。这些仪器包括 GP-IB 仪器、RS-232 仪器、VXI 仪器和数据采集板等，用户可随意调用仪器驱动器图像组成的方框图，以选择任何厂家的任一仪器。LabVIEW 还具有数学运算及分析模块库，包括了 200 多种诸如信号发生、信号处理、数组和矩阵运算、线性估计、复数算法、数学滤波、曲线拟合等功能的模块，可以满足用户从统计过程控制到数据信号处理等各项工作，从而最大限度地减少了软件开发工作量。

　　在虚拟仪器的面板中，当把一个控制器或指示器放置在面板上时，LabVIEW 也在虚拟仪器的框图程序中放置了一个相对应的端子。面板中的控制器模拟了仪器的输入装置并把数据提供给虚拟仪器的框图程序，而指示器则模拟了仪器的输出装置并显示由框图程序获得和产生的数据。

　　综上所述，对于建立虚拟仪器来说，LabVIEW 提供了一个理想的程序设计环境，大大降低了系统开发难度及开发成本。同时这样的开发结构增强了系统的柔性。当系统的需求发生变化时，测试人员可以根据具体情况，对功能方框作必要的补充、修改，或者对框图程序的软件结构进行调整，从而很快地适应变化的需要。

9.3.3 虚拟仪器设计举例

本节拟通过两个简例来进一步说明虚拟仪器的设计方法。

例 9 - 1 设计一个具有上下报警功能的模拟温度监测虚拟仪器。

该虚拟仪器的前面板如图 9 - 18 所示,其设计过程如下:先用 File 菜单的 New 选项打开一个新的前面板窗口,然后从 Numeric 子模板中选择 Thermometer 指示部件放到前面板窗口;使用标签工具 A 重新设定温度计的标尺范围为 20.0～35.0 ℃;再按同样方式放置两只旋钮用来设置上限值和下限值,并分别在文本框中输入"Low Limit"和"High Limit";最后再放置指示部件 Over Limit。当前图中前面板指示的实测温度为 32 ℃,超过了 High Limit 旋钮设置的 30 ℃,所以指示部件 Over Limit 指示内容为"OVER TEMP"。对应的程序框图如图9 - 19所示。该图框程序设计过程如下:先从 Windows 菜单下选择 Show Diagram 功能打开框图程序窗口,然后从 Functions 功能模板中选择本程序所需要的对象。本程序共有两个功能函数节点,一个函数用于将测试值与下限值进行小于比较,另一个函数用于将测试值与上限值进行大于比较。连线表达各功能方框之间的输入输出关系以及数据的流动路径。

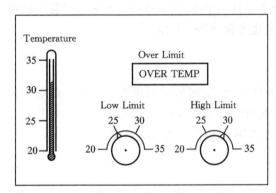

图 9 - 18 温度监测虚拟仪器前面板

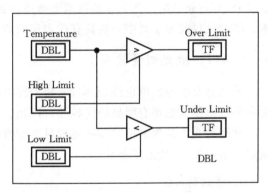

图 9 - 19 温度监测虚拟仪器程序框图

例 9 - 2 设计一个能采集并显示模拟信号波形的虚拟仪器。

该虚拟仪器前面板如图 9 - 20 所示,图中放置了一个标注为 Waveform 的波形图表(Waveform Chart),它的标尺经过了重新定度,Device 用于指定 DAQ 卡的设备编号,Channel 用于指定模拟输入通道,♯ of Sample 用于定义采样点数,Samples/Sec 定义采样率。按照图 9 - 20 创建的框图程序如图 9 - 21 所示,图中 Waveform 是模拟输入信号的一维采样数组,Actual Sample Period 是实际采样率的倒数,由于计算机运行速度等原因,它可能与指定采样率有一些小偏差。上述程序可在 AI Acquire Waveform 子程序基础上修改形成,该子程序在 Data Acquisition→Analog Input 子模板中。

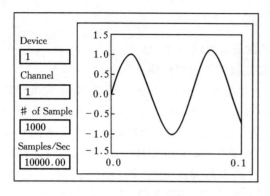

图 9 - 20　波形采集与显示前面板

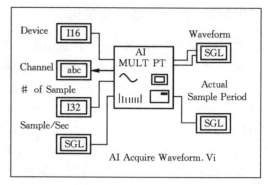

图 9 - 21　波形采集与显示程序框图

9.4　现代测量技术

随着测试技术在工农业生产及国民经济各领域中的广泛应用,测试技术本身也得到了日益发展,其它领域的一些先进的技术迅速渗透到测量技术中来,以形成种类繁多的特种测试技术。本节仅仅收编了其中一些具有代表性的测量技术做一简要介绍。

9.4.1　激光测量技术

激光具有很好的单色性、方向性、相干性以及随时间、空间的可聚焦性。无论在测量精确度和测量范围上它都有明显的优越性,目前它在测量领域里已得到广泛应用。

利用激光干涉现象可对多种物理量进行检测,如可以测量长度、位移、速度、转速、振动、流量以及表面形状、变形等参量。

1. 激光测长仪

常用的激光测长仪是以激光为光源的迈克尔逊干涉仪,是通过测定检测光与参考光的相位差所形成的干涉条纹数目而测得物体长度的。图 9 - 22 表示一种激光干涉测长仪原理。从激光器发出的激光束,经过透镜 L、L_1 和光栏 P_1 组成的准直光管后成一束平行光,经分光镜 M 被分成两路,分别被固定反射镜 M_1 和可动反射镜 M_2 反射到 M 重迭,被透镜 L_2 聚集到光电计数器 PM 处。当工作台带动反射镜 M_2 移动时,在光电计数器处由于两路光束聚集产生干涉,形成明暗条纹。反射镜 M_2 每移动半个光波波长,明暗条纹变化一次,其变化次数由记数器计数。因此,工作台移动的距离

$$x = N\lambda/2n \qquad\qquad (9-4)$$

式中:N 为干涉条纹明暗变化的次数;λ 为激光波长;n 为空气折射率,受环境温度、湿度、气体成分等因素影响,在真空条件下 $n=1$。

测量时,被测物体放在工作台上,将光电显微镜对准被测件上的目标,这时它发出信号,令计数器开始计数,然后工作台移动,直到被测件上另一目标被光电显微镜对准时,再发出信号,停止计数。这样,计数器所得的数值即为被测件上两目标之间的距离。

激光光源一般采用氦氖激光器,其波长 $\lambda=0.6328$ m。当测长为 10 m 时,误差约为 0.5 μm。激光干涉测长仪可用于精密长度测量,如线纹尺、光栅的检定等。

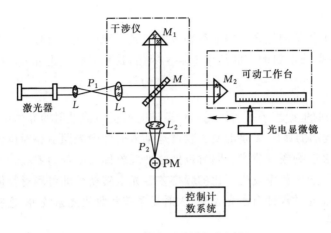

图 9-22　激光干涉测长仪原理

2. 激光干涉测振仪

激光干涉测振仪仍然是以迈克尔逊干涉仪为基础,通过计算干涉条纹数的变化来测量振幅。注意到振动一周,工作台来回移动 $4A_m$,A_m 为振幅。设在激光干涉仪中测量一个振动周期所得的脉冲数为 N,则

$$A_m = \frac{N\lambda/2}{4} = \frac{N\lambda}{8} \tag{9-5}$$

图 9-23 表示 GZ-1 型激光干涉测振仪原理。从激光器发射的激光束经分光镜 3 分成两路,分别被参考镜 2 和置于振动台 5 上的测量镜 4 反射回到镜 3 重叠,再由光电倍增管、光电放大器到计数器。记数器记取的条纹变化频率 f_c 是由被测振动台振动频率 f 所控制的,所以计数器显示的数是 f_c 与 f 之比,即频率比 $R_f = f_c/f$。由已知激光波长 λ,可求得被测振幅为

$$A_m = N\lambda/8 = (f_c/f)\lambda/8 = R_f\lambda/8 \tag{9-6}$$

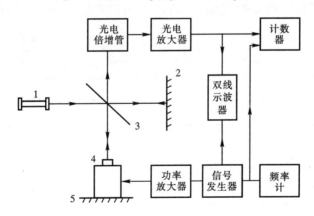

1—激光器 ;2—参考镜;3—分光镜;4—测量镜;5—振动台

图 9-23　GZ-1 型激光干涉测振仪原理框图

激光干涉测振仪被用于机械振动测量,并已定为各国振动的国家计量基准。其测量准确度主要决定于计数准确度。

3. 激光测速仪

激光测速仪的工作基础是光学的多普勒效应和光干涉原理。当激光照射到以速度 v 运动的物体时,被物体反射或散射的光的频率将发生变化,其频率的变化量 Δf 为

$$\Delta f = k \frac{vf}{c} \tag{9-7}$$

式中:c 是激光束照射的速度;f 是物体无相对运动时所反射或散射的光的频率(即光源的光频率);v 是物体相对运动的速度;k 是取决于物体运动方向和激光照射相对位置的常量参数。式(9-7)就是有名的多普勒频移公式。同时也把这种现象称为多普勒效应。

将上述多普勒效应中频率发生变化的频率差经光电转换后即可测得物体运动速度。组成激光测速系统的主要光学部件有激光光源、入射光系统和收集光系统等,这些部件对任何一种光路结构都是必需的。

激光测速是一种非接触测量,对被测物体无任何干扰。在实现自动测量时,一般采用多普勒信号处理器接收来自光电接收器的电信号,从中取出速度信息,并把这些信息传输给计算机进行分析和显示。

激光可在被测速度点聚焦成很小的一个测量体,其分辨力很高。典型分辨力约为 20~100 m。一种激光测速仪在时速为 100 km/s 时,测量精度可达 0.8%。激光测速技术已在航空航天、热物理工程、环保工程以及机械运动测量等方面广泛应用。

9.4.2　红外测量技术

1. 红外辐射

任何物体,当其温度高于绝对零度(-273.15 ℃)时,都将有一部分能量向外辐射,物体温度愈高,则辐射到空间去的能量愈多。辐射能以波动的方式传播,其中包括的波长范围很宽,可从几微米到几千米,包括有 γ 射线、X 射线、紫外线、可见光、红外线,一直到无线电波,它们构成了整个无限连续的电磁波谱(见图 9-24)。红外辐射是其中的一部分。

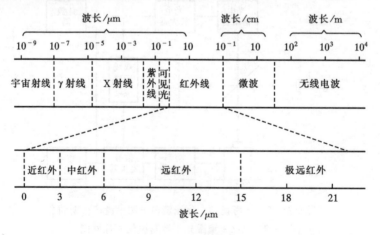

图 9-24　电磁波谱

红外线的波长大致在 0.76~1 000 μm 的波谱范围之内,相对应的频率大致在 $4 \times 10^4 \sim 3 \times 10^{11}$ Hz 之间。通常又按红外线与红色光的远近分为四个区域,即近红外、中红外、远红外

和极远红外。

红外线和所有电磁波一样,具有反射、折射、干涉、吸收等性质,它在空中传播的速度为 3×10^8 m/s。红外辐射在介质中传播时,会产生衰减,主要原因是介质的吸收和散射作用。

按照普朗克定律绘制的黑体辐射强度 M_λ 与波长 λ 及温度之间的关系如图9-25所示。所谓黑体是指在任何温度下,能够对任何波长的入射辐射能全部吸收的物体,处于热平衡状态下的理想黑体在热力学温度 T(K)时,均匀向四面八方辐射,在单位波长内,沿半球方向上,自单位面积所辐射出的功率称为黑体的光谱辐射强度,记为 M_λ,单位为 W/(m²·μm)。

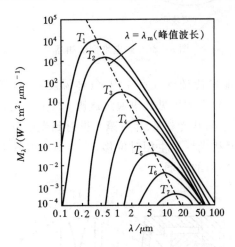

图9-25　黑体辐射强度与波长及温度之间的关系($T_1>T_2>\cdots>T_7$)

由图可见,辐射的峰值点随着物体温度的降低而转向波长较长的一边,绝对温度2000 K以下的光谱曲线峰值点所对应的波长是红外线。就是说,低温或常温状态的物体都会产生红外辐射。此性质使红外测试技术在工业、农业、军事、宇航等各领域,获得了广泛应用。

2. 红外探测器

红外探测器是将辐射能转换为电能的一种传感器。按其工作原理可分为热探测器和光子探测器。

(1)热探测器。

热探测器是利用红外辐射引起探测元件的温度变化,进而测定所吸收的红外辐射量的。通常有热电偶型、热敏电阻型、气动型、热释电型等。

① 热电偶型。将热电偶冷端置于环境温度下,将热点涂上黑层置于辐射中,可根据产生的热电势来测量入射辐射功率的大小。这种热电偶多用半导体材料制成。

为了提高热电偶探测器的探测率,通常采用热电堆型,如图9-26所示。它由数对热电偶以串联形式相接,冷端彼此分离又靠近并屏蔽起来,热端分离但相联接构成热电堆,来接收辐射能。可由银-铋或锰-康铜等金属材料制成块状热电堆;或用真空镀膜和光刻技术制造薄膜热电堆,常用材料为锑和铋。热电堆型探测器的探测率约为 1×10^9 cm·Hz$^{1/2}$·W^{-1},响应时间从数毫秒到数十毫秒。

②气动型。气动型探测器是利用气体吸收红外辐射后,温度升高、体积增大的特性,来反映红外辐射的强弱,其结构原理如图9-27所示。红外辐射通过透镜11、外窗口2照射到吸收

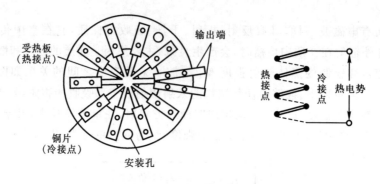

图 9-26　热电堆型探测器

薄膜 3 上,此薄膜将吸收的能量传送到气室 4 内,气体温度升高,气压增大,以致使柔镜 5 膨胀。在气室的另一边,来自光源 8 的可见光束通过透镜 12、栅状光栏 6 聚焦在柔镜上,经柔镜反射回来的栅状图像 7 又经过栅状光栏 6、反射镜 9 投射到光电管 10 上。当柔镜因气体压力增大而移动时,栅状图像与栅状光栏发生相对位移,使落到光电管上的光量发生变化,光电管的输出信号反映了入射红外辐射的强弱。

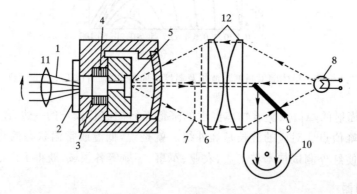

1—红外辐射;2—透红外窗口;3—吸收薄膜;4—气室;5—柔镜;6—光栏;
7—光栅图像;8—可见光源;9—反射镜;10—光电管;11—红外透镜;12—光学透镜
图 9-27　气动探测器

　　气动型探测器的光谱响应波段很宽,从可见光到微波,其探测率约为 1×10^{10} cm·$Hz^{1/2}$·W^{-1},响应时间为 15 ms,一般被用于实验室内,作为其它红外器件的标定基准。

　　③热释电型。热释电型探测器的工作原理是基于物质的热释电效应。某些晶体(如硫酸三甘肽、铌酸锶钡、钽酸锂($LiTaO_3$)等)是具有极化现象的铁电体,在适当外电场作用下,这种晶体可以转变为均匀极化的单畴。在红外辐射下,由于温度升高,引起极化强度下降,即表面电荷减少,这相当于释放一部分电荷,此称之为热释电效应。通常沿某一特定方向,将热释电晶体切割成一种薄片,再在垂直于极化方向的两端面镀以透明电极,并用负载电阻将电极联接。在红外辐射下,负载电阻两端就有信号输出。输出信号的大小决定于晶体温度变化,从而反映出红外辐射的强弱。通常对红外辐射进行调制,使恒定的辐射变成交变辐射,不断地引起探测器的温度变化,导致热释电产生,并输出交变信号。

热释电型探测器的技术指标约为：响应波段 1～38 μm，探测率(3～10)×10^{10} cm·$Hz^{1/2}$·W^{-1}，响应时间 10^{-2} s，工作温度 300 K。一般用于光谱仪、测温仪以及红外摄像等。

（2）光子探测器。

光子探测器的工作原理是基于半导体材料的光电效应。一般有光电、光电导及光生伏打等探测器。制造光子探测器的材料有硫化铅、锑化铟、碲镉汞等。由于光子探测器是利用入射光子直接与束缚电子相互作用，所以灵敏度高，响应速度快。又因为光子能量与波长有关，所以光子探测器仅对具有足够能量的光子有响应，存在着对光谱响应的选择性。光子探测器通常在低温条件下工作，因此需要制冷设备。光子探测器的性能指标一般为：响应波段 2～14 μm，探测率(0.1～5)×10^{10} cm·$Hz^{1/2}$·W^{-1}，响应时间 10^{-5} s，工作温度(70～300)K。一般用于测温仪、航空扫描仪、热像仪等。

3. 红外测温仪

红外测温仪由光学系统、红外探测器、信号处理系统、温度指示器等组成。光学系统用来收集被测目标的辐射能量，使之会聚于红外探测器的接收光敏面上；红外探测器把接收到的红外辐射能量转换成电信号输出；信号处理系统则完成探测器产生的微弱信号的放大、线性化处理、辐射率调整、环境温度补偿、抑制噪声干扰以及输出供计算机处理的数字信号等功能。

图 9-28 是某种红外测温仪的原理框图。被测物体的热辐射线由光学系统聚焦，经光栅盘调制后变为一定频率的光能，落在热敏电阻探测器上，经电桥转换为交流电压信号，放大后输出显示或记录。光栅盘由两片扇形光栅板组成，一块为定板，另一块为动板。动板受光栅调制电路控制，按一定频率正、反向转动，实现开（光可透过）关（光不通过），使入射线变为一定频率的能量作用在探测器上。这种红外测温仪可测 0～600 ℃范围内的物体表面温度，时间常数为 4～10 ms。

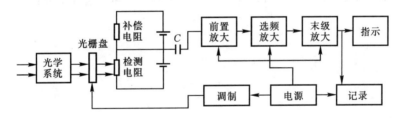

图 9-28　红外测温仪的原理框图

4. 红外热像仪

红外热像仪的作用是将人眼看不见的红外热图形转变成人眼可见的电视图像或照片。红外热图形是由被测物体各点温度分布不同，因而红外辐射能量不同而形成的热能图形。

热像仪（见图 9-29）的光学系统将辐射线收集起来，经过滤波处理之后，将景物热图形聚集在探测器上，探测器位于光学系统的焦平面上。光学机械扫描器包括两个扫描镜组，一个垂直扫描，一个水平扫描，扫描器位于光学系统和探测器之间，扫描镜摆动达到对景物进行逐点扫描的目的，从而收集到物体温度的空间分布情况。当镜子摆动时，把被测物体各点的红外信息依次聚焦在探测器上，实现对被测物体各点的扫描。然后由探测器将光学系统逐点扫描所依次搜集的景物温度空间分布信息，变为按时序排列的电信号，经过信号处理之后，由显示器显示出可见图像。

　　红外测温仪及红外热像仪在军事、空间技术及工农业科技领域里发挥了重大作用；在机械制造中，已被用于机床热变形、切削温度、刀具寿命控制等试验研究中。

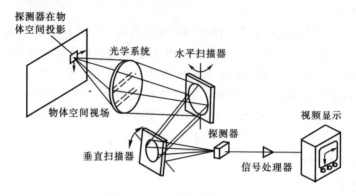

图 9-29　红外热像仪原理

思考题与习题

9-1　计算机测试系统主要由哪些部分组成？各部分的作用是什么？

9-2　微机测量与实验技术在热能与动力工程中有哪些应用？试举例说明。

9-3　何谓智能仪表？与传统仪表相比，智能仪表有什么特点？

9-4　何谓虚拟仪器？它有什么主要特点，和计算机测量技术有何联系？

9-5　试说明红外测量技术的检测原理，为什么其在空间技术中有广泛应用？举例说明。

9-6　分析说明激光测量技术和红外测量技术的主要异同点和主要应用场合。

参 考 文 献

[1] 王子延. 热能与动力机械测试技术[M]. 西安:西安交通大学出版社,1998.

[2] 吴道悌. 非电量电测技术[M]. 西安:西安交通大学出版社,1990.

[3] 陈花玲,机械工程测试技术[M]. 北京:机械工业出版社,2002.

[4] 林新花. 仪器分析[M]. 广州:华南理工大学出版社,2002.

[5] 周玉明. 内燃机废气排放及控制技术[M]. 北京:人民交通出版社,2001.

[6] 严普强,黄长艺. 机械工程测试技术基础[M]. 北京:机械工程出版社,1985.

[7] 张秀杉. 热工测量原理及其现代技术[M]. 上海:上海交通大学出版社,1995.

[8] 叶大军. 热力机械测试技术[M]. 北京:机械工业出版社,1981.

[9] 陈焕生. 温度测试技术及仪表[M]. 北京:水利电力出版社,1987.

[10] 戴昌晖等. 流体流动测量[M]. 北京:航空工业出版社,1991.

[11] 盛森芝,沈熊,舒炜. 流速测量技术[M]. 北京:北京大学出版社,1987.

[12] 俞炳丰. 制冷与空调应用新技术[M]. 北京:化学工业出版社,2002.

[13] 耿维明. 测量误差与不确定度评定[M]. 北京:中国质检出版社,2015.

[14] 王中宇,刘智敏,夏新涛,等. 测量误差与不确定度评定[M]. 北京:科学出版社,2008.

[15] 郭悦韶,廖坤山. 大学物理实验[M]. 北京:清华大学出版社,2015.

[16] 李海青,黄志尧. 软测量技术原理及应用[M]. 北京:化学工业出版社,2000.

[17] 潘立登,李大宇,马俊英. 软测量技术与应用[M]. 北京:中国电力出版社,2009.

[18] 俞金寿,刘爱伦,张克进. 软测量技术及其在石油化工中的应用[M]. 北京:化学工业出版社,2000.

[19] 郑显锋,张建斌,常莹,等. 弹簧管压力表的计量技术研究[J]. 工业计量:2017,27(4):100 - 103.

[20] VENKATESHAN S P. Mechanical Measurements[M]. New Jersey:John Wiley & Sons Ltd,2015.

[21] 胡锐,张俊峰. 低温压力传感器校准装置研制[J]. 低温与超导,2017,45(1):34 - 37.

[22] 陆贵荣,朱睿,陈树越. 电容式传感器测量动态容器中液位的方法研究[J]. 计算机测量与控制,2016,24(5):14 - 17.

[23] 汪劲松. 远传差压液位测量受环境温度影响的误差分析[J]. 化工设计,2016,26(6):29 - 31.

[24] 陈龙,陈跃飞,杨子锷,等. 热电偶测量误差及其注意事项[J]. 计量与测试技术,2017,44(2):43 - 46.

[25] 谢清俊. 热电偶测温技术相关特性研究[J]. 工业计量,2017,27(5):5 - 8.

[26] 黄赜,崔文德,赵化业. 测量引线热电势对热电阻测温系统测温结果的影响分析[J]. 宇航计测技术,2015,35(2):22 - 26.

[27] GB/T 30121—2013. 工业铂热电阻及铂感温元件[S].

[28] 陈至坤,逄鹏,王福斌,等. 基于压电加速度传感器的振动测量系统研究[J]. 计算机测量

与控制,2014,22(12):3923 - 3925.

[29] 丁凡,邓民胜,刘硕,等. 耐高压双向椭圆齿轮微小流量计研究[J]. 农业机械学报,2015,46(6):327 - 333.

[30] 苏彦勋,梁国伟,盛健. 流体计量与测试[M]. 北京:中国计量出版社,2007.

[31] ALAN S M, REZA L. Measurement and instrumentation:theory and application[M]. London:Academic Press,2012.

[32] 中华人民共和国国家质量监督检验检疫总局,中国国家标准化管理委员会. 用安装在圆形截面管道中的差压装置测量满管流体流量:第1部分 一般原理和要求:GB/T 2624.1—2006/ISO 5167—1[S]. 北京:中国标准出版社,2013.

[33] 中华人民共和国国家质量监督检验检疫总局,中国国家标准化管理委员会. 用安装在圆形截面管道中的差压装置测量满管流体流量:第2部分 孔板:GB/T 2624.2—2006/ISO 5167—2[S]. 北京:中国标准出版社,2013.